华北平原冬小麦水肥一体化滴灌技术

高　阳　段爱旺　李　森　司转运　著

黄河水利出版社
·郑州·

图书在版编目(CIP)数据

华北平原冬小麦水肥一体化滴灌技术/高阳等著
.—郑州:黄河水利出版社,2022.9
ISBN 978-7-5509-3394-1

Ⅰ.①华… Ⅱ.①高… Ⅲ.①华北平原-冬小麦-肥水管理 Ⅳ.①S512.105

中国版本图书馆 CIP 数据核字(2022)第 177330 号

策划编辑:杨雯惠　电话:0371-66020903　E-mail:yangwenhui923@163.com

出 版 社:黄河水利出版社　网址:www.yrcp.com
地址:河南省郑州市顺河路黄委会综合楼 14 层　邮政编码:450003
发行单位:黄河水利出版社
发行部电话:0371-66026940、66020550、66028024、66022620(传真)
E-mail:hhslcbs@126.com
承印单位:广东虎彩云印刷有限公司
开本:787 mm×1 092 mm 1/16
印张:10
字数:231 千字
版次:2022 年 9 月第 1 版　印次:2022 年 9 月第 1 次印刷

定价:60.00 元

前　言

华北平原主要包括河南、河北、山东、江苏，以及安徽的淮北地区，地势平坦，土层深厚，是我国重要的粮食产区和商品粮基地。该区域以小麦-玉米一年两熟为主要种植制度，粮食播种面积占全国的28.8%，粮食总产量占全国的29.8%，其中小麦播种面积约2.62亿亩，占全国的71.3%，小麦总产量10 644万t，占全国的79.06%；玉米播种面积2.0亿亩，占全国的31.0%，玉米总产量7 791万t，占全国的30.0%。该区域农业水资源紧张状况长期存在，化肥投入多年居高不下，化肥及灌溉水利用效率偏低，其生产现状难以适应国家乡村振兴战略需求、多元化市场供给需求和绿色农业发展需求。

水肥一体化技术是基于滴灌系统发展而形成的节水、节肥、高产、高效的现代农业工程技术，可以实现水分和养分在时间上同步、空间上耦合，从根本上改变了传统的农业用水方式和农业生产方式，根据作物需水规律适时适量补水、不产生地面径流，减少渗漏损失，使水的有效利用效率提高。运用滴灌随水施肥，肥料可根据作物吸肥规律，按时、按量准确地随水将所需养分直接送达作物根部，并能保持长时间的、有利于作物根系吸收的水肥环境，提高了肥料的利用率。同时，通过滴灌随水施肥技术的应用，降低了肥料使用量，抑制了氮肥挥发对大气的污染，减少了肥料对土壤和水体环境的污染。此项技术极大地发展了农业生产力，明显提高了作物产量，经济效益、社会效益和生态效益显著，为华北平原冬小麦的绿色高效生产提供了强有力的技术支撑。

为了探索华北平原冬小麦水肥高效利用机制、环境效应与应用模式，更加绿色地提升该地区水肥生产效率，在现代农业产业技术体系（小麦）及多个自然基金项目的支持下，高阳研究员及其团队成员从2010年就开始华北平原冬小麦滴灌水肥一体化的相关研究。本书是高阳研究员及其团队多年在华北平原冬小麦滴灌水肥一体化技术研究与应用等方面的研究成果，以期通过本书的出版充分反映出来，旨在帮助农业技术人员和种植户按照本书中评估过的技术指标进行规范化和标准化生产。全书共分5章：第1章简述了滴灌水肥一体化技术的发展状况与应用现状；第2章介绍了华北平原冬小麦滴灌灌水施肥相关的技术参数；第3章介绍了滴灌条件下华北平原冬小麦耗水需肥规律及灌溉施肥制度优化等方面的研究成果；第4章描述了滴灌对华北平原麦田温室气体排放的调控效应；第5章介绍了华北平原冬小麦滴灌水肥一体化栽培规程与利用模式，以及应用示范的效果。

本书虽然经过多次讨论和反复修改，仍难免存在一些不妥之处，为使其更臻完善，敬请读者多加指正。

高　阳

2022年9月

前言

目 录

目 录

第 1 章　绪　论

1.1　背景与意义

华北平原是我国重要的粮食和农产品生产基地,对于保障国家的粮食安全至关重要。华北平原用仅占全国 6%的水资源支撑了全国 18%的耕地并生产出全国 23%的粮食,但这个巨大成就是以极大的资源环境和生态成本为代价的(黄峰等,2019)。华北地区属于暖温带湿润或半湿润气候,光热充足,土地肥沃,以小麦-玉米一年两熟为主要种植制度。两者均为耗水量较大的作物,且两者的耗水量远大于降水量,导致农业水资源紧张状况长期存在。为保稳产及增产,化肥投入多年居高不下,其生产现状难以适应国家乡村振兴战略需求、多元化市场供给需求与绿色农业发展需求(李春喜,2021)。

华北平原农牧业年产值占全国的近 25%,种养业是农业的主体,其中种植业产值占全国的 58%,牧业产值占全国的 32%,粮食播种面积占全国的 28. 8%,粮食总产量占全国的 29. 8%(李春喜,2021)。在粮食作物中,小麦和玉米是华北平原粮食生产的主体,其中小麦播种面积约 2. 62 亿亩[1],占全国的 71. 3%,小麦总产量约 1. 06 亿 t,占全国的 79. 06%,不同年份,面积和产量有少许变化,在保障我国粮食安全中占有重要地位。根据 2000~2018 年的数据分析,华北地区粮食总产量增幅 46. 2%、小麦总产量增幅 46. 99%,分别比全国粮食总产量增幅 39. 24%、小麦总产量增幅 35. 06%高 6. 96 个百分点和 11. 93 个百分点。从华北地区 2018 年的年均增长率来看,粮食总产量年均增长率为 2. 35%,小麦总产量年均增长率为 2. 39%,扣除面积变化影响后的年均增长率分别为粮食总产量年均增长率 2. 13%、小麦总产量年均增长率 2. 16%,呈长期、持续、稳定增长态势(李春喜,2021)。

华北平原分布有黄河、淮河、海河、滦河等河流,但多为季节性河流,水资源不足,能够提供农田灌溉的用水量有限。华北平原年降水量为 300~1 000 mm,多年平均降水量仅 500 mm 左右(Chen et al., 2017)。小麦-玉米轮作系统的周年作物耗水量约为 850 mm,远高于 500 mm 的多年平均降水量,年降水仅能满足农业用水的 65%左右,其中 75%的降水集中在夏玉米季,而冬小麦生长发育需水关键期降水稀少,只能满足 25%~40%的冬小麦作物需水量(Liu et al.,2002)。由于地表水主要用于城市生活用水和工业用水,亏缺部分主要依靠地下水灌溉。地面灌溉是该地区广泛采用的灌溉方式,冬小麦全生育期灌水多达 4~6 次,造成了水资源的大量浪费,水分利用效率仅为 1. 3 kg/m^3,远低于世界先进水平的 1. 8 kg/m^3(张喜英等,2016)。地面灌溉需要耗费非常高的人力成本,未来也无法融入智慧农业框架,亟待转型升级。长期过度地开采地下水进行灌溉导致地下水位下降严重,已造成严重的区域性地下漏斗和海水入侵等环境生态问题,这些已成为制约华北地

---

[1] 1 亩 = 1/15 hm^2,全书同。

区农业可持续发展的重要因素。

另外，肥料是作物的粮食，是决定作物产量高低的主要因素。20 世纪 80 年代以来，随着化肥施用量的不断加大，我国粮食产量无论是总产还是单产都大幅度增加，化肥对粮食产量的贡献率达 40%以上。21 世纪农业的发展离不开化肥，粮食安全离不开化肥。然而 1988~2009 年，我国在化肥施用量持续增长的情况下，粮食的增产幅度则呈下降趋势，出现了增肥不增产、化肥施用效应递减、养分利用效率下降的现象。同样在华北地区，为了保证与追求高产，小麦-玉米轮作体系的周年施氮量为 588 kg/hm^2，远高于小麦-玉米轮作的推荐施氮量 286 kg/hm^2(Yang et al.,2015)。农民常用的施肥方式是地面灌溉前进行撒施，这种方式不仅会造成大量的氮素深层淋失，使地下水受到污染(张玉铭等，2011)，又可能增加温室气体排放(Abubakar et al.,2022)，还会导致作物养分供给失衡、生长发育失调、作物产量与品质下降，以及土壤质量变差。由于化肥的大量使用，我国氮肥利用率从 20 世纪 80 年代的 60%降至 21 世纪初的 30%，随后利用率虽缓慢上升，但仍然低于国际平均水平(颜晓元等，2018)。因此，亟需在保证产量的前提下，减少氮肥施用量，改变传统的施氮方式，提高氮肥利用效率。此外，随着近些年人力成本和肥料价格的快速上扬，施肥量和施肥方式的转变也会明显降低农民的种植成本。综上所述，在保证产量的前提下，华北地区亟待发展现代化节水节肥技术，降低灌溉量和施肥量，缩减肥料成本与灌溉施肥所需的人力成本，最终提高水分和氮肥利用效率，减弱对环境的破坏和污染。

滴灌水肥一体化技术是现代灌溉技术和精准施肥技术的有机结合，按照作物水分和养分的需求规律，溶解的肥料养分与灌溉水一起适量、准确地直接输送到作物根系(Bar-Yosef, 1999)。相比传统灌水施肥方式(沟灌或地面灌配套撒施)，滴灌水肥一体化平均能够提高 12.0%的产量、26.4%的水分利用效率、34.3%的氮肥利用效率，并能够同时减少 11.3%的蒸散耗水量。不同作物提升程度有差异，受土壤、气候和管理因素的影响(Li et al.,2021b)。2014 年，国家启动华北地下水超采区综合治理试点，将滴灌水肥一体化列为关键技术，大力推广小麦和玉米滴灌技术应用，并在河北小麦-玉米轮作体系中开展减少灌溉次数试验示范。农业部也视滴灌水肥一体化为现代农业"一号技术"，2016 年 4 月，农业部办公厅印发《推进水肥一体化实施方案(2016—2020 年)》，进一步明确了新形势下推进滴灌水肥一体化技术的总体思路和目标任务，要求到 2020 年水肥一体化技术推广面积达到 1.5 亿亩，新增 8 000 万亩；增产粮食 450 亿斤[1]，节水 150 亿 m^3，节肥 30 万 t，增效 500 亿元。促进粮食增产和农民增收，缓解农业生产缺水矛盾和干旱对农业生产的威胁，提高水分生产力、农业抗旱减灾能力和耕地综合生产能力。

1.2 研究进展

1.2.1 滴灌水肥一体化技术的发展状况

滴灌水肥一体化技术由以色列在 20 世纪 60 年代研发，这一技术可以有效调节灌水

[1] 1 斤=0.5 kg，全书同。

量和灌水频率,可为作物根系生长创造一个理想的生长环境,使灌溉水利用率高达90%以上,较传统的地面灌溉节水50%~70%。滴灌技术在以色列获得规模化应用,并逐渐扩展到其他国家。滴灌技术的应用促进了水肥一体化技术的发展,在最初的滴灌应用实践中发现,如果将灌溉与施肥分别进行,由于受滴灌水的局部湿润限制,作物根系主要分布在根部湿润区域,而这一区域之外的养分难以被作物根系吸收。因此,开始尝试将肥料溶解注入灌溉水中,通过滴灌系统将肥料随灌溉一起完成,这给施肥技术带来了极大的变化,它导致了另一个全新的概念“水肥一体化(Fertigation)”。滴灌水肥一体化使农业灌溉技术发生了根本性变化,标志着农业灌溉由粗放走向高度集约化和科学化,基本实现了按需供水供肥,成为灌溉技术的一项重大突破。20世纪70年代水肥一体化得到快速发展,特别是在水资源缺乏和地形复杂地面灌溉难以实施的国家和地区,如美国、中东、拉丁美洲、地中海周边国家,以及澳大利亚、阿拉伯和南非等国家(姚振宪,2022)。我国的水肥一体化技术始于20世纪70年代从墨西哥滴灌设备和技术的引入,20世纪80年代我国研制出的第一套滴灌设备,并在理论和技术推广应用等方面进行了大量的研究(程先军等,1999)。在20世纪90年代,将滴灌水肥一体化与覆膜相结合形成的膜下滴灌技术在新疆棉花种植中得到了大面积的应用,并取得了非常好的应用效果(尹飞虎,2018)。进入21世纪,水肥一体化技术逐渐完善与成熟,已经广泛地应用于蔬菜、果树类经济作物,在干旱、半干旱地区的粮食作物中也得到了应用和推广,并取得了较好的应用效果(Lv et al.,2019;Yan et al.,2021)。

1.2.2 滴灌水肥一体化技术的应用现状

滴灌水肥一体化技术起源于以色列,该国超过80%的灌溉土地使用滴灌技术,灌溉水的利用率高达95%,水分生产率高达2.23 kg/m^3。与此同时,以色列著名的耐特菲姆公司,其产品和服务遍及70多个国家和地区,年产滴头300多亿只,年销售额超过2亿美元,占全球滴灌设备市场总销量的70%(尹飞虎等,2015)。美国属于水资源充沛国家,人均水资源占有量12 000 m^3,有效灌溉面积约2 533万hm^2,不足我国的50%,但喷灌和滴灌面积占有效灌溉面积的87%,2010年滴灌面积就达153万hm^2;同时,美国注重对地下滴灌技术的研究和推广,美国堪萨斯州立大学Freddie Lamm教授于2011年撰文报道,2003~2008年美国在棉花、玉米、苜蓿等作物上应用地下滴灌的面积为1.73万hm^2。

澳大利亚有70%地区的降水量在500 mm以下,很容易发生旱灾,节水灌溉是该国采用的主要农业技术。20世纪70年代后,澳大利亚开始将滴灌水肥一体化技术用于蔬菜、果树和甘蔗等,一般节水、增产都在20%以上,优质蔬菜的收获率由传统灌溉方法的60%~70%提高到90%,同时采用滴灌水肥一体化技术可减少25%~50%的氮肥损失。20世纪末,T-Systems International,Inc.(Irrigation System)在班达伯格甘蔗上使用地下滴灌技术,实现了5 700 m^{3}的水生产128 t的甘蔗,而地面灌9 800 m^{3}的水只生产了98 t甘蔗。印度是使用滴灌技术较早的亚洲国家,而且近年发展速度很快。根据2015年印度New Ag International会议报道,至2014年,印度微灌面积达到750万hm^2,其中滴灌320万hm^2、喷灌 430 万 hm^2。Soman 博士介绍:Jain 灌溉公司用滴灌和水肥一体化技术在水稻和小麦上做了 8 年研究,结果表明两种作物可增产 25%~45%、节水 50%~60%。印度的水溶性肥约分为 16 个等级,2014~2015 年生产量已达到 15 万 t,年增 15%~20%。

近期的研究表明,滴灌水肥一体化会显著降低灌溉和施肥量,并提高华北地区冬小麦的产量(Bai et al.,2020a;Bai et al.,2020b;Si et al.,2020;Li et al.,2021a;Si et al.,2021;Zain et al.,2021a;Zain et al.,2021b)。不过与常规地面灌相比,滴灌水肥一体化的前期投入较高,华北地区土地流转方面仍存在限制,使得滴灌水肥一体化的推广进程缓慢。不过随着水资源短缺的刚性限制越来越严重,肥料成本和人力成本的升高,以及智慧农业的发展需求,未来华北地区冬小麦的灌溉施肥必然逐步转向自动化、精准化、智慧化的滴灌水肥一体化。

1.2.3 华北地区冬小麦滴灌水肥一体化的灌溉施肥制度研究

灌溉时期、灌溉频率、灌溉量、施肥量、施肥的类型(氮肥的类型、氮磷钾是否同时一体化施用)、施肥次数等都可改变土壤的水、肥、气、热等四大要素,进而对作物生长与产量产生影响。在滴灌水肥一体化条件下,现有的灌溉制度主要有如下 3 种方法:方法 1 是设定固定的灌水定额和灌水周期进行灌溉,一般全生育期灌溉 5 次,每次 35~40 mm 即可(Si et al., 2020;Zain et al., 2021b);方法 2 是设定固定的灌水周期,灌水量为灌水周期内作物蒸散量之和,如选定当计划湿润层耗水达到 30 mm 时,灌溉不同比例的蒸散量(Lu et al.,2021b);方法 3 是设定一定的灌水下限,当某指定深度处或整个深度的平均土壤含水率或者基质势达到下限时进行灌溉(Bai et al.,2020a;Bai et al.,2020b;Si et al.,2021;Yan et al.,2022)。方法 3 需要经常测定土壤含水率或基质势,近年来土壤水分传感器虽然能够较为准确地测定土壤水分含量,但是由于土壤空间变异性较大,因此单点测定结果很难应用于较大区域,推广应用存在一定困难。方法 1 主要依据经验而为,可能会导致作物遭受一定程度的干旱胁迫或者发生过量灌溉,具有一定的盲目性。方法 2 在降雨较少的干旱、半干旱地区得到了广泛应用,但是半湿润易旱区或者湿润区由于降雨较为频繁,该方法经常会遇到灌水后发生降雨的情况,或者每次灌水量极小、增加了不必要的劳动成本,若灌水后发生连续降雨不仅不利于降雨资源的高效利用,也会加剧硝态氮淋溶的风险(Yan et al.,2020;Lu et al.,2021a)。因此,在半湿润易旱区采用累计蒸散量达到某一定值(依据农田土壤及作物而定)并结合降雨预报进行灌溉,可避免硝态氮淋溶损失并提高水肥资源利用效率(Chen et al.,2017)。

肥料是影响作物产量的另一个主要因素,水肥在作物生长过程中存在明显的耦合效应(Yan et al.,2019;Si et al.,2020)。水肥优化管理结合耕作、秸秆还田、覆膜等措施会直接或间接影响土壤养分循环,协调土壤水、肥、气、热和作物根系生长,提高土壤养分的有效性和作物吸收能力,即适宜的水肥用量能够充分发挥水肥的耦合效应,有助于粮食高产和水肥高效利用。滴灌施肥可将水分和肥料按作物需求精准地施入作物根区,减少水分和肥料的损失,从而显著提高氮肥和水分利用效率。滴灌频率和灌水量影响土壤含水率,土壤含水率过高或过低都会影响氮肥利用效率。土壤含水率过高会导致硝态氮随着土壤水运动向下运移,土壤过于干旱会导致土壤有机氮矿化和氮素运输机制受到破坏。含水率过高或过低都会抑制作物根系生长,从而影响作物根系吸收面积,降低作物氮肥利用效率。影响滴灌施肥制度的因素有施肥量、肥料类型、施肥次数与比例,以及协同考虑小麦-玉米两季合适的施肥量等。Si et al. (2021) 利用 40 年的历史气象资料通过 DSSAT-CERES-Wheat 模型模拟,结果显示华北地区冬小麦最适宜的氮肥施用量为 180 kg/hm^2,与前人通过试验得出的 190 kg/hm^2 基本一致(Zhang et al.,2017)。Yan et al. (2022)研究了氮磷钾同时滴灌施用对产量的影响,结果表明在氮磷钾肥同时滴灌施用时,氮肥用量降至 125 kg/hm^2 仍能保证小麦高产。在统筹考虑小麦-玉米两季的前提下,小麦和玉米氮肥用量分别为 170 kg/hm^2 和 150 kg/hm^2 时,就能实现与常规灌溉条件下氮肥用量 255 kg/hm^2 和 210 kg/hm^2 同样的产量(Lu et al.,2021c)。

参考文献

程先军, 许迪, 张昊, 1999. 地下滴灌技术发展及应用现状综述[J]. 节水灌溉,4:13-15.

黄峰, 杜太生, 王素芬,等, 2019. 华北地区农业水资源现状和未来保障研究[J]. 中国工程科学,21: 28-37.

李春喜, 2021. 黄淮海平原粮食生产绿色发展方向与政策建议[J]. 民主与科学,6: 22-25.

颜晓元, 夏龙龙, 遆超普, 2018. 面向作物产量和环境双赢的氮肥施用策略[J]. 中国科学院院刊,33: 177-183.

姚振宪, 2022. 我国滴灌创新发展综述[J]. 农业工程,12: 75-78.

尹飞虎, 2018. 节水农业及滴灌水肥一体化技术的发展现状及应用前景[J]. 中国农垦,6: 30-32.

尹飞虎, 何帅, 高志建,等, 2015. 我国滴灌技术的研究与应用进展[J]. 新疆绿洲农业科学与工程,1: 13-17.

张喜英, 刘小京, 陈素英,等,2016. 环渤海低平原农田多水源高效利用机理和技术研究[J]. 中国生态农业学报,24: 995-1004.

张玉铭, 张佳宝, 胡春胜,等,2011. 水肥耦合对华北高产农区小麦-玉米产量和土壤硝态氮淋失风险的影响[J]. 中国生态农业学报,19: 532-539.

Abubakar S,Hamani A,Chen J,et al. ,2022. Optimizing N-fertigation scheduling maintains yield and mitigates global warming potential of winter wheat field in North China Plain[J]. Journal of Cleaner Production,357: 131906.

Bai S,Kang Y, Wan S, 2020a. Winter wheat growth and water use under different drip irrigation regimes in the North China Plain[J]. Irrigation Science,38: 479-479.

Bai S, Kang Y, Wan S, 2020b. Drip fertigation regimes for winter wheat in the North China Plain[J]. Agricultural Water Management,228: 105885.

Bar-Yosef B, 1999. Advances in Fertigation[M]//Sparks, D L(Ed.). Advances in Agronomy. Academic Press:1-77.

Chen S, Sun C, Wu W,et al. , 2017. Water leakage and nitrate leaching characteristics in the winter wheat-summer maize rotation system in the north china plain under different irrigation and fertilization management practices[J]. Water,9: 141.

Li H, Mei X, Nangia V,et al. , 2021a. Effects of different nitrogen fertilizers on the yield, water- and nitrogen-use efficiencies of drip-fertigated wheat and maize in the North China Plain[J]. Agricultural Water Management,243: 106474.

Li H, Mei X, Wang J,et al. , 2021b. Drip fertigation significantly increased crop yield, water productivity and nitrogen use efficiency with respect to traditional irrigation and fertilization practices: A meta-analysis in China[J]. Agricultural Water Management,244: 106534.

Liu C, Zhang X,Zhang Y, 2002. Determination of daily evaporation and evapotranspiration of winter wheat and maize by large-scale weighing lysimeter and micro-lysimeter[J]. Agricultural and Forest Meteorology,111: 109-120.

Lu J,Geng C,Cui X,et al. , 2021a. Response of drip fertigated wheat-maize rotation system on grain yield, water productivity and economic benefits using different water and nitrogen amounts[J]. Agricultural Water Management,258: 107220.

Lu J,Hu T,Geng C,et al. , 2021b. Response of yield, yield components and water-nitrogen use efficiency of winter wheat to different drip fertigation regimes in Northwest China[J]. Agricultural Water Management, 255:107034.

Lu J,Xiang Y,Fan J,et al. , 2021c. Sustainable high grain yield, nitrogen use efficiency and water productivity can be achieved in wheat-maize rotation system by changing irrigation and fertilization strategy[J]. Agricultural Water Management,258: 107177.

Lv Z, Diao M, Li W,et al. , 2019. Impacts of lateral spacing on the spatial variations in water use and grain yield of spring wheat plants within different rows in the drip irrigation system[J]. Agricultural Water Management,212:252-261.

Si Z, Zain M, Li S,et al. , 2021. Optimizing nitrogen application for drip-irrigated winter wheat using the DSSAT-CERES-Wheat model[J]. Agricultural Water Management,244: 106592.

Si Z, Zain M, Mehmood F,et al. , 2020. Effects of nitrogen application rate and irrigation regime on growth, yield, and water-nitrogen use efficiency of drip-irrigated winter wheat in the North China Plain[J]. Agricultural Water Management,231:106002.

Yan F, Zhang F, Fan X,et al. , 2021. Determining irrigation amount and fertilization rate to simultaneously optimize grain yield, grain nitrogen accumulation and economic benefit of drip-fertigated spring maize in northwest China[J]. Agricultural Water Management,243: 106440.

Yan S, Wu Y, Fan J,et al. , 2022. Quantifying grain yield, protein, nutrient uptake and utilization of winter wheat under various drip fertigation regimes[J]. Agricultural Water Management,261: 107380.

Yan S, Wu Y,Fan J, et al. ,2019. Effects of water and fertilizer management on grain filling characteristics, grain weight and productivity of drip-fertigated winter wheat[J]. Agricultural Water Management,213: 983-995.

Yan S, Wu Y, Fan J,et al. ,2020. Dynamic change and accumulation of grain macronutrient (N, P and K) concentrations in winter wheat under different drip fertigation regimes[J]. Field Crops Research,250: 107767.

Yang X,Lu Y,Tong Y,et al. ,2015. A 5-year lysimeter monitoring of nitrate leaching from wheat-maize rotation system: Comparison between optimum N fertilization and conventional farmer N fertilization[J]. Agriculture, Ecosystems & Environment,199: 34-42.

Zain M, Si Z, Chen J, et al., 2021a. Suitable nitrogen application mode and lateral spacing for drip-irrigated winter wheat in North China Plain[J]. Plos One, 16: e0260008.

Zain M, Si Z, Li S, et al., 2021b. The coupled effects of irrigation scheduling and nitrogen fertilization mode on growth, yield and water use efficiency in drip-irrigated winter wheat[J]. Sustainability, 13: 2742.

Zhang Y, Wang J, Gong S, et al., 2017. Nitrogen fertigation effect on photosynthesis, grain yield and water use efficiency of winter wheat[J]. Agricultural Water Management, 179: 277-287.

第2章 华北平原冬小麦滴灌灌水施肥技术参数优化

2.1 材料与方法

2.1.1 滴灌带间距和滴头流量试验

滴灌带间距和滴头流量试验在中国农业科学院农田灌溉研究所新乡综合试验基地进行。该基地位于河南省新乡县七里营镇(见图2-1),地处北纬35°18′,东经113°54′。该试

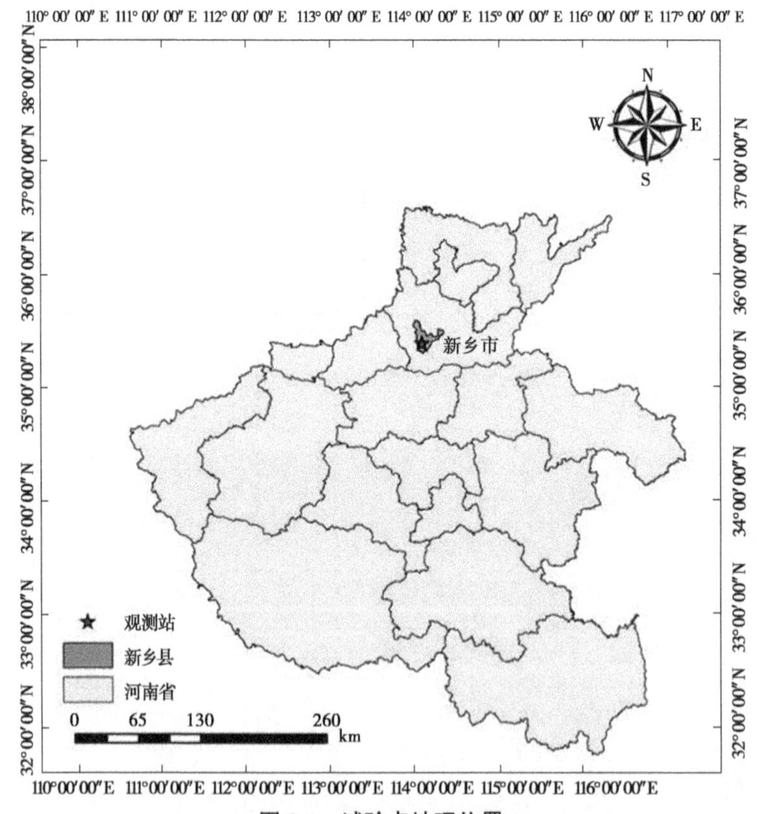

图2-1 试验点地理位置

验区位于豫北人民胜利渠引黄灌区内,属于暖温带大陆性季风气候,年平均气温14 ℃,无霜期210 d,日照时间2 399 h,蒸发量2 000 mm(直径20 cm蒸发皿值),年平均降雨量582 mm,其中6~10月降雨量占全年降雨量的70%~80%。该区域光热资源丰富,耕作制度以冬小麦、夏玉米一年两熟为主,土壤类型为壤土(见表2-1),0~100 cm土层土壤密度为1.51 g/cm^3,田间持水率为20.5%(质量含水率),地下水埋深大于5 m。

表 2-1　试验地土壤特性主要参数

土层/cm	粒径分级/%			容重/(g/cm³)
	<0.002 mm	0.002~0.02 mm	0.02~2 mm	
0~20	3.81	43.14	53.06	1.56
20~40	6.61	45.43	47.96	1.58
40~60	6.06	48.33	45.62	1.54
60~80	4.55	47.49	47.96	1.42
80~100	1.57	16.95	81.49	1.45

供试品种为“郑麦 366”,属强筋品种。前茬玉米收获后其秸秆全量粉碎还田后整地播种,2013 年 10 月 20 日播种,播量为 13 kg/亩,种植行距为 18 cm,各处理的 P 肥和 K 肥都作为基肥施入,施用量过磷酸钙(P)和硫酸钾(K)分别为 50 kg/亩和 16 kg/亩,相当于用 P_2O_5 8 kg/亩、K_2O 8 kg/亩。施氮量设为 16 kg/亩,基追比设为 4:6,在返青-灌浆期分 3~5 次采用随水施肥方式追施尿素(含氮 46%)21 kg/亩(相当于施纯氮 9.6 kg/亩)。

滴灌带管径 16 mm、滴头间距 30 cm、单滴头流量 2.0 L/h,灌水技术参数试验共设 8 个处理,其中滴灌带间距试验设置 5 个水平,分别为 40 cm、60 cm、80 cm、100 cm 和 120 cm(处理 D1、D2、D3、D4 和 D5),滴头流量均为 2.0 L/h;滴头流量试验设置 3 个水平,分别为 2.0 L/h、4.0 L/h 和 6.0 L/h(D6、D7 和 D8),滴灌带间距均为 80 cm,为了使滴水点处产生 2.0 L/h、4.0 L/h 和 6.0 L/h 的滴头流量,处理 D6、D7 和 D8 分别安装 1、2 和 3 条滴灌毛管,其中,铺 2 和 3 条滴灌管时,滴灌管均并在一起,滴灌管间距为 0,而且各滴灌管上的滴头相互对应,使同一滴水点处形成不同的滴头数,可得到不同的滴水流量。

试验将冬小麦生育期划分为播种出苗期、苗期、越冬期、返青期、拔节期、孕穗期、灌浆期和成熟期 8 个生育阶段,根据当地冬小麦的耗水规律,拔节-灌浆期为冬小麦需水关键期,其他阶段为非需水关键期。全生育期充分供水,需水关键期灌水周期为 7~10 d,非需水关键期灌水周期为 10~20 d,灌水定额均为 37.5 mm。试验共设 8 个处理,各处理 3 次重复,共 24 个小区(3.6 m × 30 m),试验区面积约 0.26 hm^2,由一条支管控制。灌溉水源为地下水,灌水量用水表计量,其余农事操作同一般高产田。

观测项目与方法如下所示。

2.1.1.1　土壤含水率

采用烘干法结合 TRIME 测定,每 20 cm 测定一次。测定时间为每月的 1 日、11 日和 21 日,生育期内测定深度为 0~100 cm,播种后及收获前采用烘干法测定 0~200 cm 深度的土壤含水率。滴灌带间距为 40 cm、60 cm、80 cm、100 cm、120 cm,处理的土壤水分取样点分别设在距滴灌带 0、20 cm,0、30 cm,0、20 cm、40 cm,0、25 cm、50 cm,0、20 cm、40 cm、60 cm 等处。

2.1.1.2　土壤含氮量

只在滴灌带间距 60 cm 处理取样,取样点选在距滴灌带 0、15 cm、30 cm 处,分别在播种前、每个生育期末、灌水前后和收获后进行取样,取样深度为 100 cm,前 40 cm 分 0~10 cm、10~20 cm、20~30 cm、30~40 cm 采集;40~100 cm 以每 20 cm 为一个层次采集,同层样品混合用于测定土壤硝态氮和铵态氮含量。

2.1.1.3 生长发育进程

记录作物播种、出苗、分蘖、越冬、返青、拔节、开花、灌浆、成熟等各生育期开始和结束日期。

2.1.1.4 形态指标

小麦分蘖后,每隔 10 d 观测群体密度、干物质、株高和叶面积等指标,观测选择在取土的第 2 天进行。

叶面积与株高:每个处理随机选取长势一致的 10 株测量,叶面积=叶长×叶宽×0.85。

群体密度:于小麦分蘖前每个处理选定 4 个 1 m 行,定期调查株数。

干物质:每个处理随机选取长势一致的 10 株,在 105 ℃下杀青 30 min,然后在 75 ℃下烘干至恒重。

2.1.1.5 产量及产量构成因子

在成熟期(6 月初),每个小区随机选取 2 m^2 小麦为样本,籽粒经自然风干后称重,换算成亩产量。收取每个处理的 4 个 1 m 行的冬小麦,记录 1 m 行的穗数;将 1 m 行的小麦在 105 ℃下杀青 30 min,然后在 75 ℃下烘干至恒重,称重记录地上部生物量。根据籽粒产量和地上部生物量计算收获指数(HI)。室内考种,测定株高、穗长、有效小穗数、无效小穗数、穗粒数、千粒重等指标。

2.1.2 滴灌施氮时序试验与数值模拟

2.1.2.1 室内土槽试验

室内土槽试验于 2021 年 3~6 月在中国农业科学院新乡综合试验基地内的农业农村部作物需水过程与调控重点实验室进行,壤土和砂土取自新乡县,黏土取自焦作市广利灌区。土壤取自表层 10~30 cm 的耕层土壤,经风干、磨细,过 4 mm 筛备用。试验用土土壤质地分类采用美国制。用 BT-9300HT 型激光粒度分布仪测定土壤颗粒组成。3 种土壤的基本理化性质如表 2-2 所示。

表 2-2 供试土壤的基本理化性质

土壤类型	黏粒<0.002 mm	粉粒 0.002~0.050 mm	砂粒 0.050~2.000 mm	田间持水量/%	土壤硝态氮本底值/(mg/kg)
壤土	7.3%	46.6%	46.1%	20	18.06
黏土	59.7%	35.3%	5.0%	26	26.33
砂土	6.0%	4.1%	89.9%	10	6.52

试验设置土壤质地和施氮时序两个因素:土壤质地分为砂土、壤土以及黏土,分别记为 S1、S2、S3;施氮时序设置 4 个水平,即仅灌水、1/2N—1/2W、1/4W—1/2N—1/4W、3/8W—1/2N—1/8W(如 1/4W—1/2N—1/4W 表示前 1/4 时间灌水后在中间 1/2 时间随

水施氮肥,最后 1/4 时间灌水),分别记为 T1、T2、T3、T4。用硝酸钾试剂配置氮肥溶液,浓度为 900 mg/L。共设置 12 个处理,每个处理重复 3 次。试验设计如表 2-3 所示。

表 2-3　不同施氮时序和土壤质地试验设计

处理	S1T1	S2T1	S3T1	S1T2	S1T3	S1T4	S2T2	S2T3	S2T4	S3T2	S3T3	S3T4
施氮时序	仅灌水	仅灌水	仅灌水	1/2N—1/2W	1/4W—1/2N—1/4W	3/8W—1/2N—1/8W	1/2N—1/2W	1/4W—1/2N—1/4W	3/8W—1/2N—1/8W	1/2N—1/2W	1/4W—1/2N—1/4W	3/8W—1/2N—1/8W
质地	砂土	壤土	黏土	砂土	砂土	砂土	壤土	壤土	壤土	黏土	黏土	黏土

试验装置如图 2-2 所示,由土槽和供水系统组成。土槽采用 10 mm 厚的透明亚克力板制成,长、宽、高分别为 90 cm、60 cm、60 cm,底部设置若干个排气孔,并在底部铺设 10 cm 粗砂粒,与土层之间用滤网隔开,以防止气体阻塞。

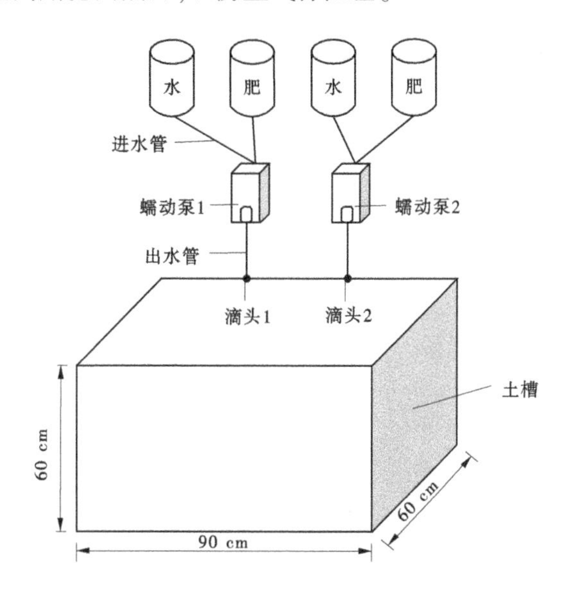

图 2-2　滴灌施肥土槽试验装置示意图

为减轻亚克力板光滑内壁对土壤水分入渗的影响,土槽内壁用胶水混合细砂粒均匀涂抹。取经风干、磨细、过 4 mm 筛的土壤,按设计的干容重(砂土:1.40 g/cm³;壤土:1.40 g/cm³;黏土:1.35 g/cm³)以 5 cm 分层装入土槽,每层用夯土器夯实,以防产生较大孔隙对土壤入渗过程造成影响,土体深度为 45 cm。土壤装好后进行灌水,静置 12 h 使土壤含水率充分地再分配均匀。利用 2 台蠕动泵(Kamoer,LLS PLUS-B196)同时进行供水供肥,滴头间距 30 cm。滴头设计流量为 0.8 L/h,试验过程中滴头流量由蠕动泵控制。单个蠕动泵的灌水施肥量为 2 L,将蠕动泵进水管在肥液桶和水桶之间切换来控制灌水和施肥的时序,灌水时间为 150 min。

试验进行时,定时观测湿润锋的运移情况。在土槽外壁描绘湿润锋曲线,分别在开始灌水后的 5 min、10 min、20 min、30 min、40 min、50 min、60 min、80 min、100 min、120 min、150 min 记录湿润锋运移曲线。灌水施肥结束后，将槽壁上的湿润锋运移曲线描绘于坐标纸上。灌水施肥结束后，立刻在 2 个滴头之间，用直径 2 cm 的土钻在土壤平面以 5 cm×5 cm 间距取土样，取样点布置如图 2-3 所示。取土深度视湿润体深度而定，湿润体外取 3 个土样测定土壤初始含水率。每点取得的土样，测定土壤含水率和土壤硝态氮量。土壤含水率用烘干法测定，土壤硝态氮量用 AA3 连续流动分析仪测定。

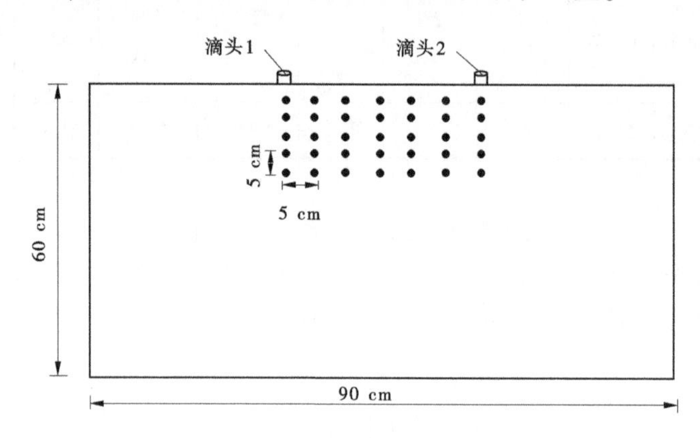

图 2-3　土槽取样点布置平面图

2.1.2.2　测坑冬小麦试验

测坑冬小麦试验于 2021 年 3~6 月在中国农业科学院新乡综合试验基地内有移动防雨棚的测坑中进行，每次降雨时关闭防雨棚，以隔绝降雨对试验的影响。每个测坑的尺寸为 2.0 m×3.33 m，土层深度 2.0 m。土壤质地为壤土，容重 1.51 g/cm^3、田间持水量 31.1%(体积含水率)。0~100 cm 土层平均土壤有机质量和速效 N、P、K 分别为 7.8 g/kg、21.62 mg/kg、4.96 mg/kg、79.24 mg/kg。

试验设置灌水定额和施氮时序两个因素。灌水定额设置 30 mm 和 20 mm 两个水平，分别记为 W1、W2。施氮时序设置三个水平：灌水周期开始后 15 min，灌水周期的中间，灌水周期结束前 15 min，分别记为 F1、F2、F3。W1 和 W2 灌水周期分别为 3 h 和 2 h，施肥时间 20 min，具体灌溉施肥方案见图 2-4。小麦品种为“周麦 22”，各小区按 10 行间隔 20 cm 播种。共 6 组试验，每组试验重复 3 次。灌溉采用地表滴灌水肥一体化系统，滴头间距为 30 cm，滴灌带间距为 60 cm。

N、P、K 分别以尿素(46.7%N)、过磷酸钙(14%P_2O_5)和硫酸钾(50%K_2O)施肥。施磷肥和钾肥分别为 120 kg/hm^2 和 105 kg/hm^2，均为基施。施氮量为 255 kg/hm^2，共施 4 次，其中 40%为基肥，60%为返青后分 3 次追施，氮肥溶于水随滴灌施用。各处理按表 2-4 所示的不同灌水量和施氮时序。

灌水施肥后取土样，用直径 2 cm 的土钻在沿着滴灌带的一侧，以滴头为中心、10 cm 为间距，在 60 cm×60 cm 区域取土，取土深度 60 cm。取得的土样，用于土壤含水率(烘干法)和土壤硝态氮含量的测定(AA3 连续流动分析仪)。取土点分布见图 2-5。

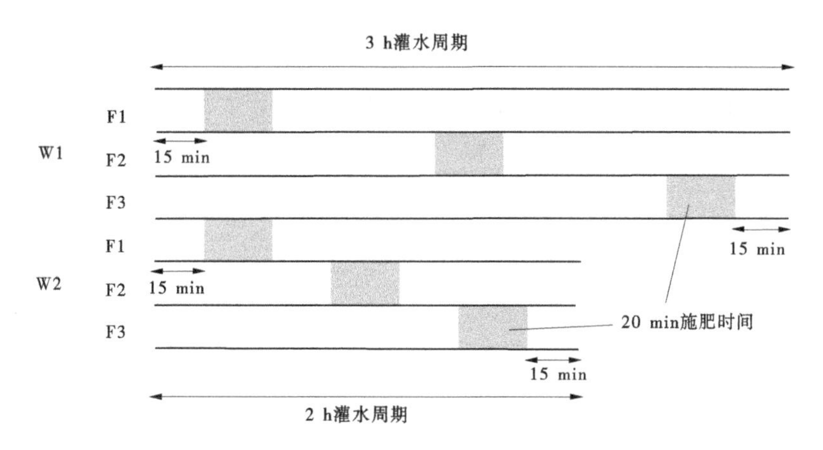

图 2-4　单次灌水施肥方案

表 2-4　冬小麦生育期灌溉施肥制度

处理		灌水日期(年-月-日)					
		2020-12-09	2021-03-03	2021-03-22	2021-04-08	2021-04-25	2021-05-06
灌水定额/mm	W1	30	30	30	30	30	30
	W2	20	20	20	20	20	20
施氮量/(kg/hm^2)	F1	—	51	51	51	—	—
	F2	—	51	51	51	—	—
	F3	—	51	51	51	—	—

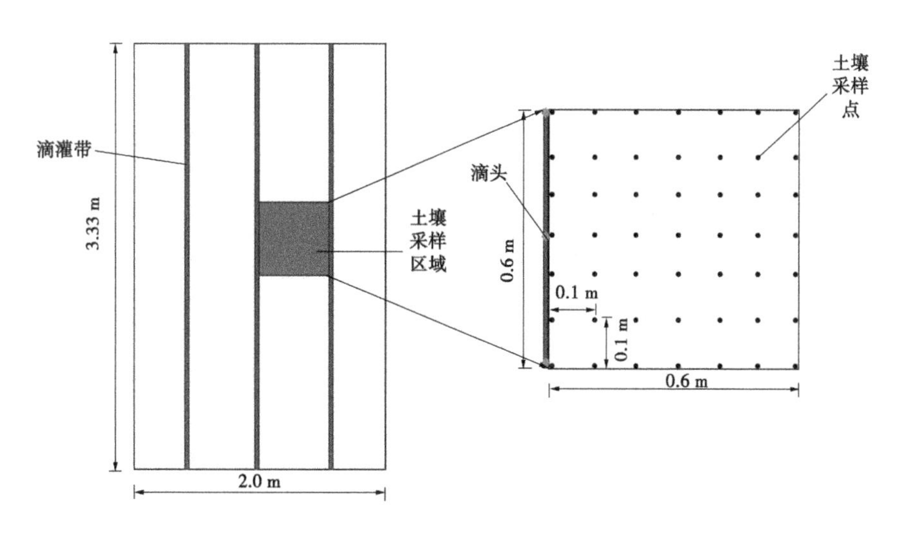

图 2-5　测坑取样点布置平面图

冬小麦从返青后开始,每 7～10 d 取一次样。取样时在每小区具有代表性的行选取 20 cm 小麦样段作为样本,选取其中 10 株测定小麦株高和叶面积。单个叶片叶面积测定方法为：叶面积=叶长×叶宽×0.75，然后结合群体密度计算冬小麦叶面积指数(LAI)。

冬小麦地上部生物量和全氮含量与冬小麦株高和LAI在同一天测定。将每次取样的小麦分解为茎、叶和穗三部分，分别盛装，在烘箱内于105 ℃下杀青30 min，然后于75 ℃下烘干至恒质量，分别称取三部分的干重。每次烘干后的植株样品，在称重后进行粉碎，过0.5 mm筛，用于分析氮含量。植株样品经 $H_2SO_4-H_2O_2$ 消煮，用AA3流动分析仪(Seal，Germany)测定样品的全氮含量。

小麦完全成熟后，每个小区选取1个具有代表性的1 m^2 样方收获并单独脱粒，籽粒经自然风干后称重，换算成单位面积产量。每个小区都在具有代表性的区域内选取1 m长的样段，记录1 m行内的穗数。每个处理选取10株有代表性的植株进行考种，测定株高、穗长、有效小穗数、无效小穗数、穗粒数、千粒重等指标。

灌溉水利用效率和氮肥偏生产力分别由式(2-1)和式(2-2)计算：

$$\mathrm{IWUE} = 0.1Y/I \tag{2-1}$$

$$\mathrm{NPFP} = Y/N \times 100\% \tag{2-2}$$

式中：IWUE为灌溉水利用效率，kg/m^3；Y 为籽粒产量，kg/hm^2；I 为灌溉用水，mm；NPFP为氮肥偏生产力，kg/kg；N 为氮肥施用量，kg/hm^2。

采用SPSS 24.0软件进行方差分析(ANOVA)，验证水氮施用量对小麦生长发育、产量、IWUE和NPFP的影响。在5%水平和1%显著水平下，采用邓肯检验来确定差异。利用Kriging插值法，对数据进行网格化处理，然后利用Surfer 15软件进行分析作图。

2.1.2.3　滴灌施氮时序下土壤硝态氮分布的HYDRUS-2D数值模拟

土壤水分运动过程被简化成二维非饱和达西水流，假设土壤为均值且各向同性的多孔介质，土壤中不存在对水分流动的空气阻力，忽略温度势作用，土壤初始含水率相同，并且不考虑滞后现象，土壤水分运动过程用Richard方程来表示：

$$\frac{\partial\theta}{\partial t} = \frac{\partial}{\partial x}\left[K(h)\frac{\partial h}{\partial x}\right] + \frac{\partial}{\partial z}\left[K(h)\frac{\partial h}{\partial z}\right] - \frac{\partial K(h)}{\partial z} \tag{2-3}$$

式中：θ 为土壤体积含水率，cm^3/cm^3；h 为基质势，cm；t 为时间，min；$K(h)$ 为非饱和导水率，cm/min；x 为横坐标，cm；z 为垂直坐标，cm。

硝态氮在土壤中运移的基本方程可表示为

$$\begin{aligned}\frac{\partial(\theta C)}{\partial t} = &\frac{\partial}{\partial x}\left(\theta D_{xx}\frac{\partial C}{\partial x} + \theta D_{xz}\frac{\partial C}{\partial z}\right) + \frac{1}{x}\left(\theta D_{xx}\frac{\partial C}{\partial x} + \theta D_{xz}\frac{\partial C}{\partial z}\right) + \\ &\frac{\partial}{\partial z}\left(\theta D_{zz}\frac{\partial C}{\partial x} + \theta D_{xz}\frac{\partial C}{\partial z}\right) - \left(\frac{\partial q_x C}{\partial x} + \frac{q_x C}{x} + \frac{\partial q_z C}{\partial z}\right)\end{aligned} \tag{2-4}$$

式中：C 为土壤硝态氮的质量浓度，mg/cm^3；q_x 为纵向上的土壤水分通量；q_z 为横向上的土壤水分通量；D_{xx}、D_{zz}、D_{xz} 为水动力弥散张量的分量。

室内土槽试验模拟区域宽90 cm、深55 cm，假定土壤的初始含水率和硝态氮均匀分布。砂土、壤土、黏土的初始质量含水率分别为0.011、0.015、0.012；砂土、壤土、黏土的初始硝态氮量分别为6.52 mg/kg、18.06 mg/kg、26.33 mg/kg。上边界为大气边界，下边界为自由排水边界，侧面为零通量边界，设置随时间可变通量代表滴灌。具体设置见图2-6。

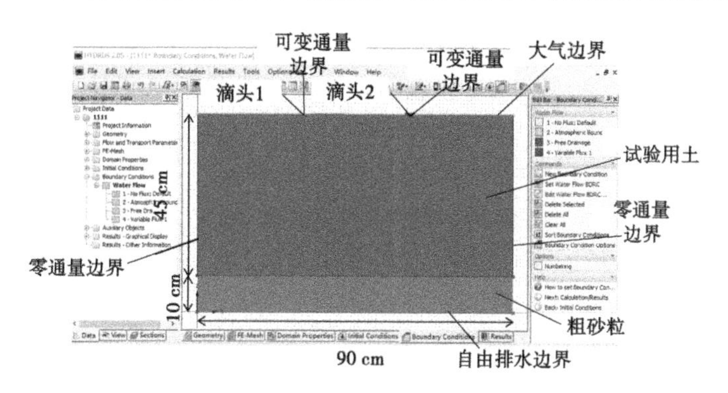

图 2-6 土槽试验建模区域和边界条件

测坑冬小麦试验模拟区域宽 60 cm、深 60 cm,模拟区域内的 0~20 cm、20~40 cm、40~60 cm 土壤初始含水率分别为 0.08、0.14、0.17。由于土壤质地粗糙,初始硝态氮含量较低,因此将硝态氮浓度的初始条件定义为零。上边界为大气边界,下边界为自由排水边界,侧面为自由排水边界,设置随时间可变通量代表滴灌。具体设置见图 2-7。

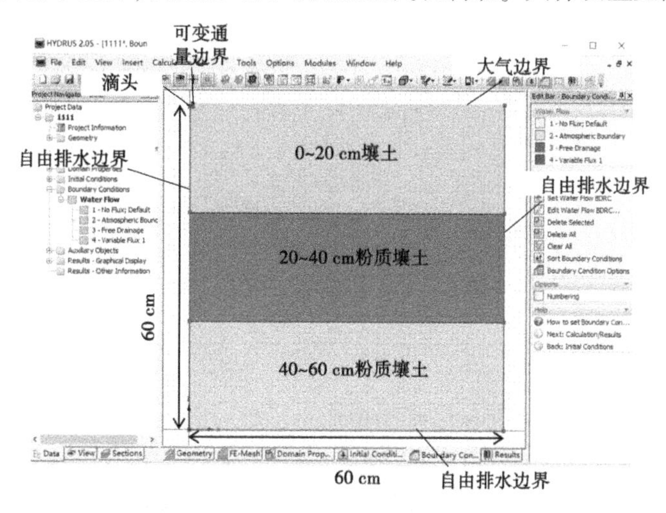

图 2-7 测坑冬小麦试验建模区域和边界条件

在土槽试验中,将试验用土实测土壤颗粒级配、容重输入 HYDRUS-2D 模型自带的神经网络预测程序,获得模型自行计算的水力特性参数。此外,通过比较土槽试验中的实测土壤含水率数据和模拟值,进一步人工校准了三种土壤的饱和导水率参数,以确定最优化的水力学参数,率定结果如表 2-5 所示。

表 2-5 室内土槽试验土壤水力学参数

土壤类型	土壤残余含水率 $\theta_r/(cm^3/cm^3)$	土壤饱和含水率 $\theta_s/(cm^3/cm^3)$	进气吸力相关参数 α/cm^{-1}	形状系数 n	土壤饱和导水率 $K_s/(cm/d)$	空隙连通性参数 l
黏土	0.102 7	0.501 3	0.017 0	1.284 8	9.53	0.5
壤土	0.037 3	0.363 1	0.011 6	1.505 9	36.93	0.5
砂土	0.054 1	0.422 7	0.033 4	2.451 3	117.73	0.5

在测坑试验中，将试验用土分层的实测土壤颗粒级配、容重输入 HYDRUS-2D 模型自带的神经网络预测程序(见表 2-6)，获得模型自行计算的水力特性参数。然后通过比较测坑试验中的实测土壤含水率数据和模拟值，进一步人工校准了三层土壤饱和导水率参数，以确定最优化的水力学参数，率定结果如表 2-7 所示。

表 2-6　测坑试验土壤物理参数

土层深度/cm	粒径组成/mm			土壤质地	土壤容重/(g/cm³)
	黏粒 $d<0.002$	粉粒 $0.002 \leq d<0.050$	砂粒 $0.050 \leq d<2.000$		
0~20	6.75	69.72	23.53	壤土	1.56
20~40	6.41	66.91	26.69	粉质壤土	1.58
40~60	10.19	69.96	19.85	粉质壤土	1.54

表 2-7　测坑试验土壤水力学参数

土层深度/cm	土壤类型	土壤残余含水率 θ_r/(cm³/cm³)	土壤饱和含水率 θ_s/(cm³/cm³)	进气吸力相关参数 α/cm⁻¹	形状系数 n	土壤饱和导水率 K_s/(cm/d)	空隙连通性参数 l
0~20	壤土	0.041 4	0.350 3	0.007 8	1.573 8	24.01	0.5
20~40	粉质壤土	0.038 7	0.339 9	0.008 8	1.542 4	22.79	0.5
40~60	粉质壤土	0.049 1	0.366 4	0.006 4	1.612 8	19.42	0.5

溶质反应过程包括硝化作用、反硝化作用、挥发作用、固化作用和矿化作用。在本研究中，脱氮过程和以 N_2O-N 形式出现的损失可以忽略，因为该反应主要发生在饱和条件下。由于试验土壤中黏粒含量低，固化作用和矿化作用的过程也可以忽略(Chen et al., 2020)。由于施肥方式是滴灌施肥，因此忽略了氨的挥发。施用的肥料是尿素，尿素首先转化为 NO_2-N，然后再转化为硝态氮。由于从 NO_2-N 到硝态氮的硝化过程比 NH_4-N 到 NO_2-N 的硝化过程快得多，因此可以假设硝化过程是由 NH_4-N 直接转化为硝态氮(赵丽芳等，2021)。在 HYDRUS-2D 中，硝化过程被模拟为一阶衰变反应。液相和固相硝化反应的硝化速率分别为 0.12 mg/(kg · d)和 5.9 mg/(kg · d)。与许多其他模型研究类似，本研究没有考虑温度和含水率对硝化过程的影响。本研究还假设硝态氮只存在于溶解相，分配系数 K_d 为 0。土壤纵向分散度和横向分散度(D_L 和 D_T)以及分子在自由水中的扩散系数是确定分散度张量组分的必要条件。通过试错定标法，即通过比较模拟和观测的土壤硝态氮浓度值，将土层纵向分散度(D_L)设置为 10 cm，横向分散度(D_T)为 D_L 的 1/10。硝态氮在自由水中的分子分散度系数设为 0.068 cm²/h。

测坑冬小麦试验在可移动防雨棚下进行，因此不考虑降水，该地区的年平均气温为 14 ℃，年平均相对湿度为 68%，其他关于土壤温度、风速和太阳辐射的气象数据收集于中国农业科学院新乡综合试验基地气象站(北纬 35°08′,东经 113°54′,海拔 81 m)。根据 Penman-Monteith 方程(FAO-56 方法)计算得到 ET_0,作物系数 K_c 由多年田间试验回归得到,在模拟过程中,ET_c 设置为 0.65 cm/d。

采用均方误差(RMSE)和平均相对误差(MRE)两个指标来评价模拟值和实测值的吻合程度。统计参数定义如下:

$$\mathrm{RMSE} = \sqrt{\frac{1}{n}\sum_{i=1}^{n}(P_i - O_i)^2} \tag{2-5}$$

$$\mathrm{MRE} = \frac{1}{n}\sum_{i=1}^{n}\left|\frac{P_i - O_i}{O_i}\right| \times 100\% \tag{2-6}$$

式中:RMSE 为均方误差;MRE 为平均相对误差;O_i 为第 i 个观测值;P_i 为对应的模拟值;n 为数据总个数。RMSE 与 MRE 越接近于 0,表示模拟值与实测值差异越小。

2.2　滴灌带间距和滴头流量试验的结果与分析

2.2.1　滴灌带间距和滴头流量对灌溉水再分布与灌水均匀度的影响

为了探索不同灌水技术参数对滴灌冬小麦根区土壤水分分布的影响,在返青期第一次灌水后利用烘干法测定了麦田根区土壤水分,图 2-8 给出了灌水结束后 24 h 不同处理根区土壤水分分布情况。灌水结束后 24 h,冬小麦根区土壤水分分布除受滴头间距和灌水定额的影响外,还受滴灌带布设间距和滴头流量的影响。当灌水定额和滴头间距完全相同时,灌水前土壤含水率大致相同的条件下,灌溉水在麦田根区分布的均匀度主要受滴灌带布设间距和滴头流量的影响。

就灌溉水在麦田根区土壤水分分布均匀度而言,D1、D2、D3、D4、D5、D6、D7 和 D8 处理灌水后麦田根区剖面不同位置处的土壤含水率(质量含水率,%)与剖面平均值的标准差分别为-1.96~2.02、-2.13~2.93、-5.56~3.27、-5.44~3.94、-3.70~5.85、-5.28~4.07、-3.62~4.81 和-3.08~3.09。结果表明,缩小滴灌带布设间距或增加滴头流量可以提高灌溉水在冬小麦根区的分布均匀度。从图 2-8 可以清楚地看到,滴头流量相同时,灌溉水在根区土壤中分布的均匀度随着滴灌带间距的增加呈降低趋势。当毛管间距为 40 cm 时[见图 2-9(a)],两条毛管之间 0~60 cm 土层的土壤含水率趋近于一维层状分布,表层土壤含水率均在 20%左右,深层土壤含水率虽然有所降低,但在水平方向上大致相同,50 cm 深处土壤含水率在 17%左右;而毛管间距为 120 cm 的处理[见图 2-9(e)],滴灌带下方土壤含水率一直处于较高水平,在 60 cm 深处土壤含水率为 19%左右,但距滴灌带 60 cm 处的土壤含水率明显低于滴灌带下方,表层土壤含水率仅 8%左右,与灌前的土壤含水率大致相同。当灌水定额和毛管间距相同时,随着滴头流量的增大,根区土壤水分在水平上更趋于均一(见图 2-8 D6~D8)。进一步分析发现,D8 处理的表层(0~20 cm)土壤水分明显高于 40~60 cm 土层土壤水分,但水平方向上,距滴灌带 40 cm 处的土壤水分与滴灌带下方的土壤水分大致相同,说明滴头流量的增加有利于根区土壤湿润体呈宽浅型湿润区;与 D8 处理相比,D6 根区土壤水分在垂直方向上变化不大,不同土层土壤含水率大致相同，但水平方向上，土壤含水率随着距滴灌带距离的增加呈降低趋势，在距滴灌带 40 cm 处土壤含水率低于滴灌带下方 50%。综合考虑毛管用量，以及灌溉水在根区土壤分布均匀度，处理 D2 和处理 D8 可以作为冬小麦适宜的滴灌带布设方案。

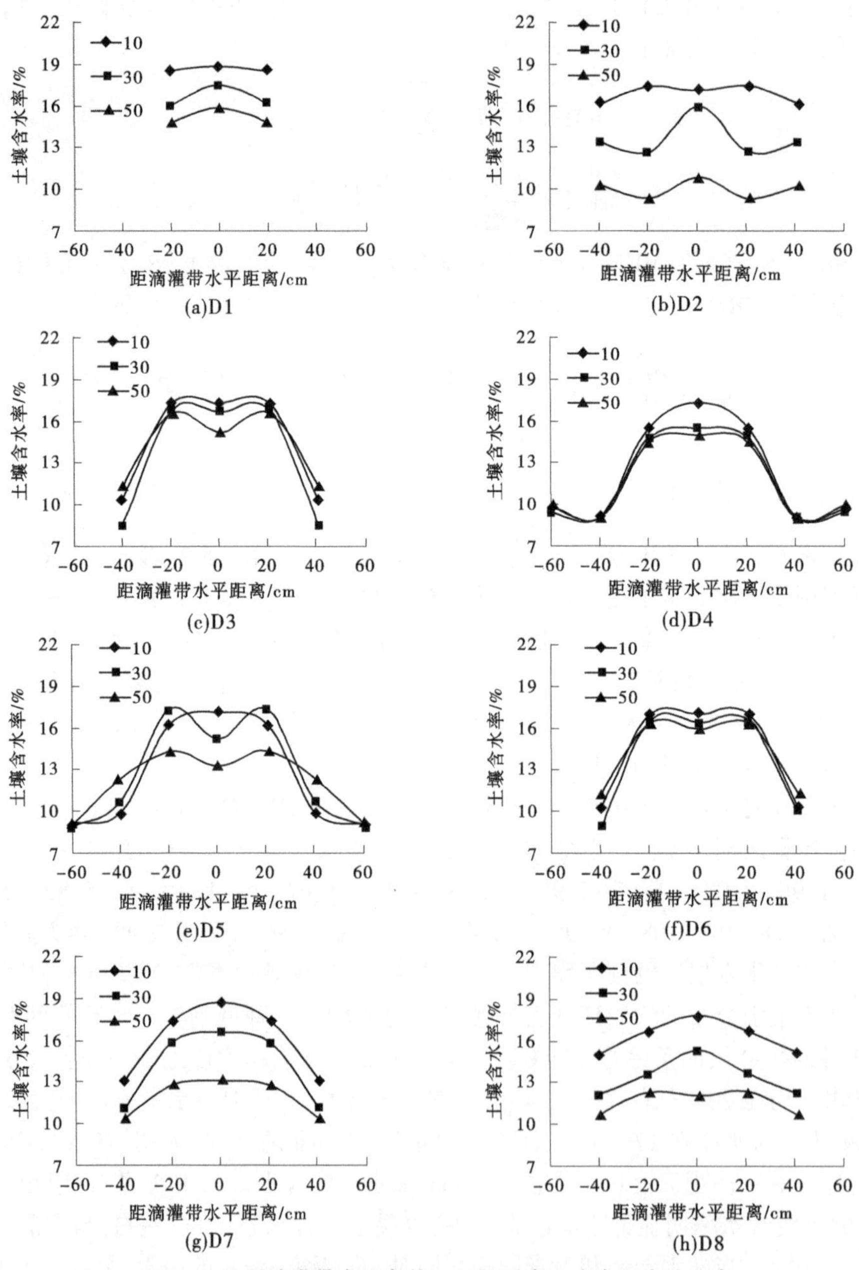

图 2-8　不同滴灌带布设条件下不同垂直深度麦田水分分布

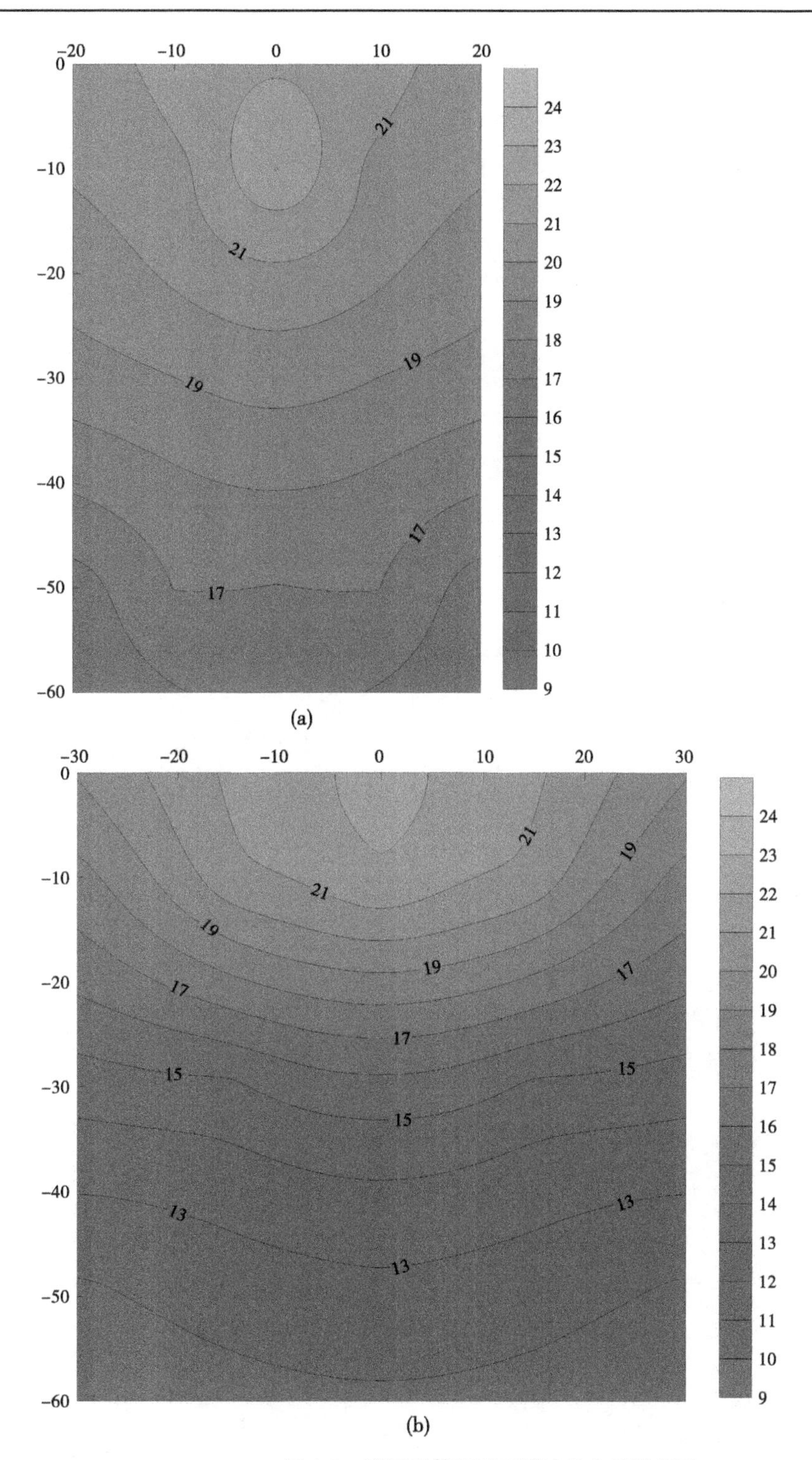

图 2-9　不同毛管间距对灌水均匀度的影响

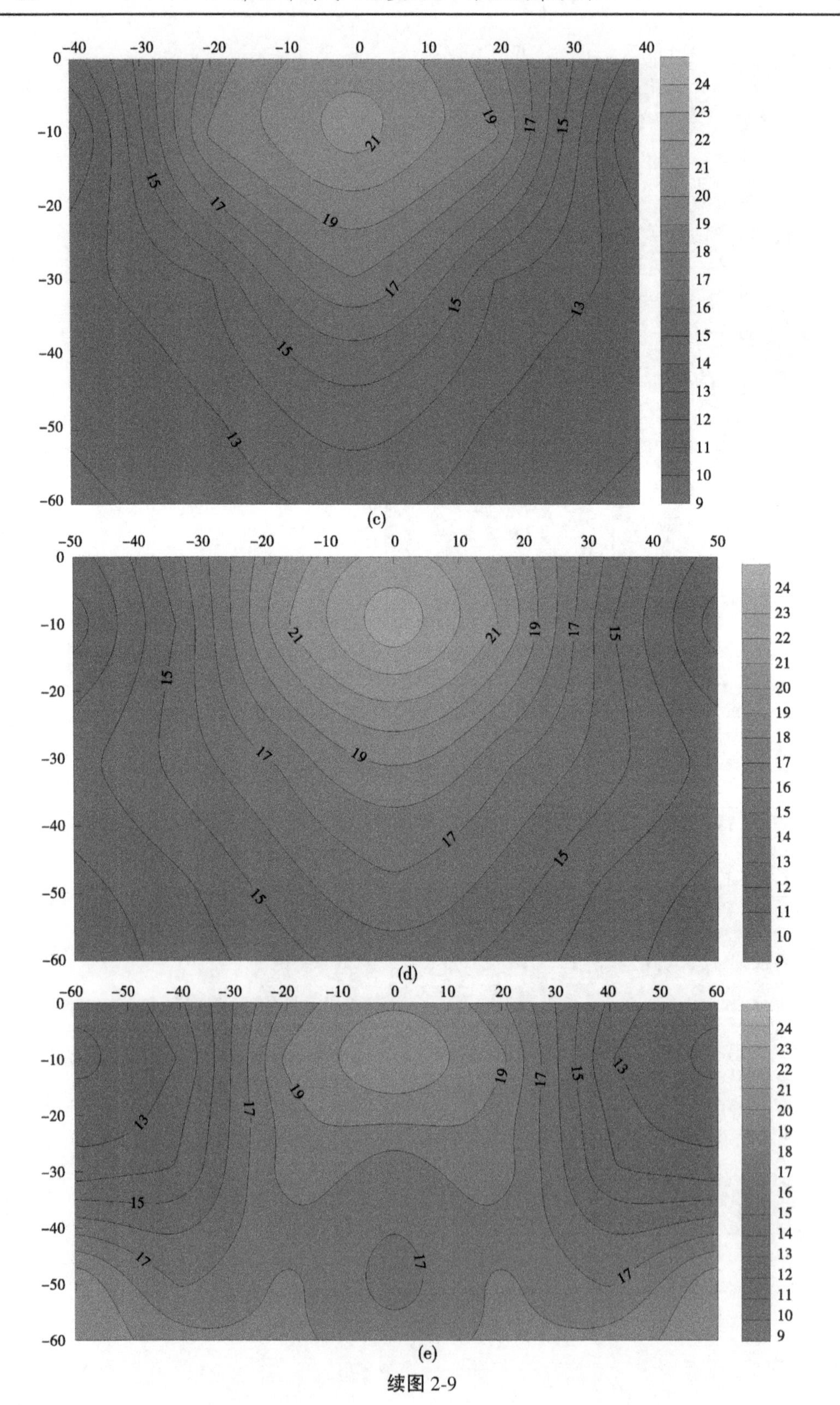

续图 2-9

在不同间距和不同滴头流量田间试验基础上，通过田间控制试验研究了不同灌水定额对冬小麦根区土壤水分分布的影响。毛管间距为 60 cm，滴头流量为 2.0 L/h，滴水定额设置 3 个水平，分别为 37.5 mm、52.5 mm 和 67.5 mm（M1、M2 和 M3）。灌水前麦田土壤含水率如图 2-10 所示，可以看到，灌水前冬小麦根区土壤含水率随着土层深度的增加呈升高趋势，但水平方向上，各重复之间差异不大，0~10 cm、10~20 cm、20~30 cm、30~40 cm、40~50 cm、50~60 cm、60~70 cm、70~80 cm、80~90 cm 和 90~100 cm 土层土壤含水率的标准差分别为 0.010 3 cm^3/cm^3、0.011 1 cm^3/cm^3、0.015 2 cm^3/cm^3、0.010 6 cm^3/cm^3、0.007 5 cm^3/cm^3、0.008 3 cm^3/cm^3、0.013 4 cm^3/cm^3、0.005 9 cm^3/cm^3、0.008 7 cm^3/cm^3 和 0.012 0 cm^3/cm^3，说明灌前麦田根区土壤含水率在水平方向上分布相对均一。

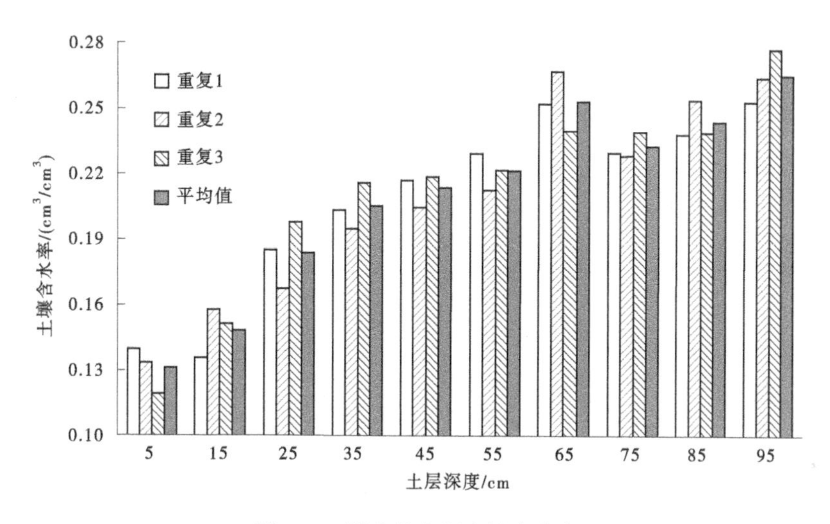

图 2-10　灌水前麦田土壤含水率

灌水结束后 24 h 田间土壤水分监测结果（见图 2-11）表明，麦田根区土壤水分随着灌水定额的增大呈增大趋势。垂直方向上，土壤含水率呈增高趋势，水平方向上更趋于均匀。进一步分析发现，当灌水定额为 37.5 mm 时[见图 2-11(a)]，滴灌带下方（距两条滴灌带中心-30 cm 和 30 cm 处）的土壤含水率明显高于两条滴灌带中心位置处的土壤含水率。0~10 cm、10~20 cm 和 20~30 cm 土层，滴灌带下方的平均土壤含水率分别比两条滴灌带中心位置处的土壤平均含水率高 0.179 6 cm^3/cm^3、0.147 1 cm^3/cm^3 和 0.089 7 cm^3/cm^3，两条滴灌带中心点位置 30 cm 以下的土壤含水率与灌前土壤含水率大致相同，说明灌水定额为 37.5 mm 时，灌溉对两条滴灌带中心位置 30 cm 以下土层的土壤含水率影响不大；当灌水定额为 52.5 mm 时[见图 2-11(b)]，灌溉对两条滴灌带中心位置 30 cm 以下土层的土壤含水率影响不大，距两条滴灌带中心 30 cm、20 cm 和 10 cm 处 0~10 cm 土层的土壤含水率分别比两条滴灌带中心位置处的土壤含水率高 0.071 4 cm^3/cm^3、0.073 1 cm^3/cm^3 和 0.047 2 cm^3/cm^3，距两条滴灌带中心 30 cm、20 cm 和 10 cm 处 10~20 cm 土层的土壤含水率分别比两条滴灌带中心位置处的土壤含水率高 0.093 7 cm^3/cm^3、0.086 7 cm^3/cm^3 和 0.077 0 cm^3/cm^3，距两条滴灌带中心 30 cm、20 cm 和 10 cm 处 20~30 cm 土层的土壤含水率分别比两条滴灌带中心位置处的土壤含水率高 0.085 6 cm^3/cm^3、

0.086 6 cm^3/cm^3 和 0.065 8 cm^3/cm^3；当灌水定额为 67.5 mm 时[见图 2-11(c)]，灌溉对两条滴灌带中心位置 0~60 cm 土层的土壤水分均有不同程度的补充，距两条滴灌带中心 30 cm、20 cm 和 10 cm 处 0~10 cm 土层的土壤含水率分别比两条滴灌带中心位置处的土壤含水率高 0.027 1 cm^3/cm^3、0.027 9 cm^3/cm^3 和 0.011 1 cm^3/cm^3，距两条滴灌带中心 30 cm、20 cm 和 10 cm 处 10~20 cm 土层的土壤含水率分别比两条滴灌带中心位置处的土壤含水率高 0.024 1 cm^3/cm^3、0.026 3 cm^3/cm^3 和 0.004 2 cm^3/cm^3，距两条滴灌带中心 30 cm、20 cm 和 10 cm 处 20~30 cm 土层的土壤含水率分别比两条滴灌带中心位置处的土壤含水率高 0.011 3 cm^3/cm^3、0.011 7 cm^3/cm^3 和 -0.001 2 cm^3/cm^3，距两条滴灌带中心 30 cm、20 cm 和 10 cm 处 30~40 cm 土层的土壤含水率分别比两条滴灌带中心位置处的土壤含水率高 0.028 3 cm^3/cm^3、0.023 1 cm^3/cm^3 和 0.003 4 cm^3/cm^3，距两条滴灌带中心 30 cm、20 cm 和 10 cm 处 40~50 cm 土层的土壤含水率分别比两条滴灌带中心位置处的土壤含水率高 0.022 2 cm^3/cm^3、0.023 3 cm^3/cm^3 和 -0.005 3 cm^3/cm^3，距两条滴灌带中心 30 cm、20 cm 和 10 cm 处 50~60 cm 土层的土壤含水率分别比两条滴灌带中心位置处的土壤含水率高 0.031 2 cm^3/cm^3、0.023 2 cm^3/cm^3 和 0.0173 cm^3/cm^3。

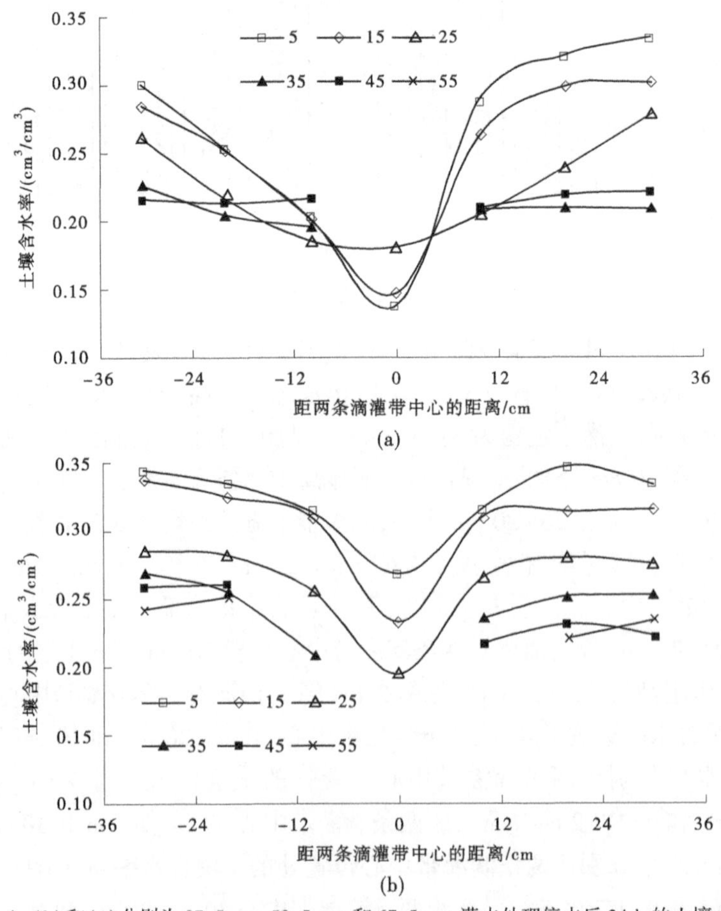

注：(a)、(b)和(c)分别为 37.5 mm、52.5 mm 和 67.5 mm 灌水处理停水后 24 h 的土壤水分情况。

图 2-11　不同灌水定额对根区不同垂直深度处土壤水分的影响

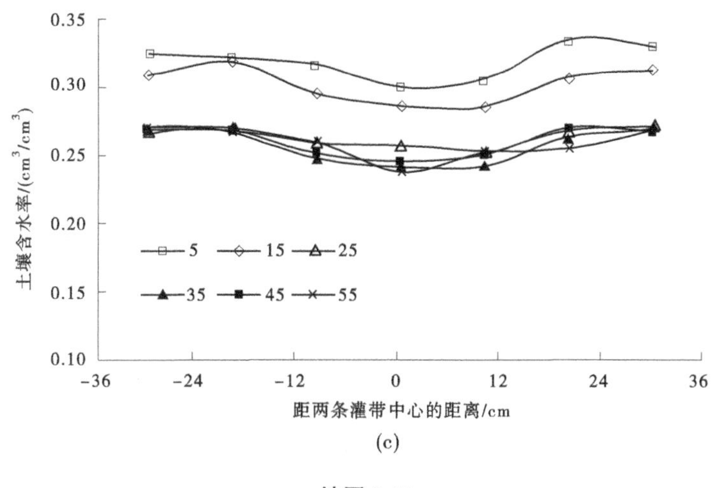

(c)

续图 2-11

从图 2-11 还可以看到，当灌水定额超过 52. 5 mm 时，水平方向上土壤含水率差异明显小于灌水定额为 37. 5 mm 处理，而且距滴灌带 20 cm 处的土壤含水率已与滴灌带下方土壤含水率大致相同，能够满足冬小麦正常生长根系水分的需求。当灌水定额达到 67. 5 mm 时，水平方向上各观测点的土壤含水率无明显差异。说明当滴头流量为 2. 0 L/h，滴灌带间距 60 cm 时，灌水定额在 37. 5~52. 5 mm 为宜。

2. 2. 2　滴灌带间距和滴头流量对冬小麦产量的影响

滴灌带间距及滴头流量均会不同程度地影响冬小麦株高及产量构成指标(见表 2-8)。冬小麦株高随着滴灌带间距的增加呈降低趋势，当滴灌带间距小于 80 cm 时，各处理的冬小麦株高无明显差异，但当滴灌带间距为 100 cm 和 120 cm 时，冬小麦株高明显低于 D1 处理(滴灌带间距 40 cm)，说明过宽的滴灌带间距不利于作物株高发育。抽穗扬花期株高生长调查结果表明，处理 D4 和 D5 开始出现明显的高矮行，滴灌带中间的株高明显低于滴灌带下附近的株高，统计分析结果表明，差异达到了极显著水平。在滴灌带间距和灌水定额完全相同的条件下，各处理的株高随着滴头流量的增加呈递增趋势，但各处理之间的差异未达到极显著水平。

表 2-8　不同处理冬小麦株高及产量构成

处理	株高/cm	总穗数/(万头/hm²)	穗长/cm	小穗数	无效穗数	穗粒数(个/穗)	千粒重/g	产量/(kg/hm²)
D1	63. 20	615. 65	11. 34	16. 52	1. 95	38. 60	44. 04	10 114. 35
D2	64. 20	601. 10	12. 21	16. 53	1. 30	37. 40	45. 57	10 626. 45
D3	64. 79	589. 91	12. 10	16. 27	2. 60	35. 57	43. 89	8 974. 29
D4	56. 54	534. 25	10. 64	16. 13	1. 55	32. 97	41. 62	8 120. 80

续表 2-8

处理	株高/cm	总穗数/(万头/hm^2)	穗长/cm	小穗数	无效穗数	穗粒数(个/穗)	千粒重/g	产量/(kg/hm^2)
D5	47.87	529.05	10.80	16.10	1.72	30.44	41.27	7 552.67
D6	64.79	589.91	12.10	16.27	2.60	35.57	43.89	8 974.29
D7	65.62	596.45	11.04	15.58	1.49	35.73	42.76	9 288.42
D8	65.85	603.10	11.30	15.81	1.19	36.03	42.21	9 843.51

就产量构成而言,滴灌条件下不同灌水参数组合,直接影响灌溉水肥在冬小麦根区土壤的分布均匀度,从而影响冬小麦根系对根区土壤水肥的吸收,影响冬小麦株高、叶面积以及根冠比等生长指标和叶片光合速率以及光合同化产物的分配,最终影响冬小麦成穗率、有效穗数、单穗穗粒数和籽粒千粒重,从而影响了冬小麦的产量。从表 2-8 还可以看到,处理 D1 的总穗数最高,达到了 615.65 万头/hm^2,处理 D5 的总穗数最低,仅为 529.05 万头/hm^2,处理 D4 和 D5 的成穗率明显低于其他处理,说明滴灌带铺设间距超过 80 cm,会对成穗率造成不可逆转的负面影响;小穗数和穗粒数均随滴灌带间距的增加呈下降趋势,随滴头流量的加大呈增加趋势,这主要是因为进入返青期后频繁地灌水,导致水分和养分在麦田根区分布的均匀度降低,过宽的滴灌带铺设间距使养分和水分在滴灌带附近聚集甚至产生深层渗漏,而滴灌带中间的 2~3 行小麦由于远离滴灌带,灌溉水肥难以均匀分布在两条滴灌带中间的冬小麦根区,从而限制了冬小麦根系对水肥的吸收利用,进而影响冬小麦的生长发育,从而影响了籽粒的形成以及后期灌浆速率,最终降低了单穗穗粒数和千粒重,导致收获籽粒产量降低。进一步分析发现,处理 D2 的籽粒产量最高,达到了 10 626.45 kg/hm^2,处理 D8 的籽粒产量与处理 D2 基本相当,均明显高于处理 D3、D4、D5、D6 和 D7。与处理 D1 相比,处理 D2 的籽粒产量提高了 5.06%,处理 D3、D4、D5、D6、D7 和 D8 的冬小麦籽粒产量分别降低了 11.27%、19.71%、25.33%、11.27%、8.17%和 2.68%。

2.2.3 滴灌带间距和滴头流量对冬小麦耗水量及水分利用效率的影响

试验期间各处理灌水量均为 225.0 mm,降水量仅为 87.7 mm,不同处理的耗水量及水分利用效率结果表明,各处理的耗水量为 417.67~452.26 mm,水分利用效率为 1.8~2.42 kg/m^3,灌溉水利用效率达到了 3.36~4.72 kg/m^3(见表 2-9)。

从表 2-9 可以看到,就水分利用效率而言,处理 D2 最高,处理 D5 最低;灌溉水利用效率最高的是处理 D2,最低的是处理 D5。综合分析产量、水分利用效率以及滴灌带用量,本试验条件下,滴灌带间距 60 cm、滴头流量 2.0 L/h,以及滴灌带间距 80 cm、滴头流量 6.0 L/h 是比较理想的冬小麦滴灌灌水技术参数。

表2-9　不同处理冬小麦耗水量及水分利用效率

处理	灌水量/mm	降水量/mm	耗水量/mm	产量/(kg/hm²)	水分利用效率/(kg/m³)	灌溉水利用效率/(kg/m³)
D1	225.0	87.7	451.45	10 114.35	2.24	4.50
D2	225.0	87.7	439.87	10 626.45	2.42	4.72
D3	225.0	87.7	442.49	8 974.29	2.03	3.99
D4	225.0	87.7	417.67	8 120.80	1.94	3.61
D5	225.0	87.7	418.90	7 552.67	1.80	3.36
D6	225.0	87.7	442.49	8 974.29	2.03	3.99
D7	225.0	87.7	445.26	9 288.42	2.09	4.13
D8	225.0	87.7	447.84	9 843.51	2.20	4.37

2.2.4　小结

(1)就灌水均匀度而言,综合考虑滴灌带用量和轮灌周期,滴灌带间距60 cm、滴头流量2.0 L/h和滴灌带间距80 cm、滴头流量6.0 L/h的参数组合是适宜冬小麦滴灌灌水的技术参数。

(2)就灌水均匀度而言,滴灌带间距60 cm、滴头流量2.0 L/h条件下,37.5 mm和52.5 mm是滴灌冬小麦适宜的灌水定额。

(3)综合分析产量、水分利用效率以及滴灌带用量,本试验条件下,滴灌带间距60 cm、滴头流量2.0 L/h,以及滴灌带间距80 cm、滴头流量6.0 L/h是比较理想的冬小麦滴灌灌水技术参数;滴灌带间距60 cm、滴头流量2.0 L/h,45 mm是适宜的滴灌冬小麦灌水定额。

2.3　滴灌施氮时序试验与数值模拟的结果与分析

2.3.1　滴灌施氮时序对不同质地土壤水氮分布的影响

2.3.1.1　滴灌施氮时序对不同质地土壤湿润锋运移和水分分布的影响

图2-12给出了T1处理的湿润锋运移过程。图2-12中坐标点(30,0)是滴头1的位置,坐标点(60,0)是滴头2的位置。由图2-12(a)可以看出,砂土中湿润锋的水平入渗距离和垂直入渗距离均随着灌水时间的延长而增大,湿润锋的运移速度较快;随着灌水施肥过程的推进,湿润锋的运移速度逐渐减缓,并且在相同的灌水时间内,湿润锋的垂直入渗距离大于水平入渗距离,湿润体整体呈半球形。S1T1处理的湿润锋交汇时间约为80 min,此时水平方向和垂直方向上的最大入渗距离分别为16.0 cm和24.5 cm;而当灌水结束(时长150 min)时,湿润锋在水平方向和垂直方向上的最大入渗距离分别达到19 cm和29.5

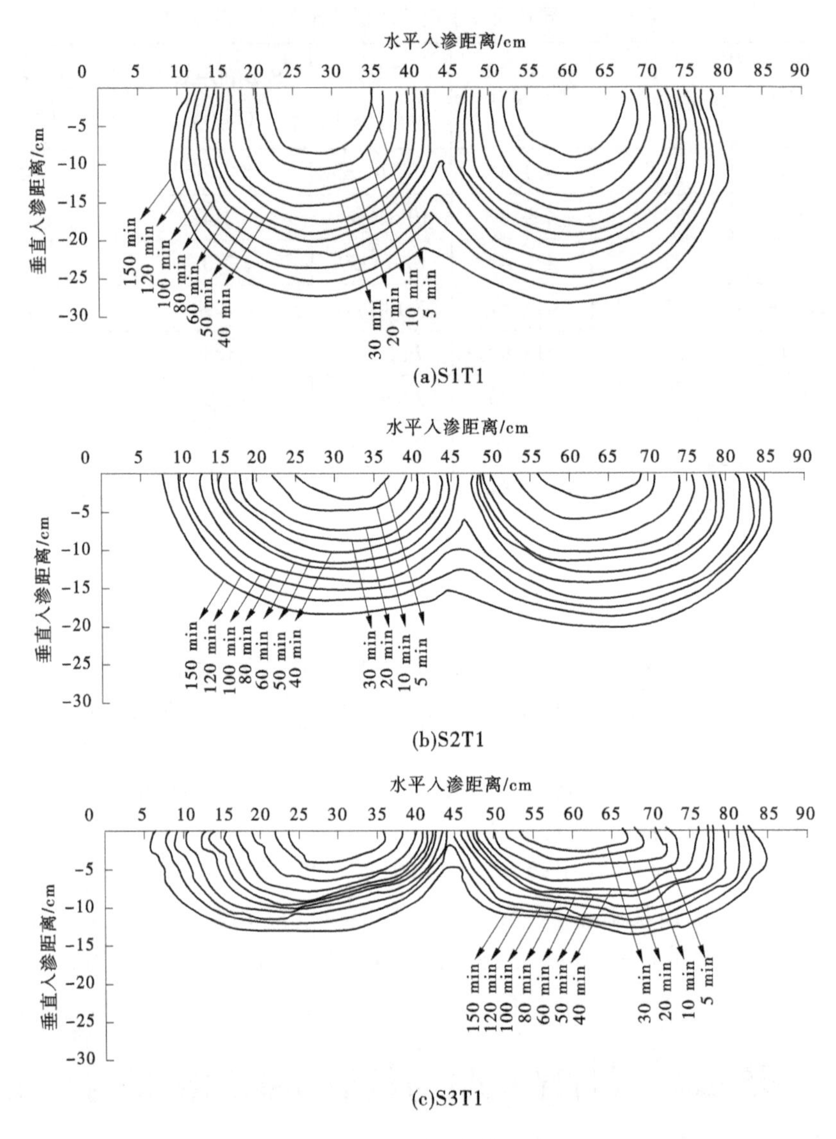

图 2-12　T1 处理湿润锋运移过程

cm。由图 2-12(b)可以看出,壤土的湿润锋水平入渗距离和垂直入渗距离均随着灌水时间的延长而增大,湿润锋的运移速度相比砂土较慢,随着灌水施氮进程的推进,湿润锋的运移速度也逐渐减缓,并且在相同的灌水时间内,湿润锋的水平入渗距离大于垂直入渗距离,湿润体整体呈半椭球形。S2T1 处理的湿润锋交汇时间约为 80 min,此时水平方向和垂直方向上的最大入渗距离分别为 21 cm 和 16 cm,二者入渗距离相差 5 cm;而当 150 min 时长的灌水结束时,水平湿润锋和垂直湿润锋的最大入渗距离分别达到 24 cm 和 21 cm,二者入渗距离相差 3 cm。这是因为壤土的颗粒间孔隙相比砂土要小,通透性较差,水分下渗缓慢,从而导致了湿润锋水平入渗距离的增加。由图 2-12(c)可以看出,黏土的湿润锋水平入渗距离和垂直入渗距离均随着灌水时间的延长而增大,湿润锋的运移速度最慢,并且在相同的灌水时间内,湿润锋的水平入渗距离远大于垂直入渗距离,湿润体整体呈半椭球形。该处理的湿润锋交汇时间约为 120 min,此时水平方向和垂直方向上的最大入渗距离分别为 22.5 cm 和 14 cm,二者入渗距离相差 8.5 cm;而当时长为 150 min 的灌水结束时,水平方向和垂直方向上湿润锋的最大入渗距离分别达到 23.5 cm 和 15 cm,二者入渗距离相差 8.5 cm。

在相同的灌水量和滴头流量条件下,不同质地土壤湿润锋的水平入渗距离和垂直入渗距离存在明显差异,土壤质地对湿润锋运移和分布特征的影响显著。湿润锋的水平入渗距离和垂直入渗距离均随着灌水时间的延长而增大。随着灌水的进行,湿润锋的运移速度逐渐减慢,并且在相同的灌水时间内,砂土的湿润锋垂直入渗距离大于水平入渗距离,而壤土和黏土的湿润锋水平入渗距离大于垂直入渗距离。湿润体大小:砂土>壤土>黏土。湿润锋的最大入渗深度:砂土(29.5 cm)>壤土(21 cm)>黏土(15 cm)。

三种土壤湿润锋运移距离变化过程,通过 T1 处理的土壤含水率数据拟合得:

$$Y_1 = 3.4562\ln t + 1.0022, R^2 = 0.9873 \tag{2-7}$$

$$Y_2 = 5.9221\ln t - 1.2328, R^2 = 0.9691 \tag{2-8}$$

$$Y_3 = 4.9544\ln t - 1.1442, R^2 = 0.9876 \tag{2-9}$$

$$Y_4 = 4.982\ln t - 5.1103, R^2 = 0.9698 \tag{2-10}$$

$$Y_5 = 5.3766\ln t - 3.8008, R^2 = 0.9700 \tag{2-11}$$

$$Y_6 = 3.2884\ln t - 2.1939, R^2 = 0.9467 \tag{2-12}$$

式中:Y_1、Y_3、Y_5 分别为砂土、壤土、黏土水平湿润锋运移距离,cm;Y_2、Y_4、Y_6 分别为砂土、壤土、黏土垂直湿润锋运移距离,cm;t 为灌水时间,min;R^2 为决定系数。

上述拟合函数的相关系数 R^2 均大于 0.94,说明三种土壤湿润锋水平运移距离和垂直运移距离分别与灌水时间之间具有良好的对数函数关系。在砂土中,同一时刻,垂直湿润锋运移距离大于水平湿润锋运移距离,且随着时间的推移,二者的差距有进一步增大的趋势;而在壤土和黏土中,同一时刻,垂直湿润锋运移距离均小于水平湿润锋运移距离,但随着时间的推移,二者的差距壤土表现为进一步减小的趋势、黏土表现为进一步增大的趋势。

为了更直观地反映湿润体的土壤水分空间分布,利用 Kriging 插值法,对数据进行网格化处理,然后利用 Surfer 15 软件绘制土壤含水率分布的三维切片图。由图 2-13 可知,2 个滴头间的取土点有 7 列,将每列土壤含水率做成 1 个二维等值线分布图,7 个二维等值线分布图堆叠在一起就形成立体三维切片图,滴头 1 和滴头 2 的坐标分别为(0,0,0)和(30,0,0)。

图 2-13 给出了在相同的灌水量(2 L)和滴头流量(0.8 L/h)下,三种不同土壤质地的水分空间分布情况。在灌溉开始后,土壤含水率在靠近滴头处开始增加,直到灌溉结束时达到最大值。从图 2-13 可以看出,灌水结束后,滴头下方的含水率最大,并且土壤含水率随距滴头距离的增加而减少,砂土、壤土、黏土的最大含水率分别为 23%、26%、36%。砂土湿润区的平均含水率小于壤土和黏土的平均含水率,因为砂土与壤土和黏土相比,其持水能力较低。虽然滴头流量是相同的,但靠近滴头的黏土的含水率高于壤土与砂土的含水率。从图 2-13 还可以看出,在相同的灌水量和滴头流量下,不同土壤质地的土壤含水

率分布存在明显差异，土壤质地对土壤水分分布有显著影响。

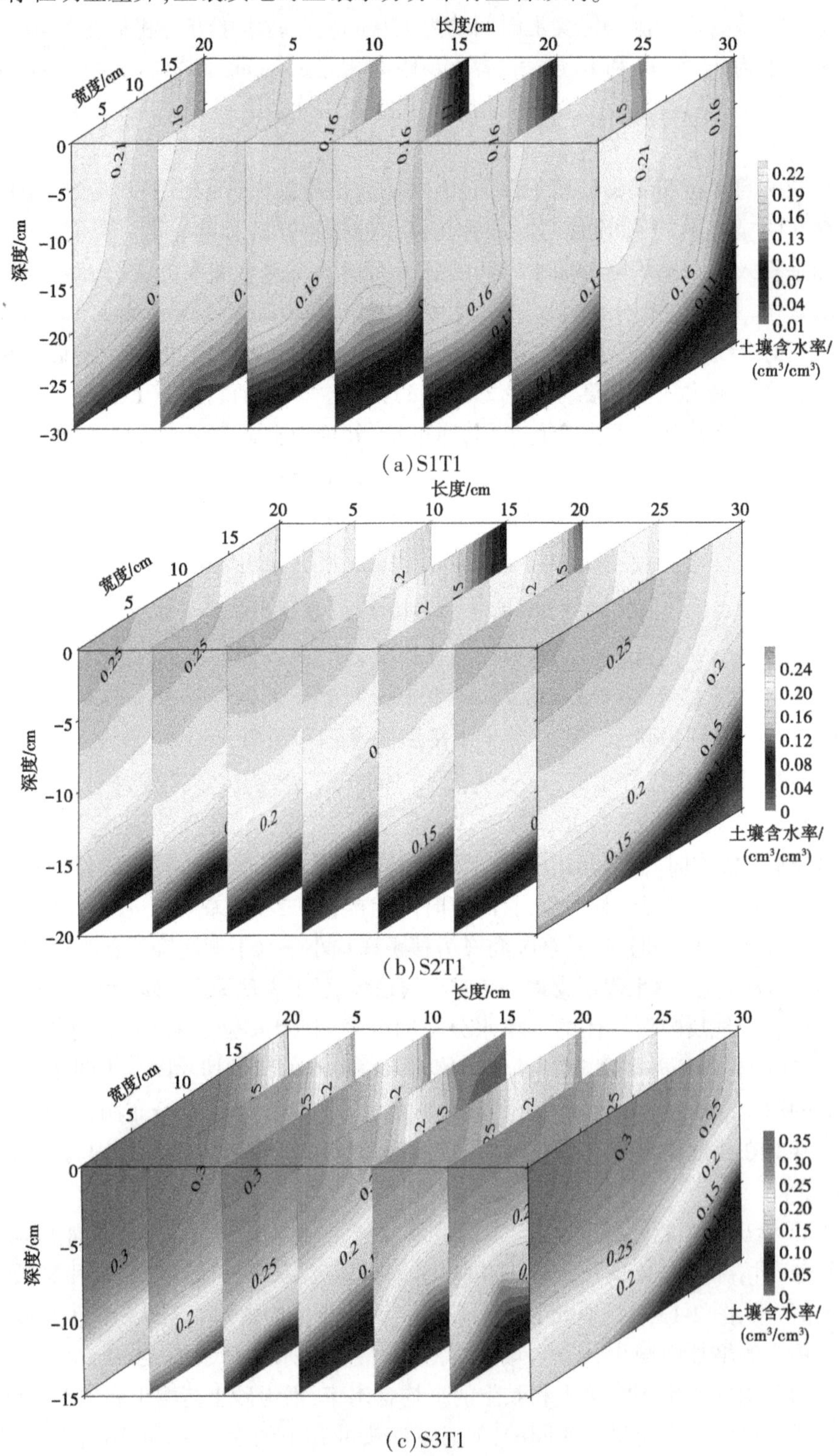

(a) S1T1

(b) S2T1

(c) S3T1

图 2-13　T1 处理土壤含水率三维切片

2.3.1.2　滴灌施氮时序对不同质地土壤硝态氮分布的影响

表 2-10 是砂土各处理硝态氮在距灌水器不同深度所占比例。从表 2-10 中可以看出，S1T4 处理在 20～30 cm 内硝态氮所占比例分别比 S1T2 处理和 S1T3 处理低 3.23%和 2.75%；而在 0～20 cm 内，S1T2 处理和 S1T3 处理比 S1T4 处理分布均匀。如图 2-14 所示，在砂土中，采用 S1T2 处理和 S1T3 处理的施氮时序，硝态氮向湿润土壤边缘迁移的趋势更加明显，下层土壤的硝态氮量较高，因此产生氮肥淋失的风险也比较高。而 S1T4 处理可以使更多的硝态氮在土壤上层积累，氮回收率更高。图 2-14 中展示的是灌水结束时刻的土壤水氮分布，随着时间的推移，土壤中的水分和硝态氮还会继续向下层运动。因此，从减少硝态氮淋失的角度出发，在砂土滴灌施肥中，采用 S1T4 处理较为适宜。

表 2-10　砂土各处理硝态氮在距灌水器不同深度所占比例　%

处理	0～10 cm	10～20 cm	20～30 cm
S1T2	25.58	26.20	48.22
S1T3	22.94	29.32	47.74
S1T4	18.48	36.53	44.99

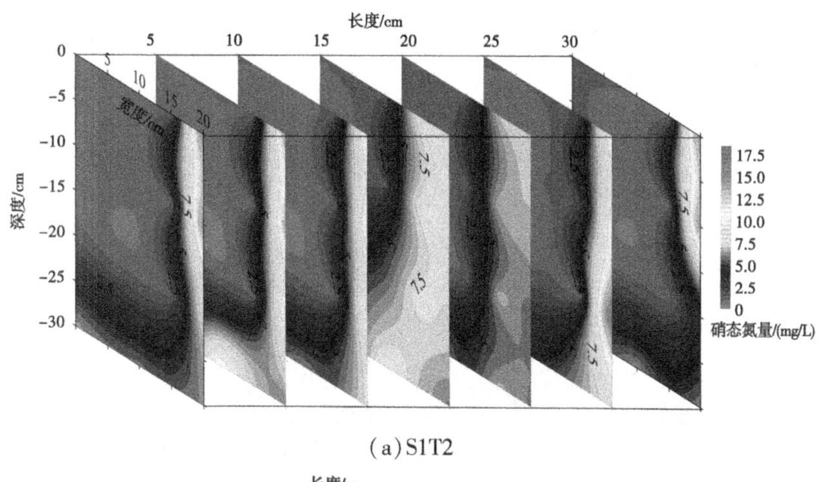

(a) S1T2

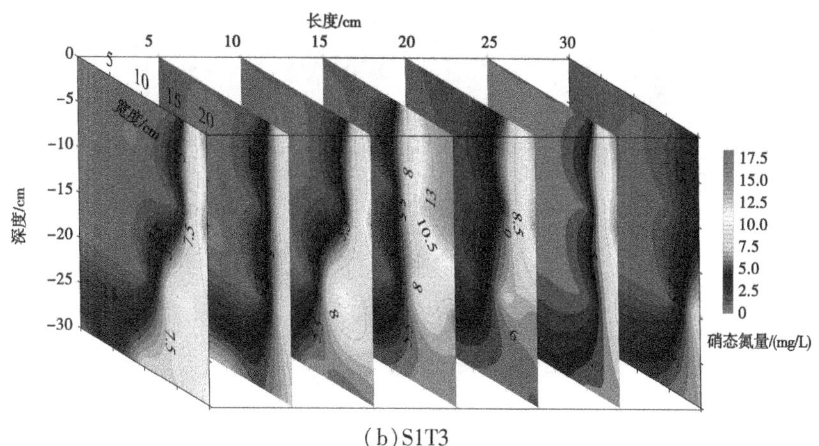

(b) S1T3

图 2-14　砂土硝态氮三维切片

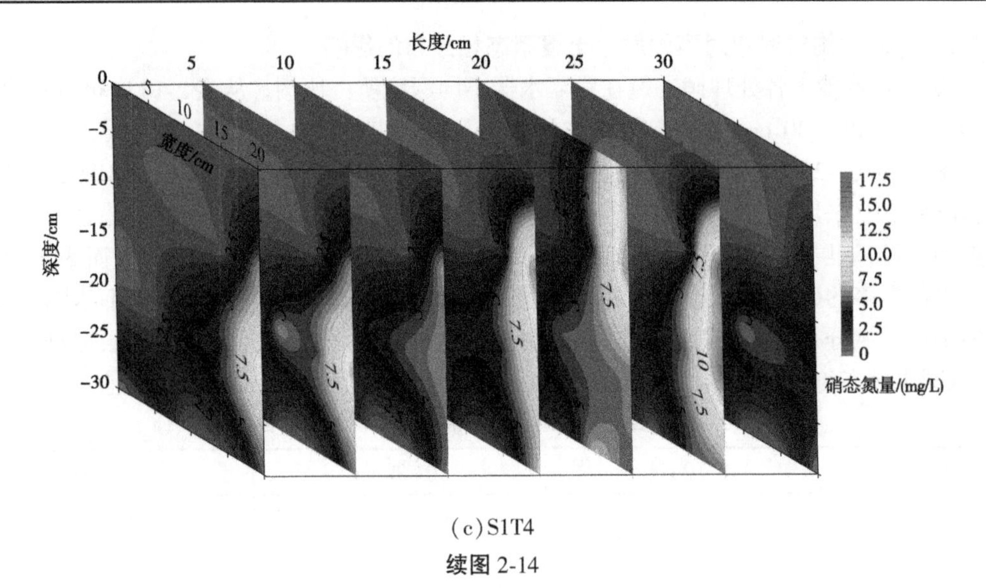

(c) S1T4

续图 2-14

如图 2-15 所示，在壤土中，采用 S2T2 处理的施氮时序，下层土壤的硝态氮量较高，硝态氮向湿润土壤边缘迁移的趋势比较明显，因此产生氮肥淋失的风险比较大。表 2-11 是壤土各处理硝态氮在距灌水器不同深度范围内所占比例，S2T3 处理和 S2T4 处理能使更多的硝态氮累积在土壤上层；从表 2-11 中还可以看出，S2T3 处理在土壤表层以下 14~20 cm 范围内硝态氮所占比例比 S2T4 处理高 5. 78%。在灌溉施氮结束时刻，土壤中的水、氮运移到土壤表层以下 20 cm，灌溉施氮结束后，土壤中的水、氮还会继续向下层运动，S2T3 处理在土壤表层以下 20~30 cm 的硝态氮量更高，使氮肥分布更加均匀，避免在土壤浅层堆积。因此，在壤土滴灌施肥中，采用 S2T3 处理较为适宜。

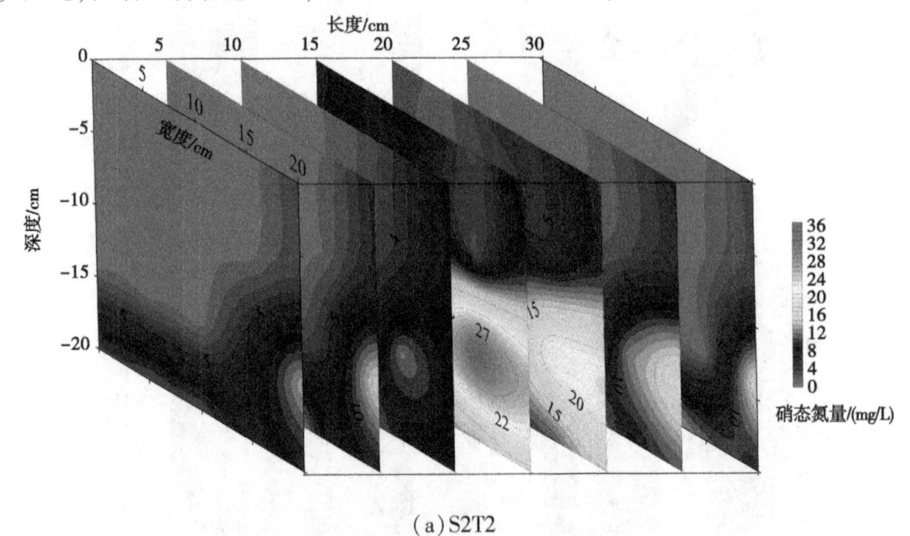

(a) S2T2

图 2-15 壤土硝态氮三维切片

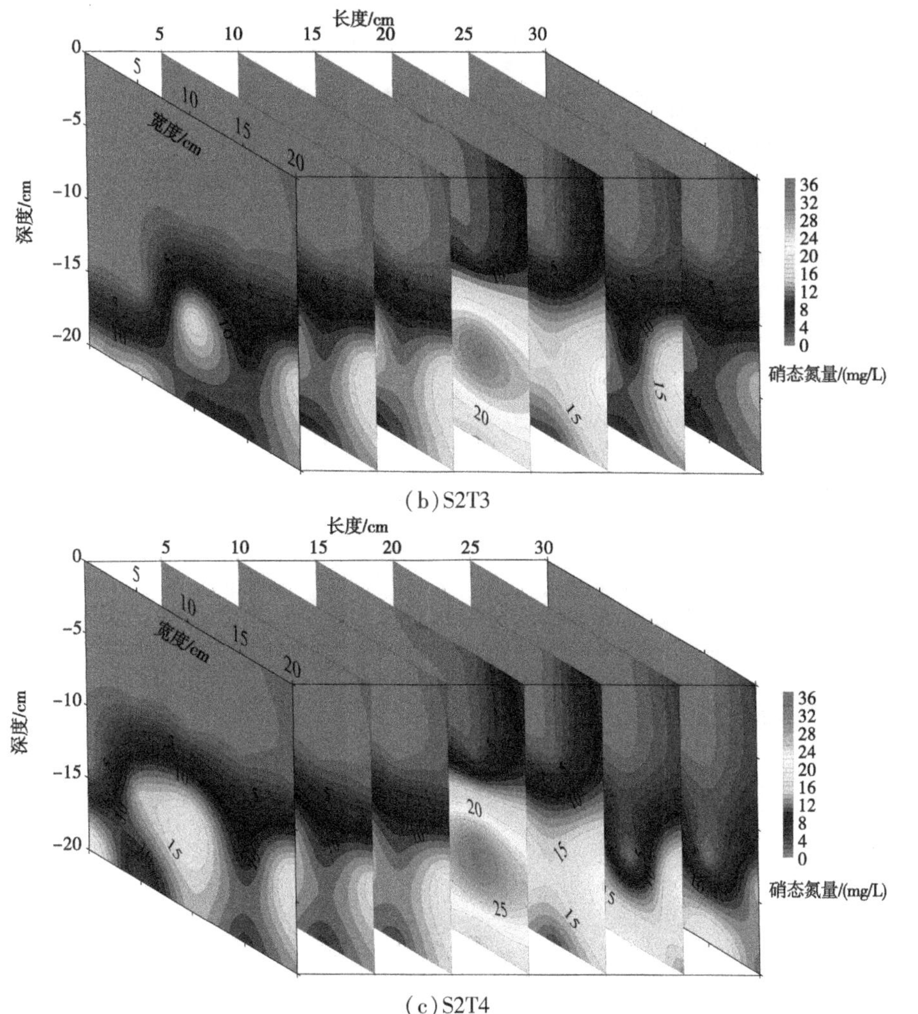

(b) S2T3

(c) S2T4

续图 2-15

表 2-11　壤土各处理硝态氮在距灌水器不同深度范围内所占比例　%

处理	0~7 cm	7~14 cm	14~20 cm
S2T2	12.52	34.48	53.01
S2T3	6.15	41.80	52.05
S2T4	5.65	48.08	46.27

如图 2-16 所示，在黏土中，采用 S3T2 处理的施氮时序，硝态氮向湿润土壤边缘迁移的趋势比较明显，与之相比，采用 S3T3 处理和 S3T4 处理的施氮时序使更多的硝态氮累积在土壤表层。但是，由于黏土的湿润深度较浅，硝态氮淋失几乎可以忽略。表 2-12 是黏土各处理硝态氮在距灌水器不同深度范围内所占比例，S3T2 处理在 10~15 cm 范围内硝态氮所占比例分别比 S3T3 处理和 S3T4 处理高 2.69%和 15.36%，随着土壤中水、氮向下层运移，S3T2 处理的土壤表层以下 15~30 cm 的硝态氮量更高，避免氮肥在土壤表层堆积，造成浪费。因此，在黏土滴灌施肥中，S3T2 处理较为适宜。

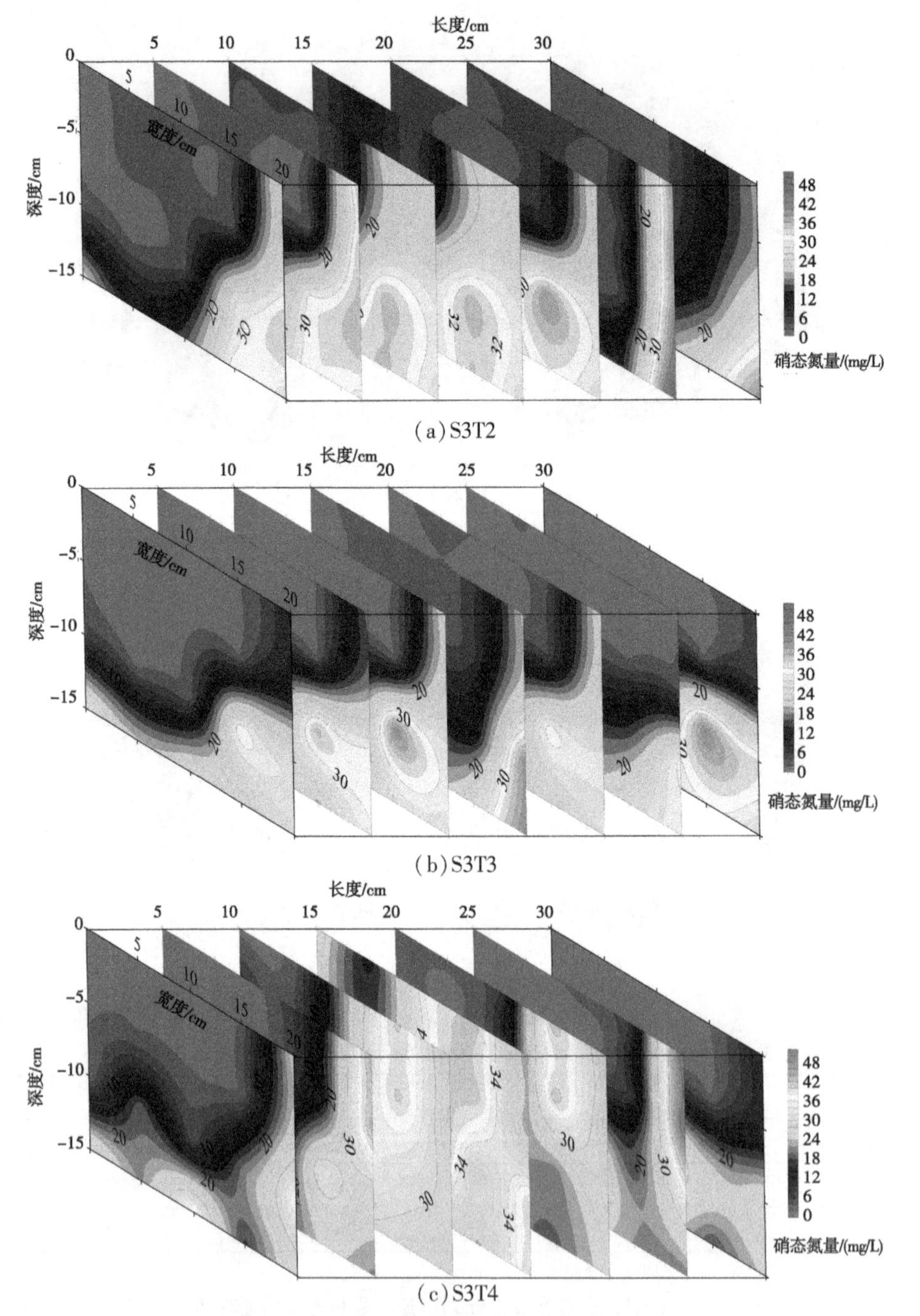

(a) S3T2

(b) S3T3

(c) S3T4

图 2-16　黏土硝态氮三维切片

表 2-12　黏土各处理硝态氮在距灌水器不同深度范围内所占比例　　%

处理	0~5 cm	5~10 cm	10~15 cm
S3T2	9.71	40.67	49.62
S3T3	18.50	34.57	46.93
S3T4	25.38	40.36	34.26

2.3.1.3　讨论

土壤质地对湿润锋运移及分布特征影响显著(王成志等,2006;苏李君等,2020)。在本试验条件下,砂土的湿润深度约为 30 cm,大于壤土(20 cm)和黏土(15 cm),湿润体深度随土壤黏粒含量的增加而减小,该结果与张俊等(2012)和张国祥等(2016)的试验结果相一致。灌水结束后,滴头下方的含水率最大,并且随着距滴头距离的增加而减少,砂土、壤土、黏土的最大含水率分别为 23%、26%、36%,主要原因是砂土的持水能力低于壤土和黏土,不同质地土壤中的重力和毛细作用力是不同的(范严伟等,2018)。虽然滴头流量是相同的,但滴头附近黏土的含水率要高于壤土和砂土。

在本试验中,湿润土体边缘的硝态氮质量浓度很高,而湿润土体内部硝态氮的浓度反而较低,即硝态氮在湿润土体边缘累积。硝态氮极易溶于水且很少被土壤颗粒吸附,主要通过对流在土壤中随水移动(Eltarabily et al.,2019)。另外,在灌水施氮期间滴头下方的土壤的含水率最大,接近饱和含水率,土壤中的孔隙被水充满,形成局部的厌氧环境,从而引起滴头下方的硝态氮量下降。在本试验中,随着施氮次序向前推移,浅层土壤的硝态氮所占比例变少,硝态氮向湿润土壤边缘运移的趋势越来越明显。主要原因是施氮结束后灌水时间的不同,施氮次序向前推移会延长施氮后硝态氮淋洗的时间,硝态氮随水流运动,使得湿润体边缘累积更多的硝态氮;还因为施氮次序提前使得施氮前土壤中的含水率降低,硝态氮的累积量也会增加。邓建才等(2004)在风积沙土和黄潮土的研究发现,土壤的硝态氮浓度随土壤含水率的增加而降低,符合幂函数趋势。郭大应等(2001)等也发现土壤含水率的差异会影响土壤的硝态氮含量,土壤中的硝态氮量与土壤水分呈负相关关系。在本试验中,我们发现粗质地土壤的水分和硝态氮运移深度明显大于细质地土壤,更易造成水氮淋失,这与李久生等(2009)在地下滴灌中和张勇勇等(2013)在垄沟灌溉中的试验结果相一致。而在砂土和壤土中,采用水—氮—水的施氮时序更有利于减少氮素淋失的风险,这与李久生等(2009)和尚世龙等(2019)所得出的试验结果相同。由于黏土颗粒间孔隙小,渗透性弱,吸附性强,采用氮—水的施氮时序更有利于提高氮素的利用效率,侯振安等(2007)在田间的棉花试验也表明在一次灌溉过程中氮—水(先灌肥液,后灌水)的施氮时序可以降低氮肥淋失的风险,促进棉花对氮素的吸收和利用。在田间生产中,滴灌土壤中的水、氮运移还会受到土壤体积质量、作物种类和根系、试验地气候等诸多因素的影响(刘世和等,2016;李漂峰等,2017;忠智博等,2020)。因此,在后续的研究过程中,将开展田间冬小麦试验,将其与室内试验结论相结合,使本书结论更具应用价值。

2.3.1.4　小结

本节探讨了在相同灌水量和滴头流量的滴灌条件下,不同质地土壤(砂土、壤土、黏土)对湿润锋运移以及对土壤水分分布的影响,并且探讨了三种不同施氮时序对三种不同质地土壤的硝态氮分布的影响,结果表明:

(1)在相同的灌水量和滴头流量下,三种土壤湿润锋的水平入渗距离和垂直入渗距离存在明显差异,土壤质地对湿润锋运移及分布特征影响显著。湿润体大小:砂土>壤土>黏土。湿润锋的最大入渗深度:砂土(29.5 cm)>壤土(21 cm)>黏土(15 cm)。湿润锋水平运移距离和垂直运移距离分别与灌水时间之间具有较好的对数函数关系。

(2)在相同的灌水量和滴头流量下,不同质地土壤的含水率分布存在明显差异,水分入渗深度随土壤黏粒含量的增加而减小,土壤质地对土壤水分分布影响显著,砂土、壤土、黏土的最大含水率分别为23%、26%、36%。砂土湿润区的平均含水率小于壤土和黏土的平均含水率。

(3)滴灌施肥条件下,硝态氮在湿润土体边缘累积,并且随着施氮次序向前推移,硝态氮向湿润土体边缘运移的趋势越来越明显。

(4)砂土采用3/8W—1/2N—1/8W的施氮时序更有利于减少氮肥淋失的风险;对于壤土,从减少硝态氮淋失和使硝态氮分布均匀的角度出发,1/4W—1/2N—1/4W为最优方案;黏土的水分和硝态氮的入渗深度较浅,采用1/2N—1/2W的方案较为适宜。

2.3.2　滴灌施氮时序对冬小麦生长、产量和水氮利用效率的影响

2.3.2.1　滴灌施氮时序对麦田土壤的硝态氮分布的影响

图2-17给出了3月22日灌溉施氮后的土壤硝态氮分布情况。图2-17中点(0,0)为滴头位置,从图2-17中可以看出,随着施氮时间的提前,硝态氮向湿润土壤边缘迁移的趋势越发明显。表2-13是不同处理的硝态氮在距土壤表面不同距离范围内所占比例,在W1和W2灌溉处理下,F1处理40~60 cm土层的硝态氮含量分别为28.68%和31.55%(见表2-13),下层土壤的硝态氮含量较高;灌溉施氮结束后,土壤中的水、氮还会继续向下层运动,因此产生氮肥淋失的风险比较大。而在F2和F3处理中,40~60 cm土层的硝态氮含量均小于20%,氮肥淋失的风险较低。

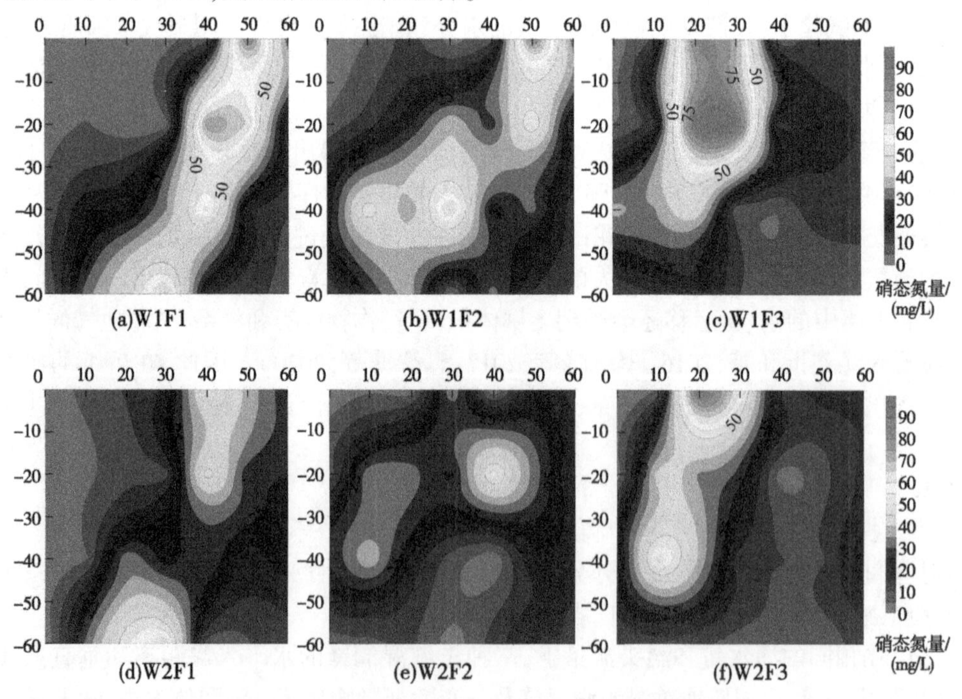

图2-17　3月22日灌溉施氮后土壤硝态氮分布

从图 2-17 还可以看出,F3 处理的土壤硝态氮累积区出现在距滴灌带水平距离 15~30 cm 处,并且在 W1 和 W2 灌溉处理下 F3 处理 0~20 cm 土层的硝态氮含量分别为 65.30%和 58.38%(见表 2-13),土壤的硝态氮不够均匀,不利于小麦根系对硝态氮的吸收与利用。在 W1 和 W2 灌溉处理下,F2 处理 0~20 cm 土层的硝态氮含量分别为 46.26%和 57.95%(见表 2-13),高于 F1 处理但低于 F3 处理;F2 处理 0~60 cm 土层的硝态氮分布比 F1 和 F3 均匀。

表 2-13　不同处理的硝态氮在距土壤表面不同距离范围内所占比例

处理		0~20 cm	20~40 cm	40~60 cm
W1	F1	45.32%	26.00%	28.68%
	F2	46.26%	34.77%	18.96%
	F3	65.30%	22.70%	11.99%
W2	F1	45.33%	23.12%	31.55%
	F2	57.95%	26.52%	15.53%
	F3	58.38%	29.94%	11.68%

2.3.2.2　滴灌施氮时序对冬小麦生长、产量与水氮利用效率的影响

图 2-18 是冬小麦孕穗期株高和 LAI 以及灌浆期地上部生物量累积,并且给出了不同处理下冬小麦孕穗期株高、LAI、地上部生物量的方差分析。灌溉对冬小麦株高、LAI、地上部生物量均有极显著影响。W1 处理的株高、LAI、地上部生物量分别在 70.1~74.4 cm,4.43~4.70,13 389.3~14 337.9 kg/hm^2 范围内,W2 处理的株高、LAI、地上部生物量分别在 61.8~67.4 cm,2.70~3.32,11 257.52~12 889.3 kg/hm^2 范围内。W1 处理的株高、LAI、地上部生物量均高于 W2 处理(见图 2-18),这表明缺水可能会降低株高、LAI、地上部生物量。施氮时序对地上部生物量有极显著影响,对株高和 LAI 的影响不显著。但是,在 W1 和 W2 中,F2 处理的株高、LAI、地上部生物量均高于 F1 和 F3 处理,尤其 W2 下的差异更为明显(见图 2-18)。灌溉和施氮时序交互作用对株高有显著影响,但对于 LAI 和地上部生物量没有显著影响。株高、LAI、地上部生物量的最大值均出现在 W1F2 处理,分别为 74.4 cm、4.7 和 14 337.9 kg/hm^2。

表 2-14 是不同滴灌施氮时序处理的冬小麦产量和组成的方差分析。灌溉处理对冬小麦产量、有效穗数、穗粒数、千粒重均有极显著影响。W1 处理的产量范围在 7 204.93~7 688.67 kg/hm^2,W2 处理产量范围在 6 103.83~6 512.27 kg/hm^2,W1 处理的各项指标均大于 W2 处理,说明缺水会导致冬小麦减产,以及影响冬小麦品质。施氮时序处理对冬小麦产量、有效穗数、穗粒数、千粒重均有极显著影响(见表 2-14)。对于施氮时序处理,不管是在 W1 中还是 W2 中,F2 的产量、有效穗数、穗粒数、千粒重均大于 F1 和 F3,而 F1 和 F3 的差异不大。在 W1 中,W1F2 的产量分别比 W1F1 和 W1F3 高出 6.71%和 5.75%;而在 W2 中,W2F2 的产量分别比 W2F1 和 W2F3 高出 6.42%和 6.69%。灌溉和施氮时序

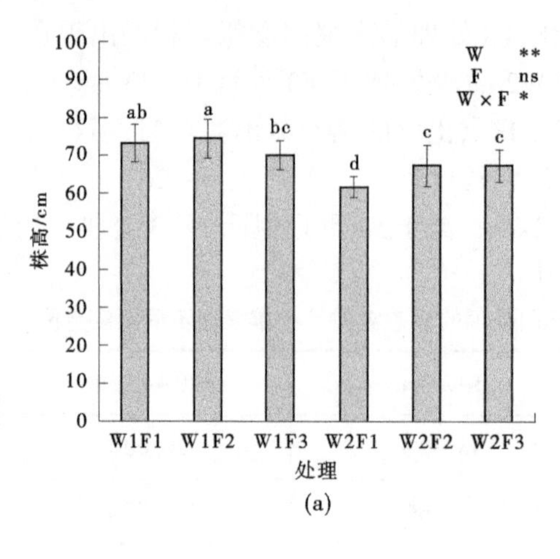

(a)

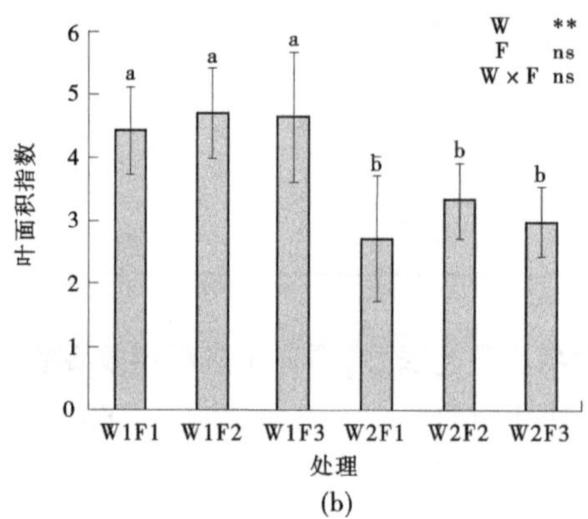

(b)

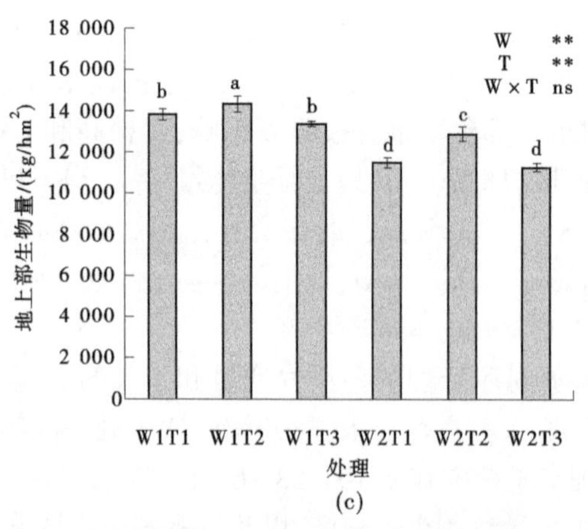

(c)

注:W 代表灌溉水平,F 代表施氮时序,W×F 代表灌水量和施氮时序的交互作用;不同字母代表处理间差异达到 5% 显著水平($P<0.05$)。ns 表示 $P>0.05$,差异不显著。*、** 分别代表在 $P<0.05$ 和 $P<0.01$ 水平上显著。

图 2-18　冬小麦孕穗期株高和 LAI 以及灌浆期地上部生物量累积

交互作用仅对穗粒数有显著影响，对于产量、有效穗数和千粒重的影响不显著（见表 2-14）。W1F2 处理的产量、有效穗数、穗粒数、千粒重均大于其他处理，分别为 7 688.67 kg/hm²、596.00×10⁴/hm²、46.00 g 和 52.13 g。最低产量出现在 W2F3 处理，为 6 103.83 kg/hm²。

表 2-14　不同滴灌施氮时序处理的冬小麦产量和组成的方差分析

处理		产量/(kg/hm²)	有效穗数/(10⁴/hm²)	穗粒数/g	千粒重/g
W1	F1	7 204.93b	512.33b	39.50bc	48.41b
	F2	7 688.67a	596.00a	46.00a	52.13a
	F3	7 270.37b	518.33b	41.10b	48.47b
W2	F1	6 119.50d	422.67c	37.6c	45.25c
	F2	6 512.27c	506.33b	40.03bc	47.88b
	F3	6 103.83d	422.33c	34.33d	46.94bc
P 值	W	* *	* *	* *	* *
	F	* *	* *	* *	* *
	W×F	ns	ns	*	ns

注：W 代表灌溉水平，F 代表施氮时序，W×F 代表灌水量和施氮时序的交互作用；同一列数据不同字母代表处理间差异达到 5%显著水平（$P<0.05$）。ns 表示 $P>0.05$，差异不显著。*、* * 分别代表在 $P<0.05$ 和 $P<0.01$ 水平上显著。

表 2-15 给出了不同滴灌施氮时序处理的冬小麦氮素吸收和水氮利用效率的方差分析。灌溉处理对冬小麦茎叶吸氮量、地上部总吸氮量、NPFP 和 IWUE 均有极显著影响（见表 2-15）。除 IWUE 外，W1 处理的各项指标均大于 W2 处理，说明充足的水分供应有利于提高冬小麦对硝态氮的吸收利用，而 W2 处理的 IWUE 均大于 W1 处理，说明适当的非充分灌溉可以提高灌溉水利用效率。施氮时序处理对冬小麦茎叶吸氮量、地上部总吸氮量、NPFP 和 IWUE 均有极显著影响（见表 2-15）。不管是 W1 处理还是 W2 处理，F2 的茎叶吸氮量、地上部吸氮量、NPFP 和 IWUE 均大于 F1 和 F3（见表 2-15）。在 W1 条件下，W1F2 的茎叶吸氮量、地上部吸氮量、NPFP 和 IWUE 比 W1F1 分别高出 17.85%、22.06%、6.73%和 6.75%，比 W1F3 分别高出 38.43%、26.37%、5.78%和 5.69%；而在 W2 条件下，W2F2 的茎叶吸氮量、地上部吸氮量、NPFP 和 IWUE 比 W2F1 分别高出 13.70%、25.32%、6.39%和 6.47%，比 W2F3 分别高出 19.86%、24.60%、6.69%和 6.68%。灌溉和施氮时序交互作用对茎叶吸氮量和地上部总吸氮量有显著影响，但是对于 NPFP 和 IWUE 没有显著影响。茎叶吸氮量、地上部吸氮量、NPFP 的峰值均出现在 W1F2 处理，分别为 69.13 kg/hm²，332.55 kg/hm²，32.04 kg/kg，IWUE 的最大值为 5.43 kg/m³（W2F2 处理）。

表 2-15　不同滴灌施氮时序处理的冬小麦氮素吸收和水氮利用效率的方差分析

处理		茎叶吸氮量/（kg/hm²）	地上部吸氮量/（kg/hm²）	NPFP/（kg/kg）	IWUE/（kg/m³）
W1	F1	58.66b	272.44b	30.02b	4.00d
	F2	69.13a	332.55a	32.04a	4.27c
	F3	49.94c	263.15b	30.29b	4.04d
W2	F1	36.42de	187.50d	25.50d	5.10b
	F2	41.41d	234.98c	27.13c	5.43a
	F3	34.55e	188.59d	25.43d	5.09b
P 值	W	**	**	**	**
	F	**	**	**	**
	W×F	*	*	ns	ns

注：W 代表灌溉水平，F 代表施氮时序，W×F 代表灌水量和施氮时序的交互作用；同一列数据不同字母代表处理间差异达到 5%显著水平（$P<0.05$）。ns 表示 $P>0.05$，差异不显著。*、** 分别代表在 $P<0.05$ 和 $P<0.01$ 水平上显著。

2.3.2.3　冬小麦滴灌施氮时序策略的优化

考虑到灌溉和施氮时序的影响，对数据进行综合分析，以灌溉处理和施氮时序处理为自变量，以地上部生物量、产量、NPFP 和 IWUE 为因变量。基于最小二乘法，数据采用 MATHEMATICA 9.0 进行分析，确定二元二次方程（见表 2-16）。表 2-16 给出了水氮与地上部生物量、产量、NPFP 和 IWUE 的回归关系。拟合结果表明，采用 W1T2 处理，可以得到最高的地上部生物量、产量和 NPFP，分别为 14 600.38 kg/hm²、7 671.85 kg/hm²、31.967 kg/kg，采用 W2T2 处理，得到最大 IWUE 为 5.395 kg/m³（见图 2-19）。综合考虑地上部生物量、产量、NPFP 和 IWUE，采用 W1F2 处理，即灌水定额为 30 mm，施氮时序为灌水中间施氮肥的处理，有助于提高冬小麦产量和冬小麦对硝态氮的吸收利用。

表 2-16　水氮处理与地上部生物量、产量、NPFP 和 IWUE 的回归关系

指标	回归关系	R^2	P
地上部生物量（Z_1）	$Z_1=8\ 616.48+4\ 182.27y-1\ 125.77y^2+3\ 961.92x+104.26xy-2\ 048x^2$	0.76	$P<0.01$
产量（Z_2）	$Z_2=4\ 916.88+1\ 776.50y-425.81y^2+2\ 010.31x-40.55xy-1\ 024x^2$	0.89	$P<0.01$
NPFP（Z_3）	$Z_3=29.02+7.405y-1.775y^2-4.423x-0.17xy$	0.89	$P<0.01$
IWUE（Z_4）	$Z_4=1.935+1.215y-0.292\ 5y^2+1.15x-0.025xy$	0.94	$P<0.01$

注：$x=1,2$ 和 $y=1,2,3$ 分别表示灌水处理和施氮时序处理。

2.3.2.4　讨论

土壤是作物吸收和利用氮的主体，硝态氮会影响植物对水和养分的吸收。以往的研

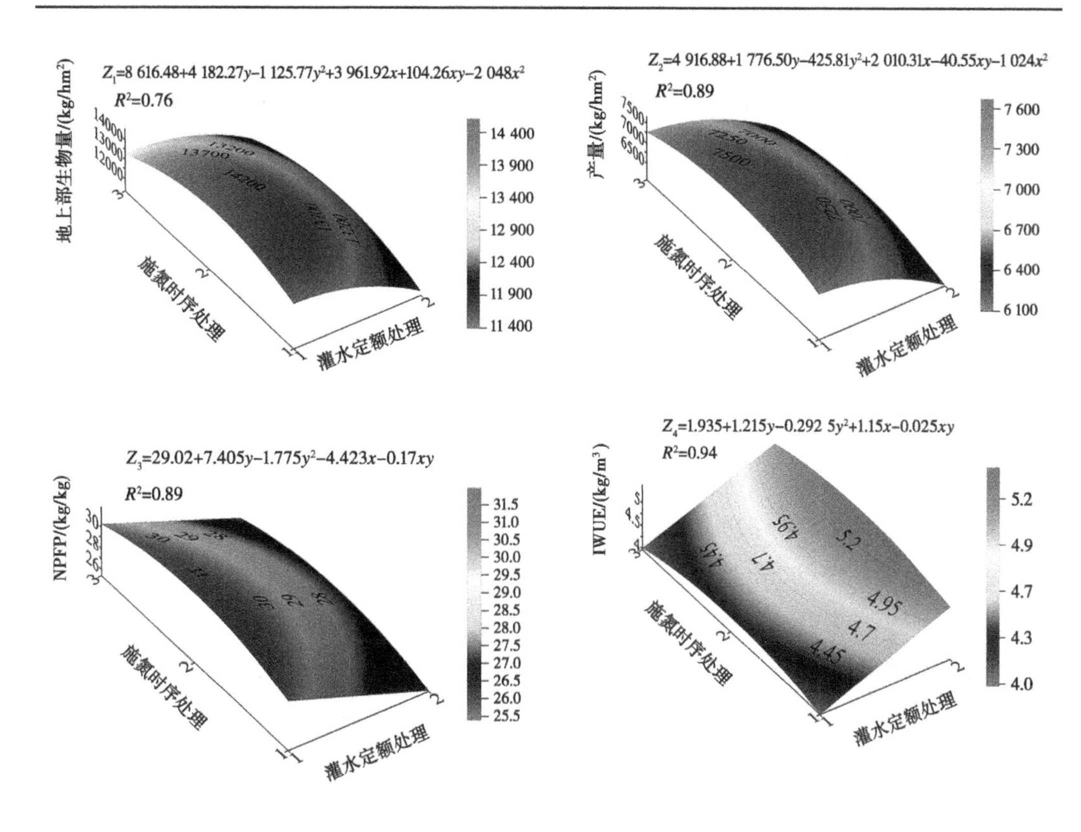

图 2-19　水氮处理对地上部生物量、产量、NPFP 和 IWUE 的影响

究表明,适时施氮有助于冬小麦对水分和氮素的吸收和利用(Zain et al., 2021;Si et al., 2021),而过量施氮对土壤-植物系统有负面影响,导致氮肥浪费,污染环境和地下水资源(Ju et al.,2011;Zhang et al.,2013)。在本书的试验中,湿润土壤边缘的土壤硝态氮浓度较高,但湿润土壤内部的硝态氮浓度却很低(见图 2-17)。结果表明,硝态氮积累在湿润土壤的边缘,这与 Li et al.(2003)、Cote et al.(2003)和 Badr et al.(2010)的研究结果一致。造成这种结果的原因是,硝态氮易溶于水,很少被土壤颗粒吸附,它主要通过对流方式随水在土壤中移动(张勇勇 等,2013)。此外,在灌溉和施肥期间,滴头下方土壤含水率最大,形成局部厌氧环境,导致滴头下方的硝态氮含量下降(Weier et al., 1993)。研究结果还表明,随着施氮顺序的推进,表层土壤中硝态氮的比例下降,硝态氮向湿润土壤边缘迁移的趋势越来越明显(见图 2-17)。Gärdenäs et al.(2004)通过计算机模拟研究了微灌系统中施氮操作模式和土壤类型对硝态氮淋失的影响,结果表明,在灌溉过程的后期施氮可以减少硝态氮淋失。尚世龙等(2019)通过对滴灌双点源的研究,也表明了在灌溉过程中间施氮可以减少硝态氮的浸出损失,提高氮素利用效率(NUE)。这些研究结果表明,过度灌溉会促进水在重力作用下渗出,导致硝态氮渗入土壤深层,有可能增加地下水污染的危险(Eltarabily et al.,2019b;Yan et al.,2021)。因此,合理的灌水定额和施氮时序可以通过减缓硝态氮向深层土壤的迁移来降低地下水污染的危险。

株高、叶面积指数(LAI)和地上部生物量是衡量作物发育和生长的关键指标。以往的研究发现,水和肥料是作物生长的必要条件(Min et al., 2016;Liu et al., 2018),氮的供应对作物生长有积极作用,而水分胁迫对作物生长有抑制作用(Shirazi et al., 2014;Kharrou et al., 2015)。研究结果表明,增加灌水定额可以显著提高冬小麦株高、LAI和地上部生物量。W1植株比W2植株有更大的株高、LAI和地上生物量(见图2-18)。此外,F2植株比F1和F3植株有更大的株高、LAI和地上部生物量(见图2-18)。由于施氮对作物生长和产量调节有阈值效应(Mon et al., 2016;Wang et al., 2018),可供吸收的肥料数量对作物生长发育有直接影响,从而影响作物产量(Srivastava et al., 2017)。

本部分的目标是量化滴灌小麦的适宜灌水定额和施氮时序,以提高籽粒产量。研究结果表明,30 mm的灌水定额可被视为实现高产的灌水定额(见表2-16)。这一结果与(Si et al.,2020)的研究结果相吻合,后者指出产量属性如穗长、粒重和每穗粒数在较高的灌水定额下增加。Liu et al. (2018)也认为,较高的灌溉量可能增加根系生长和根系重量密度,促进根系对水和肥料的吸收,这可能是提高谷物产量的主要原因。施氮时序在提高产量方面也发挥了重要作用。结果表明,在每次灌溉的中间阶段施氮肥有利于冬小麦的高产,主要原因是穗数、每穗粒数和千粒重都明显增加(见表2-14)。

提高水氮利用效率有利于农业资源的可持续利用。研究发现W1F2的水氮管理策略显著提高了冬小麦的氮吸收和NPFP(见表2-15)。土壤水分对土壤氮的利用效率有显著的影响,适当的土壤含水率促进了作物对氮的吸收,同时也提高了土壤储存水的吸收和利用(Garnett et al., 2010),这基本上支持了本次研究结果。同时在研究中,由于灌水定额的增加大于产量的增加,IWUE随灌溉水量的增加而下降。这一结果与(Si et al.,2021)和(Dar et al.,2017)一致。低灌水量处理虽然具有较高的IWUE值,但显著降低了地上部生物量、产量和NPFP。

许多研究使用多元回归和空间分析来确定灌水定额、肥料投入和作物产量之间的联系(Wang et al.,2018;Zou et al., 2020;Yan et al., 2021)。以各参数最大值时的地上部生物量、产量、NPFP和IWUE为指标,研究施氮时序与灌水量的交互作用(见图2-19)。当考虑作物生长、产量、WUE、IWUE和NPFP时,W1F2是小麦生产的最佳灌溉和施氮管理策略。

2.3.2.5 小结

本部分研究了不同灌水量和施氮时序对冬小麦株高、LAI、地上部生物量、籽粒产量和水氮利用效率的影响,并且建立了合理的滴灌施氮时序。具体结果如下:

(1)灌溉处理对冬小麦株高、LAI、地上部生物量均有极显著影响,水分亏缺会降低株高、LAI、地上部生物量。施氮时序对地上部生物量有极显著影响,F2处理的株高、LAI、地上部生物量高于F1和F3处理。灌溉和施氮时序交互作用对株高有显著影响。株高、LAI、地上部生物量的最大值均出现在W1F2处理,分别为74.4 cm、4.7和14 337.9 kg/hm^2。

(2)灌溉和施氮时序处理对冬小麦产量、有效穗数、穗粒数、千粒重均有极显著影响。水分亏缺会导致冬小麦减产。对于施氮时序处理,F2处理的产量、有效穗数、穗粒数、千粒重均大于F1和F3处理。灌溉和施氮时序交互作用仅对穗粒数有显著影响。W1F2处理的产量、有效穗数、穗粒数、千粒重均大于其他处理,产量为7 688.67 kg/hm^2。

(3)灌溉和施氮时序处理对冬小麦茎叶吸氮量、地上部总吸氮量、NPFP、IWUE均有极显著影响。充足的水分供应有利于提高冬小麦对硝态氮的吸收利用,适当的亏水可以提高灌溉水利用效率。在施氮时序处理中,F2处理的茎叶吸氮量、地上部吸氮量、NPFP和IWUE均大于F1和F3处理。灌溉和施氮时序交互作用对茎叶吸氮量和地上部总吸氮量有显著影响。茎叶吸氮量、地上部吸氮量、NPFP的峰值均出现在W1F2处理,分别为69.13 kg/hm^2,332.55 kg/hm^2,32.04 kg/kg,IWUE的最大值为5.43 kg/m^3。

(4)土壤硝态氮容易随水分运移,随着施氮时序的前移,硝态氮向湿润土壤边缘迁移的趋势越来越明显。F1处理产生氮肥淋失的风险比较大。而在F2和F3处理中,土壤表层以下40~60 cm的土壤硝态氮含量均小于20%,可以降低氮肥淋失的风险。F2处理土壤的硝态氮分布比F1和F3处理均匀。

(5)灌水周期的中期施氮配合灌水定额为30 mm时,作物长势良好,籽粒产量最高,NPFP较高。以保持小麦高产和降低地下水污染风险为目标,灌水定额为30 mm时在灌溉中期施氮为最佳灌溉和施氮管理策略。

2.3.3　不同滴灌施氮时序下土壤硝态氮分布的HYDRUS-2D数值模拟

2.3.3.1　土壤含水率与硝态氮的校准与验证

采用室内土槽试验T1处理和测坑冬小麦试验的W1T2处理和W1T2处理的土壤含水率的观测值进行模型校准。图2-20是各处理的土壤含水率观测值与模拟值对比。从图2-20中可以看出,HYDRUS-2D可以很好地模拟出不同质地和深度的土壤含水率分布。经过计算,土槽试验的均方差RMSE为0.009~0.02 g/g,平均相对误差MRE为2.13%~9.80%;测坑试验的均方差RMSE为0.01~0.02 g/g,平均相对误差MRE为1.69%~9.59%。土壤含水率随着土层深度的增加而减小。模拟结果的浅层土壤的含水率均高于观测值,而深层土壤的含水率均低于观测值。

采用室内土槽试验不同施氮时序下不同质地土壤的硝态氮量的观测值进行模型校准。由表2-17可知,不同施氮时序下不同质地土壤的硝态氮量的观测值和模拟值的RMSE和MRE均在0.01~0.05 mg/L和7.60%~15.80%范围内。在S1中,T2、T3和T4处理的MRE均随着土层深度的增加而降低,土壤深度越往下,模拟效果越好。在S2中,T3和T4处理的RMSE和MRE均大于T1处理,T1处理的模拟效果好于T3和T4处理。在S3中,T3处理的RMSE和MRE均较大,整体模拟效果相比T1和T4处理差。此外,通过图2-21中用不同质地土壤的硝态氮量的观测值和模拟值的对应关系可以看出,在校准和验证期间,观测值和模拟值之间的统计误差都很小。这表明,在室内条件下,即使忽略

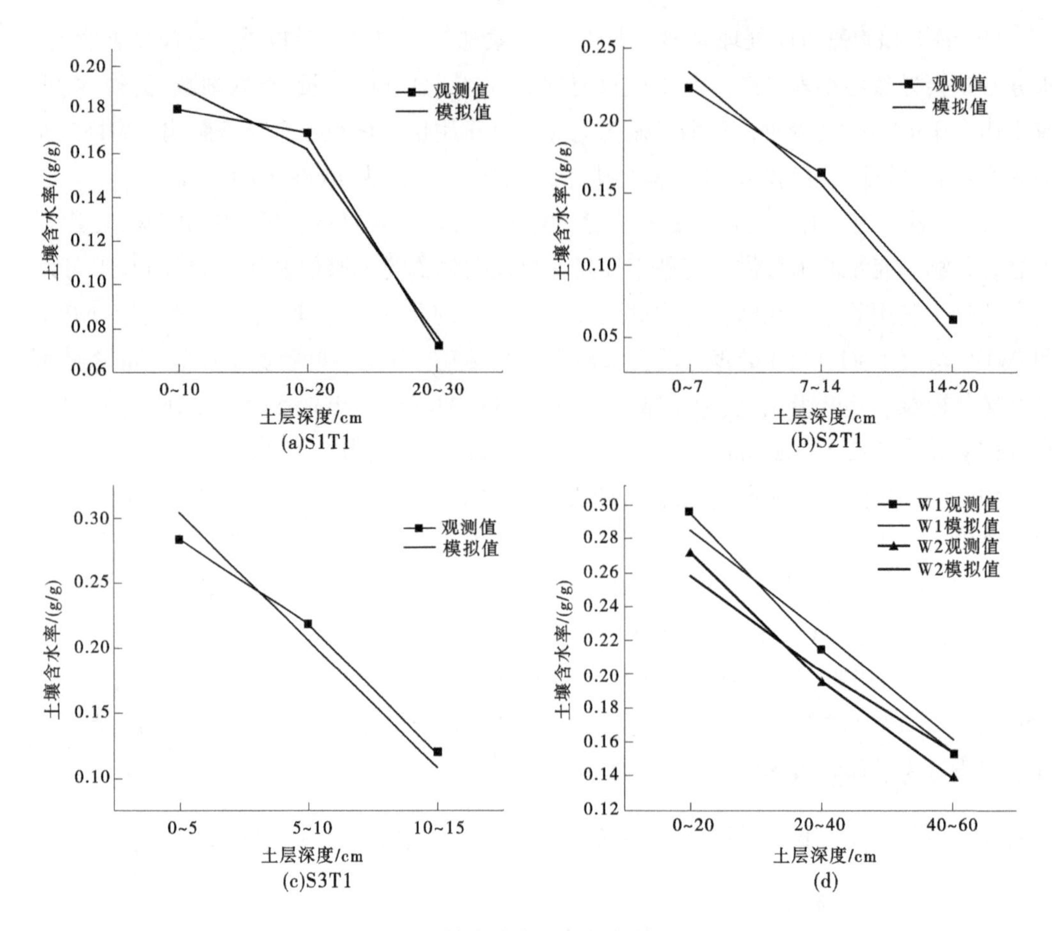

图 2-20　土壤含水率观测值与模拟值对比

了氮的挥发、固化和矿化的过程,HYDRUS-2D 也可以很好地模拟滴灌施肥条件下土槽中不同质地土壤的硝态氮分布状况。

测坑试验采用不同灌水定额下不同施氮时序土壤的硝态氮量的观测值进行模型校准。由表 2-18 可知,不同灌水定额下不同施氮时序土壤的硝态氮量的观测值和模拟值的 RMSE 和 MRE 均在 0.02~0.05 mg/L 和 8.60%~19.50%范围内。W1 处理的 RMSE 和 MRE 均值分别为 0.029 mg/L 和 10.29%,W2 处理 RMSE 和 MRE 均值分别为 0.032 mg/L 和 14.62%,W1 处理的模拟效果好于 W2 处理。通过图 2-22 中用不同处理土壤的硝态氮量的观测值和模拟值的对应关系可以看出,在校准和验证期间,观测值和模拟值之间的统计误差都很小。这表明,在种植冬小麦的情况下,即使忽略了氮的挥发、固化和矿化的过程,HYDRUS-2D 也可以很好地模拟滴灌施肥条件下测坑土壤的硝态氮分布状况。

表 2-17　土槽试验三种土壤硝态氮量观测值与模拟值的 RMSE 和 MRE

处理	土层深度/cm	RMSE/(mg/L)	MRE/%
S1T2	0~10	0.03	11.00
	10~20	0.02	7.60
	20~30	0.03	8.10
S1T3	0~10	0.04	12.10
	10~20	0.03	10.00
	20~30	0.03	9.60
S1T4	0~10	0.04	11.20
	10~20	0.03	10.50
	20~30	0.03	9.80
S2T2	0~7	0.03	11.20
	7~14	0.01	9.90
	14~20	0.02	8.60
S2T3	0~7	0.02	12.90
	7~14	0.02	15.80
	14~20	0.01	11.50
S2T4	0~7	0.03	10.10
	7~14	0.04	13.10
	14~20	0.02	10.50
S3T2	0~5	0.03	11.70
	5~10	0.02	9.20
	10~15	0.03	8.40
S3T3	0~5	0.04	11.50
	5~10	0.05	12.40
	10~15	0.04	10.10
S3T4	0~5	0.04	12.80
	5~10	0.02	9.70
	10~15	0.03	10.80

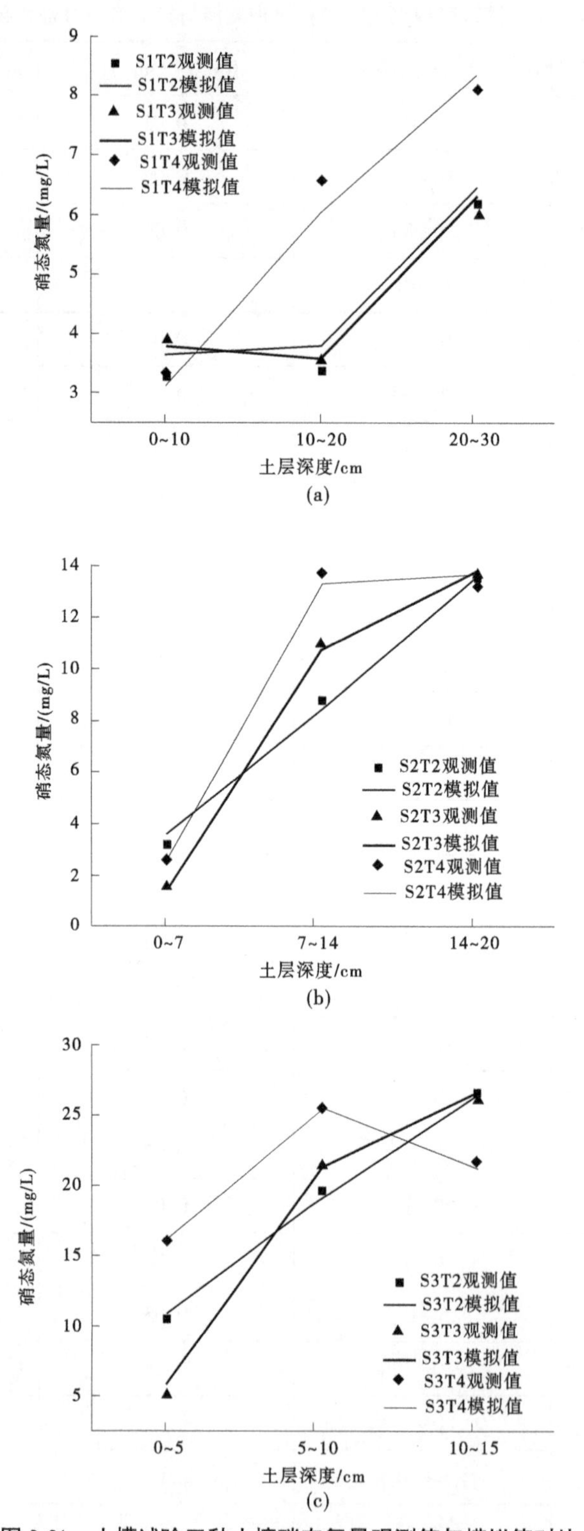

(a)

(b)

(c)

图 2-21　土槽试验三种土壤硝态氮量观测值与模拟值对比

表 2-18　测坑试验土壤硝态氮量观测值与模拟值的 RMSE 和 MRE

灌水定额	施氮时序	土层深度/cm	RMSE/(mg/L)	MRE/%
W1	F1	0~20	0.02	10.20
		20~40	0.02	8.60
		40~60	0.03	8.80
	F2	0~20	0.02	9.80
		20~40	0.04	10.50
		40~60	0.03	10.80
	F3	0~20	0.04	13.50
		20~40	0.03	10.60
		40~60	0.03	9.80
W2	F1	0~20	0.05	12.70
		20~40	0.03	10.60
		40~60	0.02	9.30
	F2	0~20	0.03	19.50
		20~40	0.04	18.90
		40~60	0.01	16.90
	F3	0~20	0.05	16.70
		20~40	0.04	14.80
		40~60	0.02	12.20

2.3.3.2　土壤硝态氮分布的模拟与应用

在室内土槽试验中，为评价不同施氮时序对土壤硝态氮分布的后续影响，在 2.3.3.1 部分已经验证 HYDRUS-2D 模型模拟结果准确性的基础上，利用所构建的 HYDRUS-2D 模型将模拟时长由 2.5 h 延长至 122.5 h，即模拟分析滴灌施氮结束 5 d 后的不同质地土壤不同深度的土壤硝态氮的分布。图 2-23 展示了模拟土槽试验滴灌施肥结束 5 d 后不同质地土壤硝态氮的分布。从图 2-23 可以看出，S1(砂土)的 T2 和 T3 处理的土壤硝态氮向下层土壤迁移后，产生了较高的氮肥淋失，而 T4 处理的硝态氮在 0~45 cm 土壤中的保留率更高。在 S2(壤土)中，T2 处理的土壤硝态氮向下层土壤迁移后，也造成了氮肥淋失，虽然 T3 和 T4 处理没有造成氮肥淋失，但是 T4 处理的部分硝态氮在 0~15 cm 表层土壤堆积，不利于作物的吸收利用且易造成氮挥发。综合考虑 T3 处理为最佳施氮时序。而在 S3(黏土)中，由于灌溉时湿润深度较浅，导致 T3 和 T4 处理的大部分硝态氮累积在 0~15 cm 表层土壤，而 T2 处理随着土壤中水、氮向下层运移，T2 处理的土壤表层以下 15~30 cm 的硝态氮量更高，避免氮肥在土壤表层堆积，造成浪费。因此，在黏土滴灌施肥中，

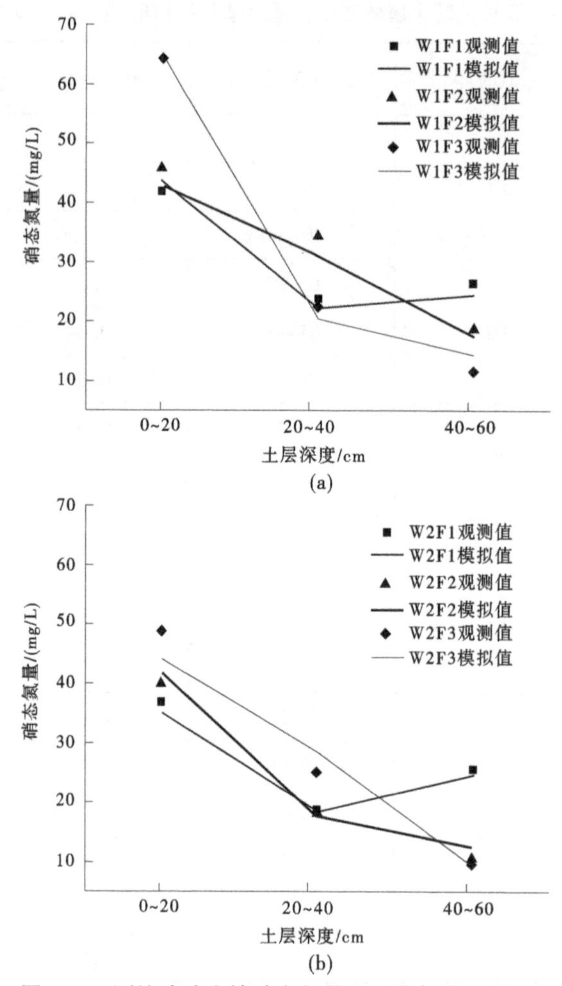

图 2-22　测坑试验土壤硝态氮量观测值与模拟值对比

S3T2 处理较为适宜。

在测坑冬小麦试验中,为评价不同施氮时序对土壤硝态氮分布的后续影响,在 2. 3. 3. 1 部分已经验证 HYDRUS-2D 模型模拟结果准确性的基础上,利用所构建的 HYDRUS-2D 模型分别将 W1 和 W2 处理的模拟时长由 3 h 和 2 h 延长至 123 h 和 122 h,即模拟分析滴灌施氮结束 5 d 后的不同质地土壤不同深度的土壤硝态氮的分布。图 2-24 展示了模拟测坑试验滴灌施氮结束 5 d 后的土壤硝态氮的分布。从图 2-24 可以看出,在 W1 和 W2 灌溉处理下,土壤硝态氮量的最大值均出现在 F2 施氮时序处理的 20~40 cm 土层,而 F1 处理的土壤硝态氮量明显小于 F2 和 F3 处理,这是下层土壤的硝态氮淋失造成的。同样的,从图 2-24 可以看出,无论是 W1 处理还是 W2 处理,在 F3 施氮时序处理上均发生了土壤硝态氮在浅层土壤的累积,土壤的硝态氮分布不够均匀,不利于小麦根系对硝态氮的吸收与利用。因此,综合考虑减少硝态氮淋失的风险和硝态氮的吸收利用,无论是 W1 处理还是 W2 处理,F2 施氮时序处理为最优选择。

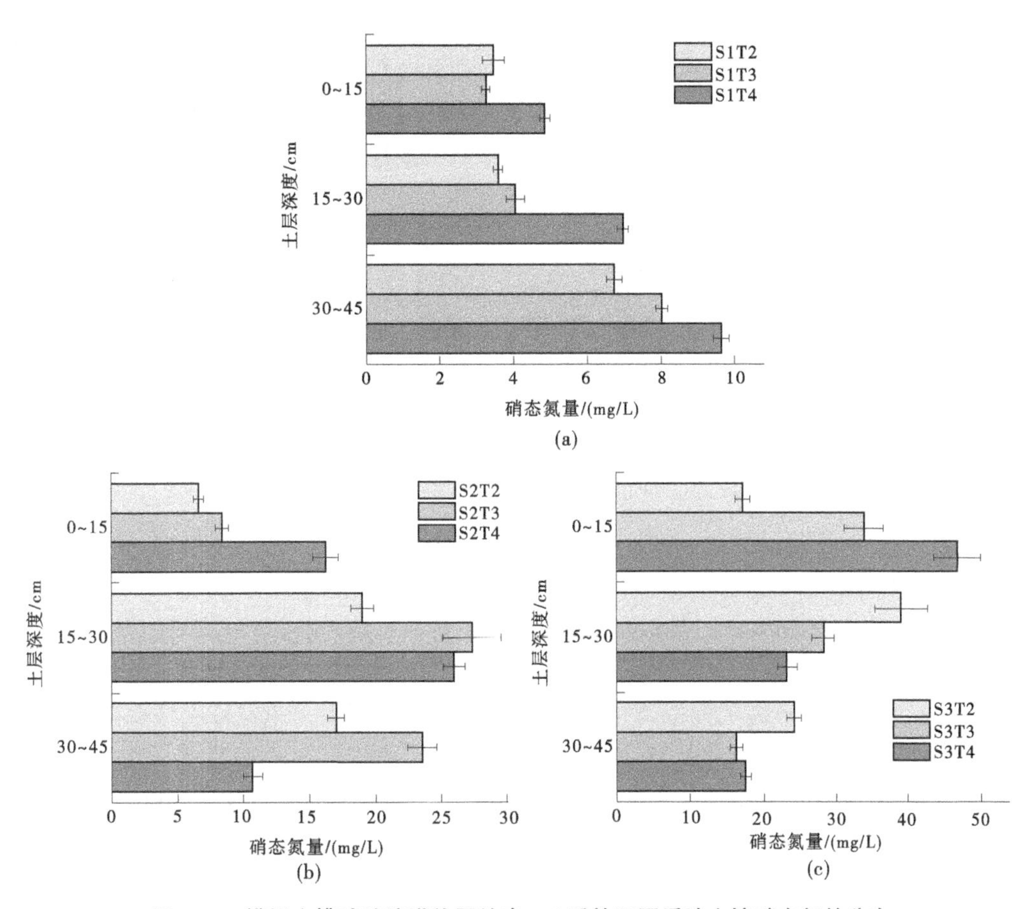

图 2-23 模拟土槽试验滴灌施肥结束 5 d 后的不同质地土壤硝态氮的分布

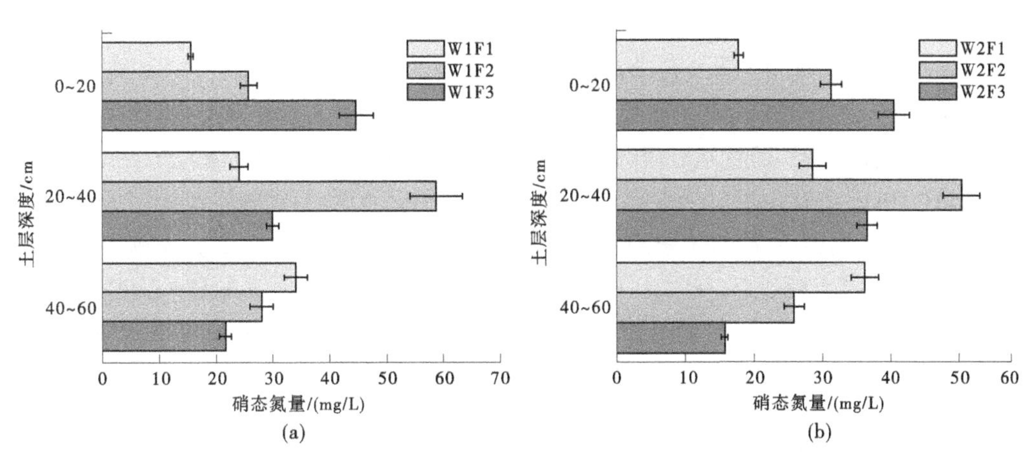

图 2-24 模拟测坑试验滴灌施氮结束 5 d 后的土壤硝态氮的分布

2.3.3.3 讨论

在土壤含水率试验的模拟中，土壤含水率随着土层深度的增加而减小。模拟结果表明，浅层土壤的含水率均高于观测值，而深层土壤的含水率均低于观测值。这是因为模拟状态相对理想，土壤默认为均质，并且在建立模型的过程中，采用的土壤水分运动模型是 Van Genuchten 模型，而忽略了土壤中的大孔隙对土壤水分运移的影响，这是因为 Van Genuchten 模型是在 Darcy-Richard 水流方程的基础上建立的，单孔隙度模型的适用对象是均质连续土壤，对存在水分快速运移通道的土壤不适用（Wang et al.，2021），因此导致模拟过程中的土壤入渗速率小于实际土壤入渗速率。在实际试验中，由于土壤大孔隙的存在，表层土壤在灌水过程中水分会迅速向下运移（康文蓉等，2021）。因此，模拟值和观测值略有偏差，但模拟土壤含水率总体能反映出实际土壤含水率的分布规律。

在本研究中，随着施氮次序向前推移，浅层土壤的硝态氮所占比例变少，硝态氮向湿润土壤边缘运移的趋势越来越明显。主要原因是施肥结束后灌水时间的不同，施氮次序向前推移会延长施氮后硝态氮淋洗的时间，硝态氮随水流运动，使得湿润体边缘累积更多的硝态氮；还因为施氮次序提前使得施氮前土壤中的含水率降低，硝态氮的累积量也会增加。而在本章的模拟中也较好地模拟出来了这一结果。土壤硝态氮量的模拟结果和土壤含水率的模拟结果相比稍差，原因可能是忽略了氮的挥发、固化和矿化的过程，但是 HYDRUS-2D 仍然可以较好地模拟滴灌施肥条件下土壤的硝态氮分布状况。

Gärdenäs et al.（2004）通过计算机模拟研究了微灌系统中施氮操作模式和土壤类型对硝态氮淋失的影响，结果表明，在灌溉过程的后期施氮可以减少硝态氮淋失。尚世龙等（2019）通过对滴灌双点源的模拟研究，也表明了在灌溉过程中间施氮可以减少硝态氮的浸出损失，提高 NUE。而本章模拟试验的结果也验证了土槽试验和测坑试验的结论。这些研究结果表明，过度灌溉会促进水在重力作用下渗出，导致硝态氮渗入土壤深层，有可能增加地下水污染的危险（Eltarabily et al.，2019；Yan et al.，2021）。因此，合理的灌水定额和施氮时序可以通过减缓硝态氮向深层土壤的迁移来降低地下水污染的危险。

2.3.3.4 小结

通过 HYDRUS-2D 模型分别建立了室内土槽试验和测坑冬小麦试验的滴灌施肥土壤硝态氮运移模型，确定了两个模型的初始条件和边界条件，利用已有的试验数据对模型的土壤水动力学参数和溶质运移参数进行了率定。通过模型模拟计算后，将模拟值和观测值进行了对比分析。通过本章研究，以期为水氮优化管理提供依据，得到以下结论：

（1）HYDRUS-2D 也可以很好地模拟滴灌施肥条件下土槽中不同质地土壤的含水率和硝态氮分布状况，以及测坑土壤的含水率和硝态氮分布状况。土槽试验土壤含水率的观测值和模拟值 RMSE 为 0.009~0.02 g/g，平均相对误差 MRE 为 2.13%~9.80%；测坑试验土壤含水率的观测值和模拟值 RMSE 为 0.01~0.02 g/g，平均相对误差 MRE 为 1.69%~9.59%。土槽试验土壤的硝态氮量的观测值和模拟值的 RMSE 和 MRE 均在 0.01~0.05 mg/L 和 7.60%~15.80%；测坑试验土壤的硝态氮量的观测值和模拟值的 RMSE 和 MRE 均在 0.02~0.05 mg/L 和 8.60%~19.50%。在校准和验证期间，观测值和模拟值之间的统计误差都很小。

（2）通过延长模拟时间至灌水施肥结束 5 d 后，由模型模拟结果分别分析两个模型不同处理间不同土层深度的土壤硝态氮量。可知，在土槽试验中，砂土采用 3/8W—1/2N—1/8W 的施氮时序更有利于减少氮淋失的风险，从减少硝态氮淋失和使硝态氮分布均匀的角度出发,壤土选择 1/4W—1/2N—1/4W 为最优方案,在黏土中,水分和硝态氮的入渗深度较浅,采用 1/2N—1/2W 的方案较为适宜;灌水周期中期施氮配合灌水定额为 30 mm 时,硝态氮淋失最少,硝态氮利用效率最高。可开展进一步的试验,获得更多的试验数据后,对建立的模型进行完善,以期能达到更好的模拟效果。

参考文献

邓建才, 陈效民, 柯用春, 等, 2004. 土壤水分对土壤中硝态氮水平运移的影响[J]. 中国环境科学,24: 280-284.

范严伟, 赵彤, 白贵林, 等, 2018. 水平微润灌湿润体 HYDRUS-2D 模拟及其影响因素分析[J]. 农业工程学报,34: 115-124.

郭大应, 熊清瑞, 谢成春, 等, 2001. 灌溉土壤硝态氮运移与土壤湿度的关系[J]. 灌溉排水,20: 66-68.

侯振安,李品芳,龚江,等, 2007. 不同滴灌施肥策略对棉花氮素吸收和氮肥利用率的影响[J]. 土壤学报,44:702-708.

康文蓉, 张勇勇, 赵文智,等,2021. 荒漠绿洲过渡带土壤饱和导水率的空间变异特征[J]. 水土保持学报,35: 137-143.

李久生, 杨风艳, 栗岩峰, 2009. 层状土壤质地对地下滴灌水氮分布的影响[J]. 农业工程学报,25: 25-31.

李憑峰, 谭煌, 王嘉航,等, 2017. 滴灌水肥条件对樱桃产量、品质和土壤理化性质的影响[J]. 农业机械学报,48:236-246.

刘世和, 曹红霞, 杨慧,等, 2016. 灌水量和滴灌系统运行方式对番茄根系分布的影响[J]. 灌溉排水学报,35:142-151.

尚世龙, 韩启彪, 孙浩,等, 2019. 不同施肥时序滴灌双点源交汇下土壤水氮分布研究[J]. 灌溉排水学报,38:38-44.

苏李君, 蔺树栋, 王全九,等, 2020. 土壤水力参数对点源入渗湿润体形状的影响[J]. 农业机械学报, 51:264-274.

王成志, 杨培岭, 任树梅,等, 2006. 保水剂对滴灌土壤湿润体影响的室内实验研究[J]. 农业工程学报,22:1-7.

张国祥, 申丽霞, 郭云梅, 2016. 微润灌溉条件下土壤质地对水分入渗的影响[J]. 灌溉排水学报,35: 35-39.

张俊, 牛文全, 张琳琳, 等, 2012. 微润灌溉线源入渗湿润体特性试验研究[J]. 中国水土保持科学,10: 32-38.

张勇勇, 吴普特, 赵西宁,等, 2013. 垄沟灌溉施氮土壤水氮分布特征试验研究[J]. 排灌机械工程学报,31:440-448.

赵丽芳, 袁亮, 张水勤, 等, 2021. 锌与尿素结合对锌有效性及尿素转化的影响[J]. 中国农业科学,54: 3461-3472.

忠智博, 翟国亮, 邓忠,等, 2020. 水氮施量对膜下滴灌棉花生长及水氮分布的影响[J]. 灌溉排水学报,39: 67-76.

Badr M, Hussein S, El-Tohamy W,et al. 2010. Nutrient uptake and yield of tomato under various methods of fertilizer application and levels of fertigation in arid lands[J]. Gesunde Pflanzen,62:11-19.

Chen N, Li X, Šim ůnek J, et al. ,2020. Evaluating soil nitrate dynamics in an intercropping dripped ecosystem using HYDRUS-2D[J]. Science of The Total Environment,718: 137314.

Cote C, Bristow K, Charlesworth P, et al. ,2003. Analysis of soil wetting and solute transport in subsurface trickle irrigation[J]. Irrigation Science,22:143-156.

Dar E, Brar A, Mishra S, et al. ,2017. Simulating response of wheat to timing and depth of irrigation water in drip irrigation system using CERES-Wheat model[J]. Field Crops Research,214: 149-163.

Eltarabily M, Bali K, Negm A, et al. ,2019. Evaluation of root water uptake and urea fertigation distribution under subsurface drip irrigation[J]. Water,11: 1487.

Yan F, Zhang F, Fan X, et al. ,2021. Determining irrigation amount and fertilization rate to simultaneously optimize grain yield, grain nitrogen accumulation and economic benefit of drip-fertigated spring maize in northwest China[J]. Agricultural Water Management,243:106440.

Gärdenäs A, Hopmans J, Hanson B, et al. ,2004. Two-dimensional modeling of nitrate leaching for various fertigation scenarios under micro-irrigation[J]. Agricultural Water Management,74:219-242.

Ju X, Christie P, 2011. Calculation of theoretical nitrogen rate for simple nitrogen recommendations in intensive cropping systems: A case study on the North China Plain[J]. Field Crops Research,124: 450-458.

Kharrou M, Er-Raki S, Chehbouni A, et al. , 2015. Water use efficiency and yield of winter wheat under different irrigation regimes in a semi-arid region[J]. Agricultural Sciences,2:273-282.

Li J, Zhang J, Ren L, 2003. Water and nitrogen distribution as affected by fertigation of ammonium nitrate from a point source[J]. Irrigation Science,22:19-30.

Liu W, Wang J, Wang C, et al. ,2018. Root growth, water and nitrogen use efficiencies in winter wheat under different irrigation and nitrogen regimes in north China plain[J]. Frontiers in Plant Science,9:1798.

Mon J, Bronson K, Hunsaker D, et al. ,2016. Interactive effects of nitrogen fertilization and irrigation on grain yield, canopy temperature, and nitrogen use efficiency in overhead sprinkler-irrigated durum wheat[J]. Field Crops Research,191:54-65.

Zain M, Si Z, Li S, et al. ,2021. The coupled effects of irrigation scheduling and nitrogen fertilization mode on growth, yield and water use efficiency in drip-irrigated winter wheat[J]. Sustainability,13: 2742.

Shirazi S, Zulkifli Y, Zardari N, et al. 2014. Effect of irrigation regimes and nitrogen levels on the growth and yield of wheat[J]. Advances in Agriculture,11:1-6.

Si Z, Zain M, Li S, et al. ,2021. Optimizing nitrogen application for drip-irrigated winter wheat using the DSSAT-CERES-Wheat model[J]. Agricultural Water Management,244:106592.

Si Z, Zain M, Mehmood F, et al. , 2020. Effects of nitrogen application rate and irrigation regime on growth, yield, and water-nitrogen use efficiency of drip-irrigated winter wheat in the North China Plain[J]. Agricultural Water Management,231: 106002.

Srivastava R, Panda R, Chakraborty A, et al. ,2017. Enhancing grain yield, biomass and nitrogen use efficiency of maize by varying sowing dates and nitrogen rate under rainfed and irrigated conditions[J]. Field Crops Research,221:339-349.

Wang J, Zhang Y, Gong S, et al. ,2018. Evapotranspiration, crop coefficient and yield for drip-irrigated winter wheat with straw mulching in North China Plain[J]. Field Crops Research,217:218-228.

Wang M, Liu H, Lennartz B, 2021. Small-scale spatial variability of hydro-physical properties of natural and degraded peat soils[J]. Geoderma,399:115123.

Min W, Guo H, Zhang W, et al. ,2016. Irrigation water salinity and N fertilization: Effects on ammonia oxidizer abundance, enzyme activity and cotton growth in a drip irrigated cotton field[J]. Journal of Integrative Agriculture,15:1121-1131.

Weier K, Macrae I, Myers R, 1993. Denitrification in a clay soil under pasture and annual crop: Estimation of potential losses using intact soil cores[J]. Soil Biology & Biochemistry,25:991-997.

Zhang X, Wang Y, Sun H,et al. ,2013. Optimizing the yield of winter wheat by regulating water consumption during vegetative and reproductive stages under limited water supply[J]. Irrigation Science,31:1103-1112.

Zou H, Fan J, Zhang F,et al. ,2020. Optimization of drip irrigation and fertilization regimes for high grain yield, crop water productivity and economic benefits of spring maize in Northwest China[J]. Agricultural Water Management,230:105986.

第3章　滴灌条件下华北平原冬小麦需水需肥规律及灌溉制度研究

3.1　材料与方法

3.1.1　不同水氮处理条件下小麦需水规律试验

不同水氮处理条件下小麦需水规律与生长试验在中国农业科学院七里营综合试验基地进行,时间为2017~2018年和2018~2019年。试验区作物种植模式为冬小麦-夏玉米一年两熟制,在华北平原中部地区具有较好的代表性。表3-1为2017年试验开始前试验地0~40 cm土层的基础养分含量。试验处理包括滴灌带间距、灌溉制度和施氮模式,其中滴灌带间距分别为40 cm(D40)、60 cm(D60)和80 cm(D80),灌溉定额分别为20 mm(I20)、35 mm(I35)和50 mm(I50),氮肥施用量为270 kg/hm^2,设置3个基追比处理,分别为50:50(N50:50)、25:75(N25:75)和0:100(N0:100),追肥分三次施用,生育期分别为返青期、孕穗期、灌浆期,具体的灌溉施氮措施见表3-2。

表3-1　2017年试验地0~40 cm土壤基础养分含量

处理	有机质含量/%	碱解氮含量/(mg/kg)	速效钾含量/(mg/kg)	有效磷含量/(mg/kg)
N0	1.10	52.37	240.33	13.68
N120	1.10	55.14	208.55	10.60
N180	1.09	50.82	200.18	12.33
N240	1.11	55.12	245.78	12.08
N300	1.00	49.43	280.14	13.47
N360	1.01	76.23	233.87	13.84

作物耗水量和水分利用效率分别通过下式计算:

$$ET_c = P + I + \Delta WK + \Delta W - \Delta R - D \quad (3\text{-}1)$$

$$WUE = Y/ET_c \quad (3\text{-}2)$$

式中:ET_c 为作物耗水量,mm;P 为降雨量,mm;I 为灌溉量,mm;ΔWK为地下水补给量,mm;ΔW 为冬小麦生育期始末0~100 cm土层土壤贮水量变化量,mm,在播种前与收获后的每个处理中随机选取 3 个取样点,每个取样点按照每 20 cm 一层,共 5 层,取出后采用烘干称重法测量土壤质量含水率;ΔR 为地表径流交换量,mm;D 为深层渗漏量,mm,由于本研究采用的灌溉方式是滴灌,单次灌水量较小且每个处理之间都筑有田埂,整个生育季没有发生因降雨或灌溉引起的地表径流现象,所以 ΔR 与 D 按 0 处理,地下水埋深大于 5 m,地下水补给忽略不计,ΔWK 按 0 计算;WUE 为水分利用效率,kg/m^3;Y 为籽粒产量,kg/hm^2。

表 3-2　灌溉施氮制度

处理	2017~2018 年		2018~2019 年	
	儒略日	灌溉量/mm	儒略日	灌溉量/mm
I20	71(20),98(20),133(20)	60	71(20),93(20),115(20),129(20),136(20)	100
I35	71(35), 98(10),123(25),133(10)	80	71(35),93(35),115(35),136(35)	140
I50	71(50),98(10),126(40),133(10)	110	71(50),93(50),123(50),136(50)	200
N50:50	287,71, 98, 133		287, 71, 93, 136	
N25:75	287, 71, 98, 133		287, 71, 93, 136	
N0:100	71, 98, 133		71, 93, 136	

3. 1. 2　不同水氮处理条件下小麦需肥规律与品质试验

试验于 2015 年 11 月至 2016 年 6 月在中国农业科学院新乡综合试验基地内进行。供试冬小麦品种为“矮抗 58”,于 2015 年 11 月 1 日播种,2016 年 6 月 3 日收获,行距 20 cm。试验为二因素裂区设计,主区为施氮量处理,裂区为灌水定额处理。施氮量处理设 5 个水平,用量分别为 0、120 kg/hm^2、180 kg/hm^2、240 kg/hm^2、300 kg/hm^2,分别记为 N0、N1、N2、N3、N4 处理。灌水定额处理设 3 个水平,分别为 40 mm、30 mm、20 mm,分别记为 I1、I2、I3 处理。I1 处理灌水下限为田间持水量的 65%,到灌水下限即灌水,I2、I3 处理灌水时间与 I1 处理相同。从冬小麦返青开始到籽粒收获,共灌水 5 次,I1、I2、I3 处理灌水总量分别为 180 mm、130 mm、80 mm。不施氮的 3 个处理的小区规格为 16 m×1. 33 m,其他各处理小区的规格则均为 16 m×4 m。所有小区两侧保护区的宽度均为 1 m。

选用尿素(含 N 量 46. 7%)、过磷酸钙(含 P_2O_5 量 16%)和硫酸钾(含 K_2O 量 50%)分别作为氮肥、磷肥和钾肥使用。磷肥和钾肥施用量分别为 P_2O_5 和 K_2O 各 120 kg/hm^2,全部作为基肥在冬小麦播种时一次性施入,施入方式为人工撒施在地表,然后旋耕混入土壤。氮肥分两次施入,其中基施 40%,其余的 60%作为追肥在返青期一次性施入,施用方式为随滴灌灌水一并施入。灌水通过嵌入式滴灌带进行,滴灌带布设间距 60 cm,滴头间距 0.2 m,滴头流量 2 L/h,工作压力为 0.15 MPa,实际灌水量用水表量,计冬小麦生育期灌水、施氮制度如表 3-3 所示。

表 3-3　冬小麦生育期灌水、施氮制度

处理		日期(月-日)					
		11-01	03-04	03-22	04-08	04-24	05-05
N/(kg/hm^2)	N0	0	0	—	—	—	—
	N1	48	72	—	—	—	—
	N2	72	108	—	—	—	—
	N3	96	144	—	—	—	—
	N4	120	180	—	—	—	—
I/mm	I1	—	40	40	40	20	40
	I2	—	30	30	30	10	30
	I3	—	20	20	20	0	20

籽粒风干称重后,取部分样品送依托于河南省农业科学院的农业部农产品质量监督检验测试中心,按照国家标准要求测定籽粒品质。小麦籽粒粗蛋白质量分数采用国家标准半微量凯氏定氮法(系数为 5.7)测定(GB/T 14771—1993);各种氨基酸质量分数用 L-8800 氨基酸分析仪测定(GB/T 5009.124—2003);湿面筋质量分数、降落数值分别依据 GB/T 14608—1993 和 GB/T 10361—1989 检测;面团形成时间、稳定时间均采用 GB/T 14614—2006 检测;出粉率按照(AACC)26-10A:1999 方法测定。

氮肥利用效率(NUE,kg/kg) = (施氮处理植株氮素积累量-不施氮处理植株氮素积累量)/施氮量×100%

氮肥生理利用率(NPE,kg/kg)= 产量/植株氮素积累量×100%

氮肥偏生产力(NPFP,kg/kg)= 施氮区产量/施氮量×100%

3.2 小麦需水需肥规律与产量和品质试验结果与分析

3.2.1 不同滴灌带间距、灌溉制度和施氮模式下的麦田土壤水分与养分动态

3.2.1.1 滴灌条件下土壤含水率分布状况

图 3-1~图 3-6 显示了两个小麦生长季节,在不同滴灌带间距下,不同灌溉制度(ISLs)和不同施氮模式(NAMs)对土壤水分的影响。不同滴灌带间距下的灌溉制度和施氮处理

对整个生育期土壤含水率的变化有显著影响。冬小麦返青期土壤相对平均含水率较高,

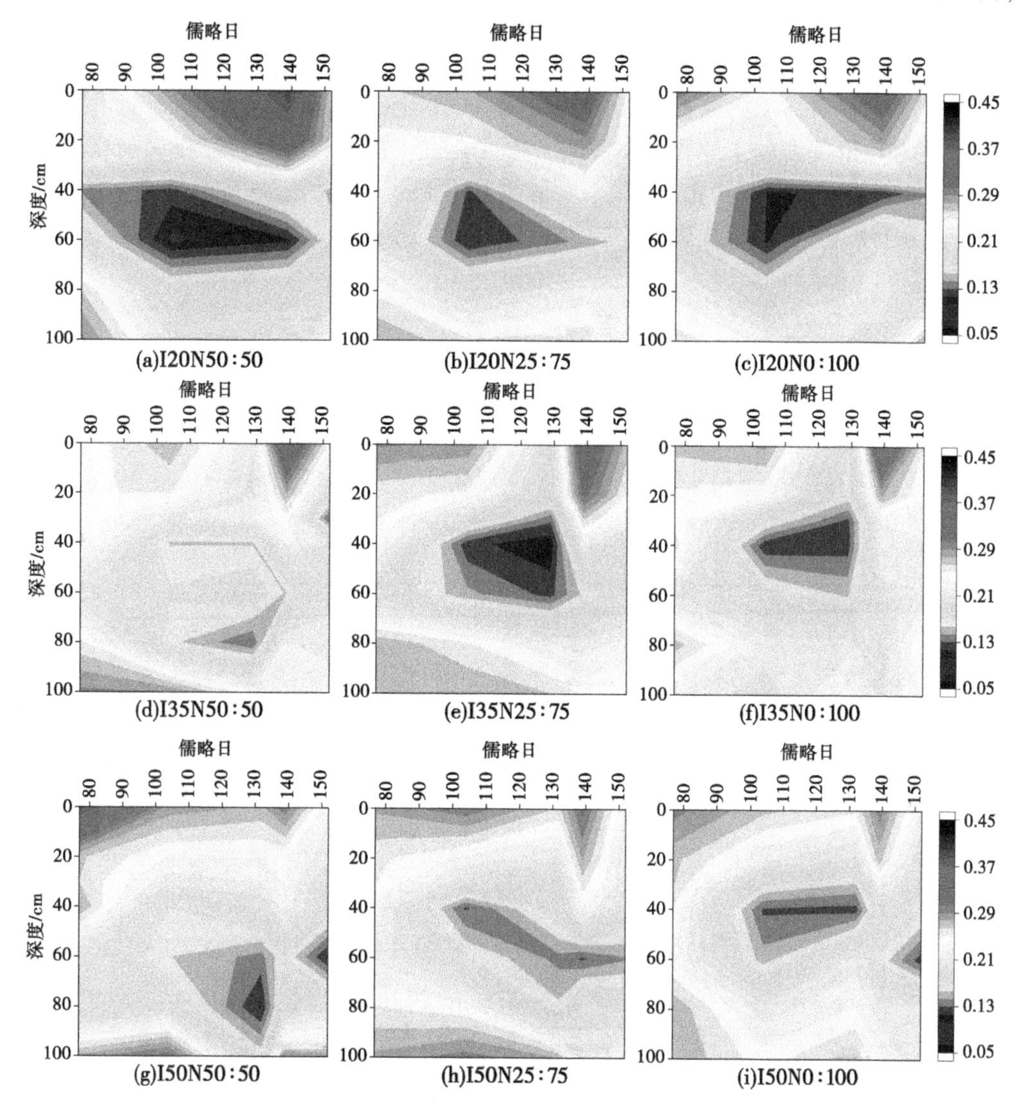

图 3-1　2017~2018 年小麦生长季 40 cm 滴灌带间距下不同灌溉制度和施氮方式处理土壤水分的时间变化(D40)

而随着植株生长发育,土壤含水率开始逐渐降低,尤其是在拔节期以后。在所有滴灌带间距处理下,土壤水分在浅层和深层的变化更为显著,即 0~10 cm 和 80~100 cm 深度的土壤含水率较高,20~80 cm 深度的土壤含水率较低。与 I20 和 I35 处理相比,I50 在深层土壤中分布更多的水分。这种差异可能是灌溉用水的变化造成的,I20、I35 和 I50 的灌溉量在 2017~2018 年和 2018~2019 年分别为 60 mm、80 mm、110 mm 和 100 mm、140 mm、200 mm(见表 3-2)。此外,在整个生长季,30~70 cm 深度的土壤含水率都有所下降。这可能是由于在这层土壤中有更多的根吸收水分。此外,在 I35 水平上,湿润深度比 I20 和 I50 更稳定,因为不同灌溉制度下的作物生长行为不同,可能造成水分分配的变化。在冬小麦

生长季内,I20 的土壤含水率比 I35 和 I50 的土壤含水率下降得更早,这表明 I20 下的植物受到了短暂的干旱胁迫。Sui et al.(2015)研究表明,灌溉增加了土壤含水率,土壤含水率受灌溉量和灌溉深度的影响。本书的结果与 Li 和 Liu(2011)的研究结果一致:灌溉水量越高,湿润深度越大。总的来说,在整个生长季节,40 cm 和 60 cm 间距处理的土壤含水率较高,而 80 cm 间距的土壤含水率最低。Zhou et al.(2018)研究发现,较大的滴灌带间距显著降低土壤水分含量。40 cm 和 60 cm 滴灌带间距处理的土壤水分含量较高,可能是土壤水分分布均匀、蒸发损失较小所致。

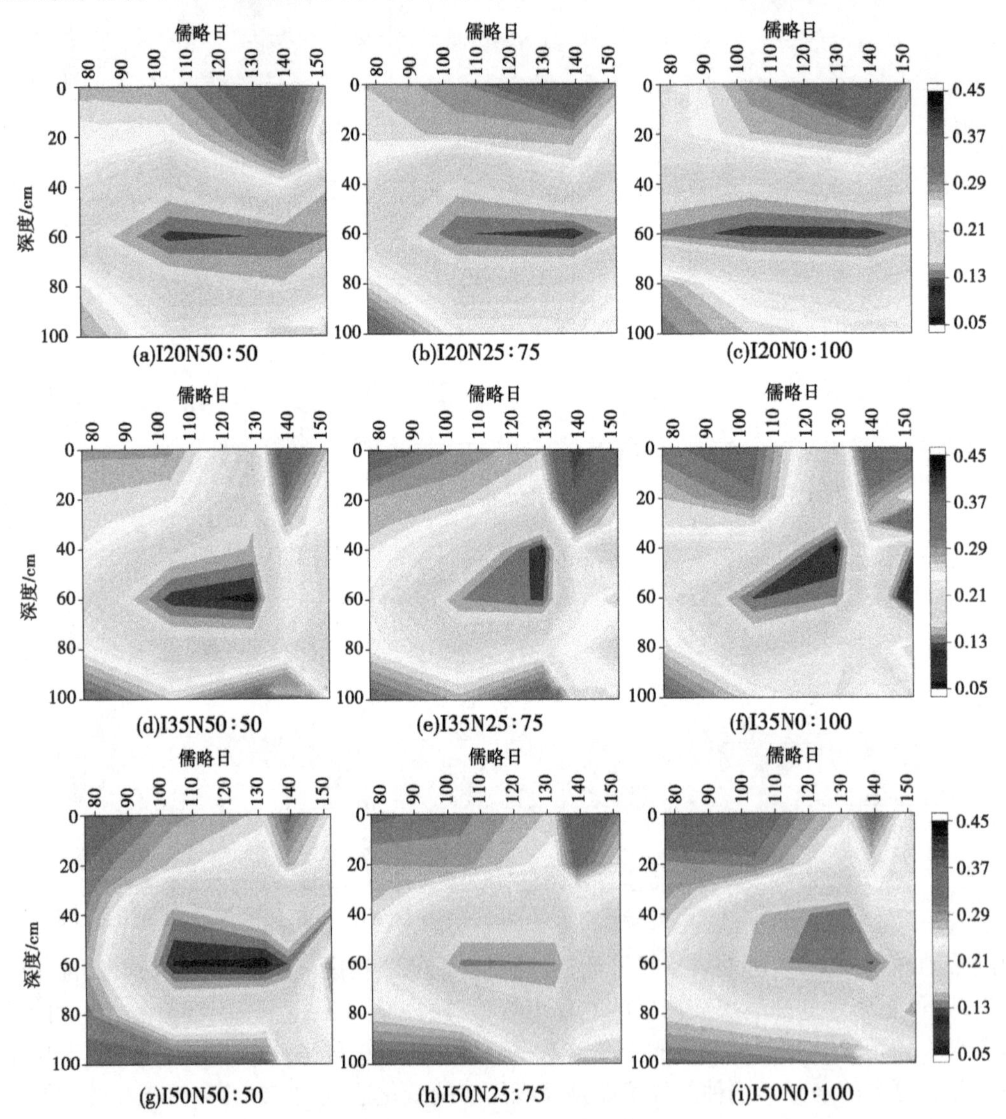

图 3-2　2017~2018 年小麦生长季 60 cm 滴灌带间距下不同灌溉制度和施氮方式处理土壤水分的时间变化(D60)

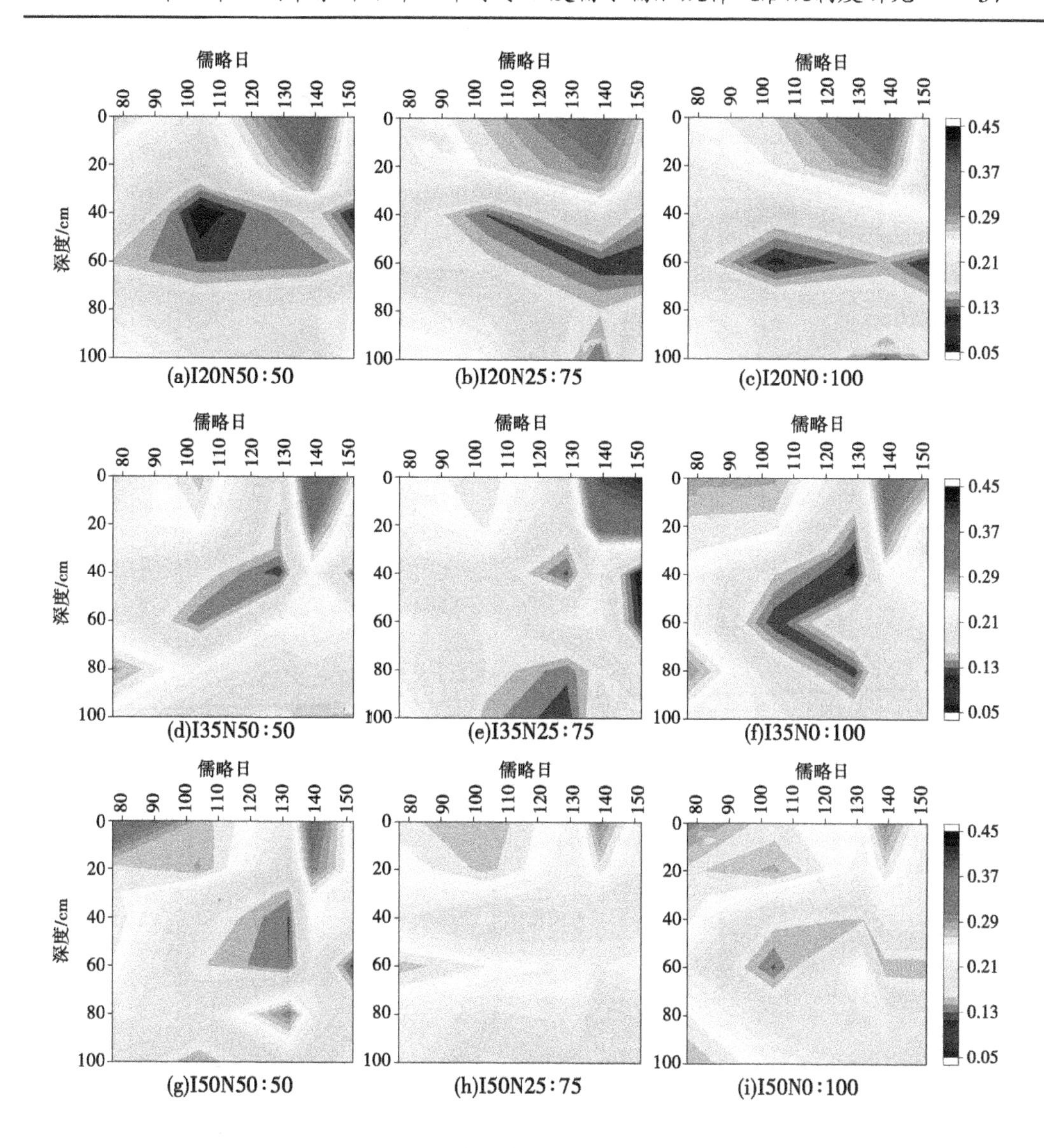

图 3-3　2017~2018 年小麦生长季 80 cm 滴灌带间距下不同灌溉制度和施氮方式处理土壤水分的时间变化(D80)

3.2.1.2　滴灌条件下土壤硝态氮分布状况

图 3-7~图 3-12 显示了不同滴灌带间距下灌溉制度和施氮模式引起的土壤 NO_3^--N 随时间的变化。D40 处理的土壤氮素含量较高，其次是 D60 和 D80。在不同的滴灌带间距下，灌水和施氮对土壤 NO_3^--N 在不同深度的变化有显著影响。小麦返青期 60~100 cm 土层土壤 NO_3^--N 含量显著高于 N25:75 和 N0:100 处理，说明小麦在发育初期所需氮量较少。因此，基础氮肥施用过量会导致氮素淋溶和气态挥发，是氮素流失的隐患。Zhao 和 Si(2015) 指出从播种到返青的大约 5 个月内，一些氮素可能通过土壤微生物的氨挥发、固定和反硝化等不同过程流失。施入土壤的氮肥有三种转化途径：植物吸收、残留在

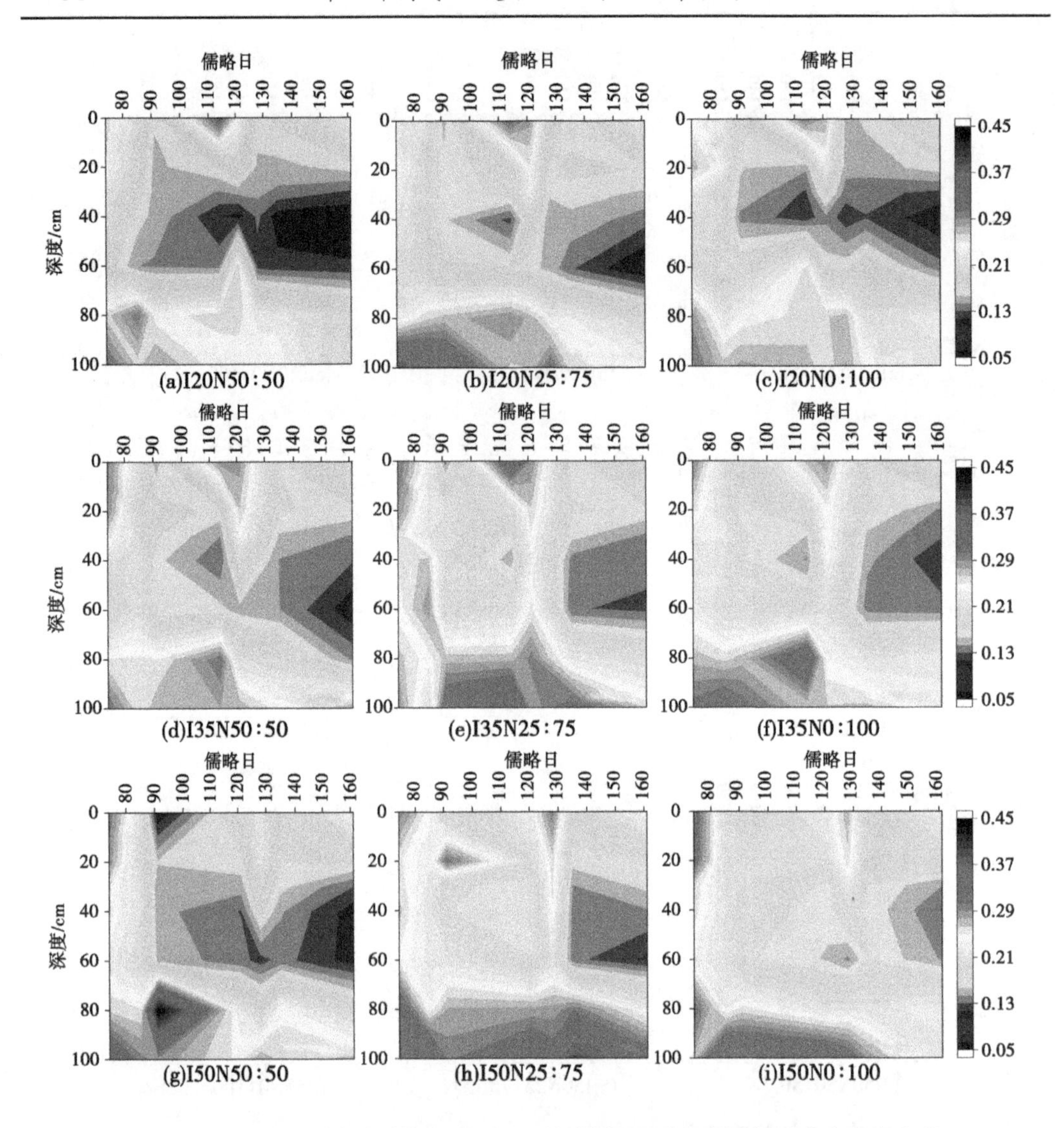

图 3-4　2018~2019 年小麦生长季 40 cm 滴灌带间距下不同灌溉制度和施氮方式处理土壤水分的时间变化(D40)

土壤中、土壤和作物系统的损失。灌溉系统中的氮流失可能会对接受的水体造成严重威胁(van Der laan et al., 2010),并且很可能导致地下水中硝酸盐的显著增加(Garnier et al.,2010)。此外,在滴灌带间距为 40 cm 时,I35 土壤 NO_3^--N 含量显著高于其他灌溉制度和滴灌带间距处理。拔节期各处理 40~60 cm 土层的 NO_3^--N 含量均呈下降趋势,各处理间差异较小。拔节期和灌浆期施氮后,N0∶100 处理土壤 NO_3^--N 含量在开花期和成熟期显著高于 N25∶75 和 N50∶50 处理。由于 I50 下土壤含水率较高,N50∶50 处理对土壤氮素的影响大于 N25∶75 和 N0∶100 处理,这与 Sui et al. (2015)的研究结果一致。高灌水条件下低浓度的原因是溶质运移, 溶质运移是水的扩散通量和对流通量的函数。在本书中，N0∶100 追施氮肥量越高，小麦根区氮素残留量越高，这与 Shi et al.（2012）的研究结果相似。尽管在所有滴灌带间距下，60~100 cm 土层的土壤含水率和氮残留量较高，但不能得出小麦根区以外养分不淋溶和深层渗漏的结论。由于灌水和施氮对土壤水分和 NO_3^--N 的分布都有显著影响，因此不同灌水和施氮处理对土壤深层渗漏和淋溶有不同的影响。

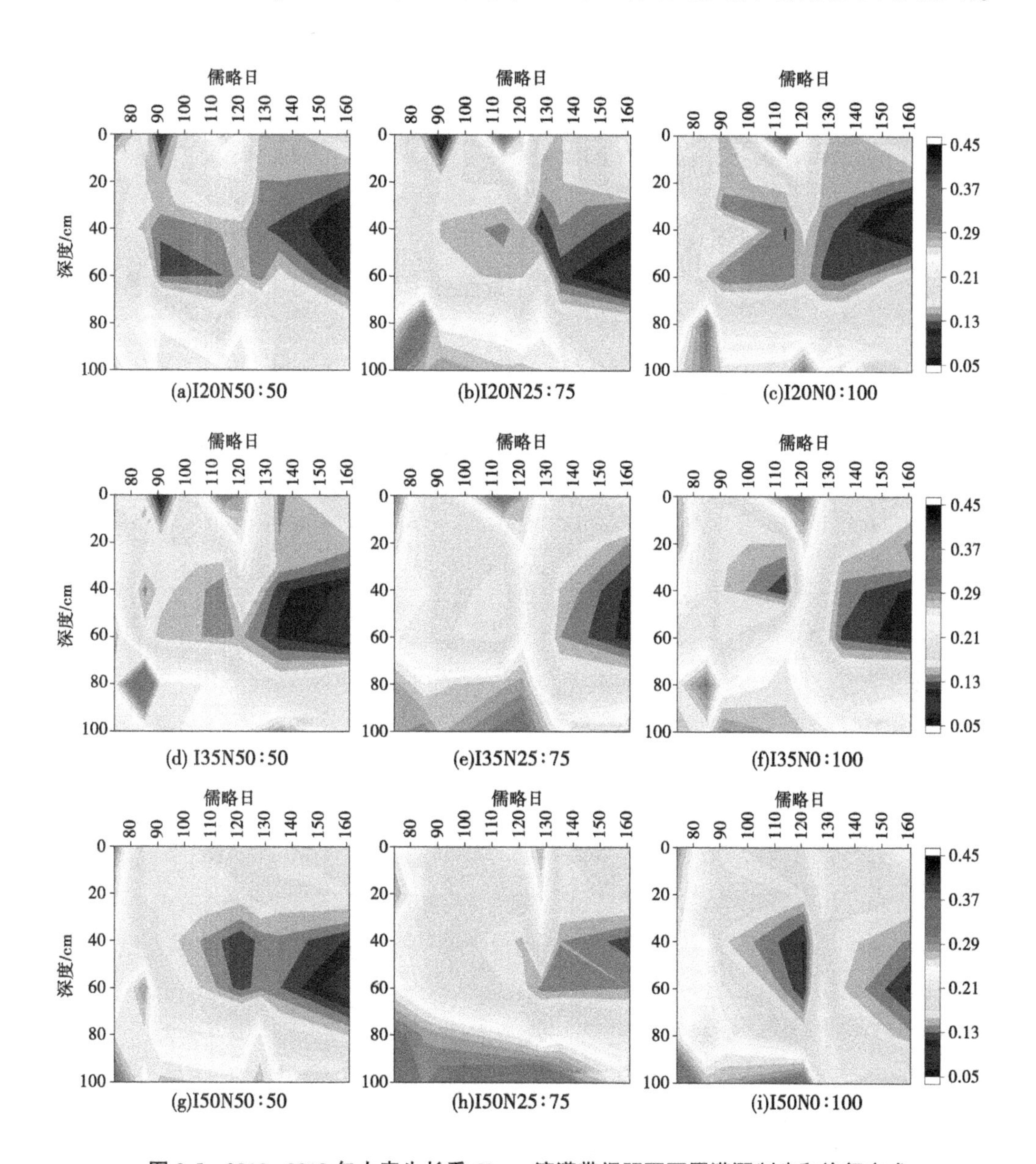

图 3-5　2018~2019 年小麦生长季 60 cm 滴灌带间距下不同灌溉制度和施氮方式处理土壤水分的时间变化（D60）

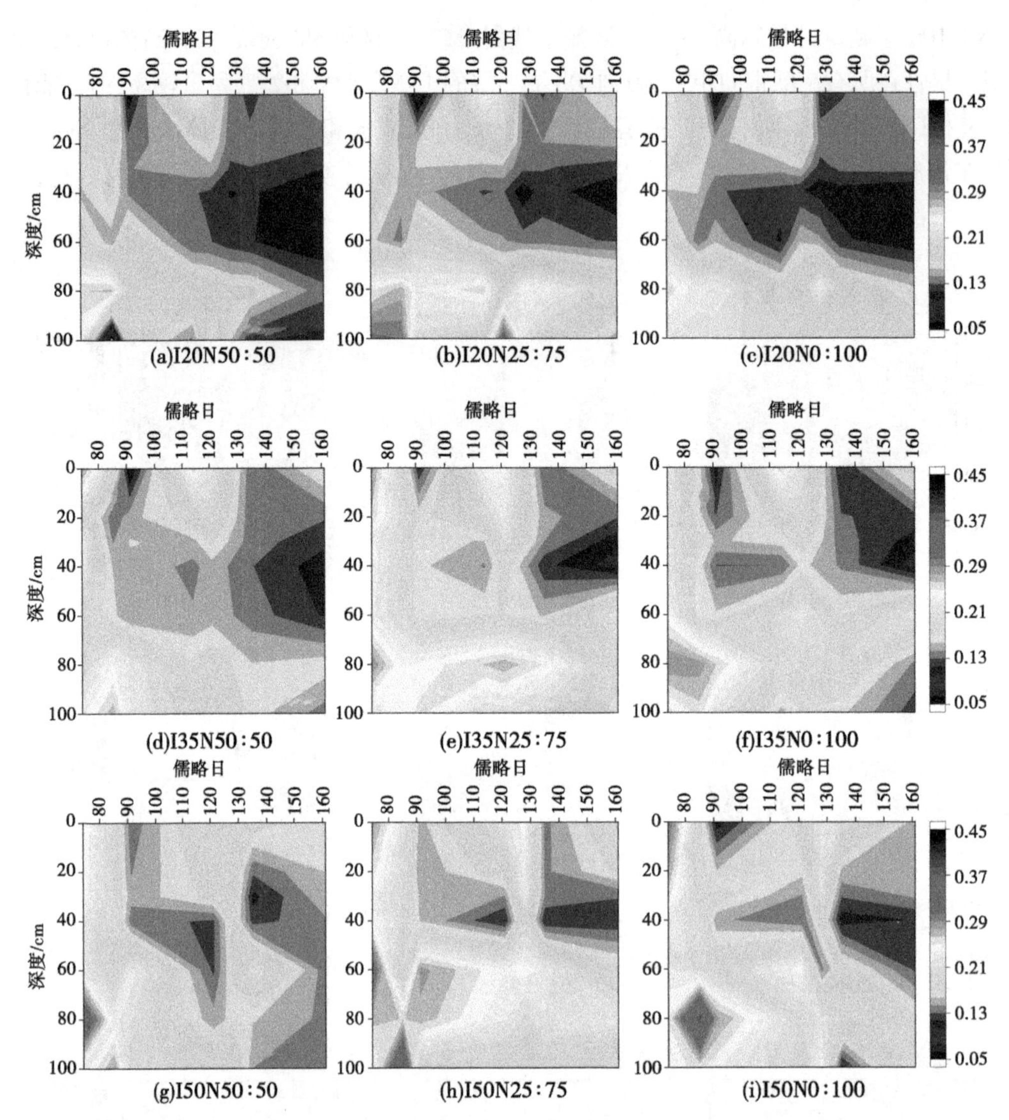

图 3-6　2018~2019 年小麦生长季 80 cm 滴灌带间距下不同灌溉制度和施氮方式处理土壤水分的时间变化(D80)

3.2.1.3　小结

不同灌溉制度、施氮模式和滴灌带间距对土壤水分和氮素分布有显著影响。不同灌溉制度处理下,土壤水分和硝态氮含量发生相应变化,降水和灌溉制度成为控制作物总需水量的关键因素。在 20~60 cm 土层中,所有滴灌带间距土壤含水率均较低,这可能是由于该层根系对水分的吸收较多所致。研究结果表明,土壤含水率和氮素含量在不同灌溉制度和滴灌带间距下的变化对冬小麦的生长发育和产量构成有较大的影响。总的来说,在 I35N25:75、滴灌带间距为 40 cm 时,在节约灌溉用水及适应土壤和气候条件方面表现较好。根据土壤性质和天气条件来选择灌溉水平是很重要的,因为其在土壤水分和氮素含量变化中起着重要作用。此外,进行冬小麦生产时,如果没有足够的资源可供利用,在

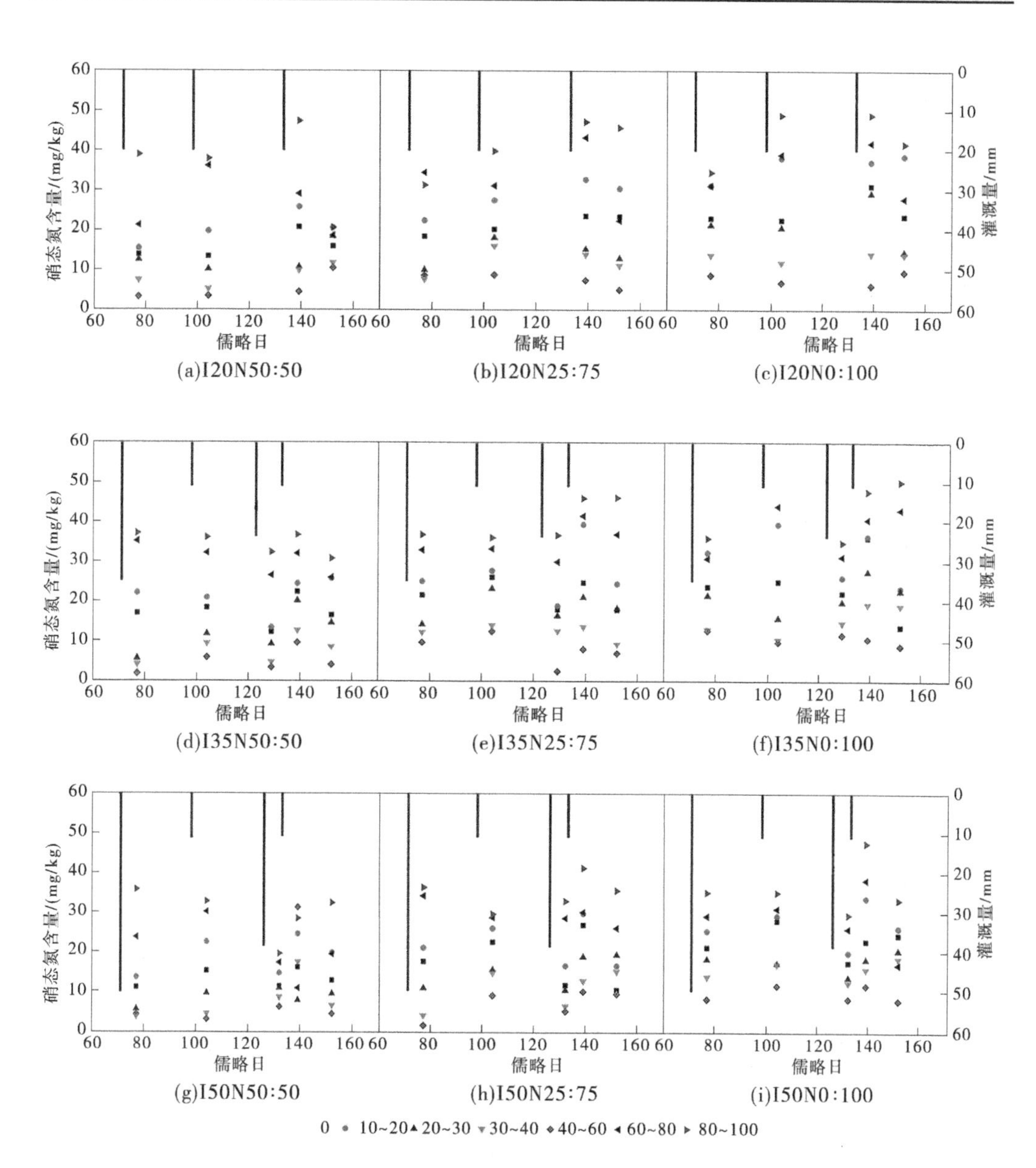

图3-7　2017~2018年小麦生长季40 cm滴灌带间距下不同灌溉制度和施氮方式处理土壤硝态氮的时间变化(D40)

华北平原也可建议采用60 cm的滴灌带间距。

3.2.2　滴灌带间距、灌溉制度和施氮模式对冬小麦生长发育的影响

3.2.2.1　滴灌条件下冬小麦的叶面积指数

. 叶面积指数(LAI)是叶面积与地面面积的比值。它是反映作物生长发育情况、蒸腾量及光合能力的重要指标之一。在两个冬小麦生长季,每隔10 d对叶面积指数进行一次测定。图3-13和图3-14展示的是不同滴灌带间距、灌溉制度和施氮模式对两个生长季冬

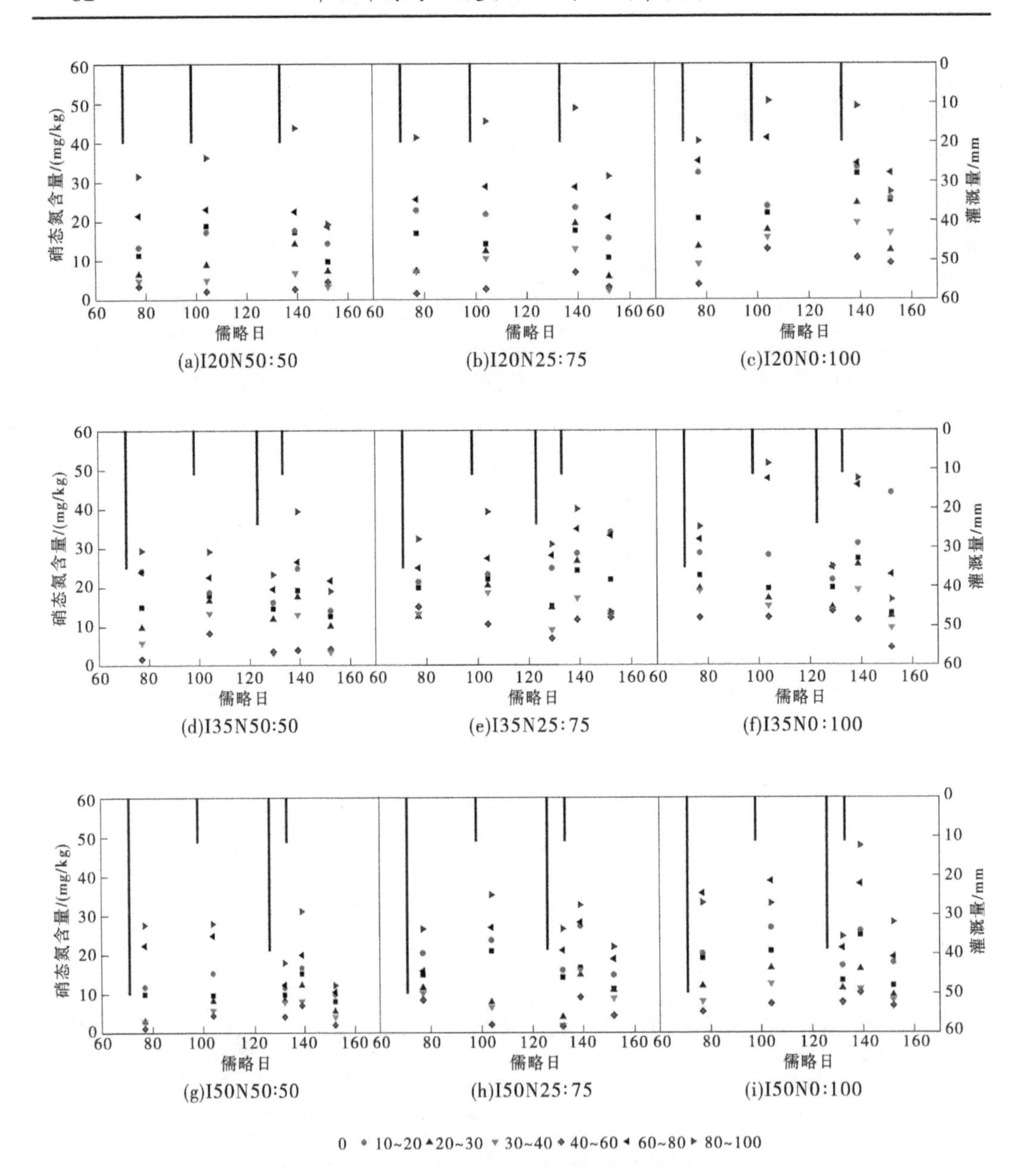

图 3-8 2017~2018 年小麦生长季 60 cm 滴灌带间距下不同灌溉制度和施氮方式处理土壤硝态氮的时间变化(D60)

小麦叶面积指数的影响。结果表明,滴灌带间距、灌溉制度和施氮模式对两个生长季的叶面积指数均有显著影响。从图 3-13 和图 3-14 可以看出,各处理的叶面积指数到拔节期达到最大值,之后随着冬小麦的生长逐渐降低。研究发现,滴灌带间距(D40)较近的冬小麦叶面积指数高于较远的滴灌带间距。在不同灌溉制度下,灌溉模式 I50 处理的冬小麦的叶面积指数一直处于较高水平,I35 处理的叶面积指数次之,I20 处理的叶面积指数最小。

施氮模式(NAMs)对叶面积指数也存在显著影响。从图 3-13 和图 3-14 可以看出,在

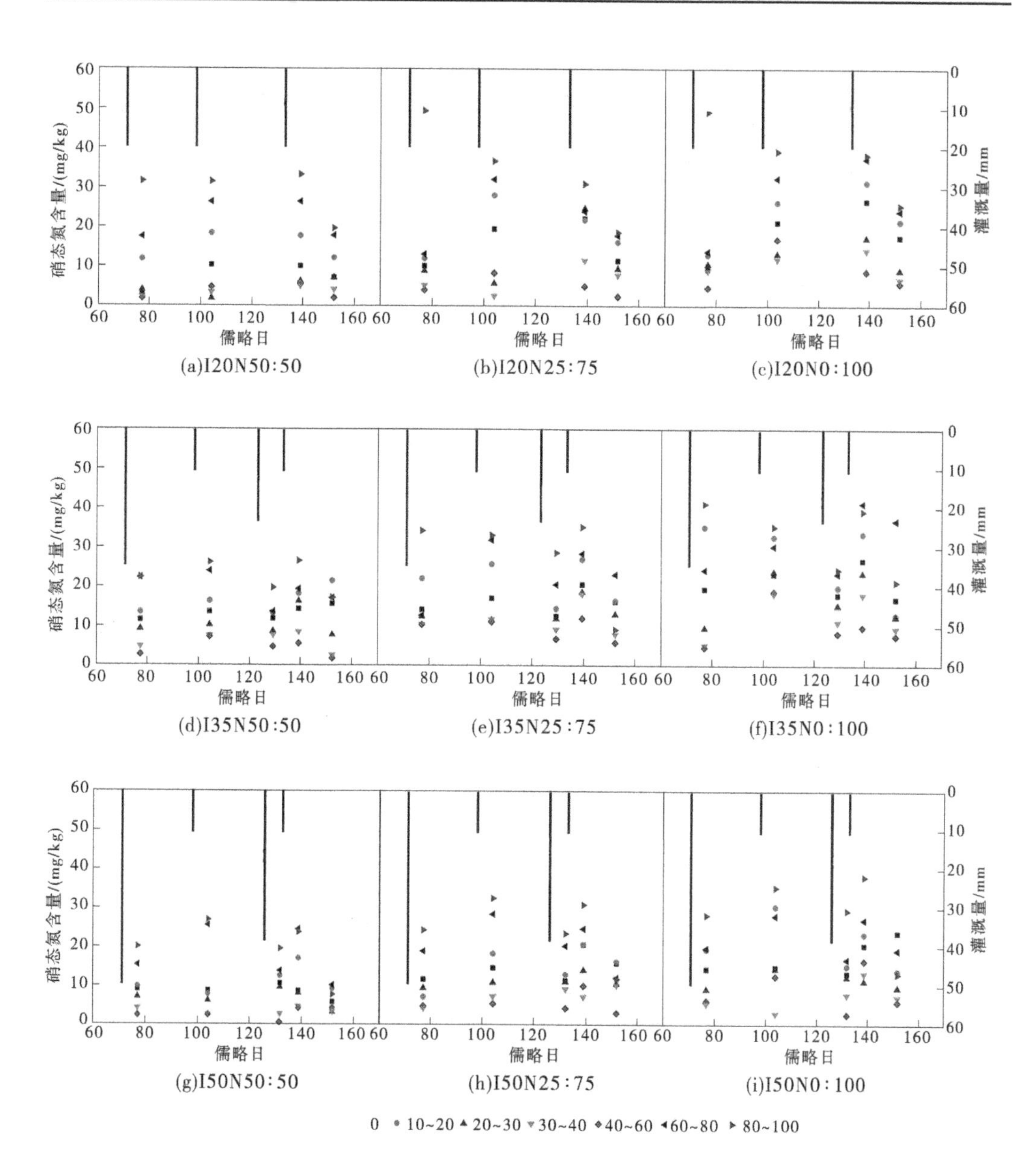

图 3-9　2017~2018 年小麦生长季 80 cm 滴灌带间距下不同灌溉制度和施氮方式处理土壤硝态氮的时间变化(D80)

N0:100 施氮模式下,即生育后期追施所有氮促进冬小麦的叶面积指数的增加,其次是 N25:75 施氮模式。而在 N50:50 施氮模式下,即 50%基肥和 50%追肥下的叶面积指数最低。在返青期,N50:50 施氮模式下的叶面积指数较高,其次是 N25:75 和 N0:100 施氮模式。相比其他氮肥处理,在生育后期对冬小麦追施更多的氮,能够明显增加叶面积指数。Lv et al. (2019)发现,增加滴灌带间距对冬小麦的生长发育产生消极影响。Wang et al. (2012)的研究结果表明,高灌溉水量处理的叶面积指数高于低水量处理,这与我们的研究结果一致。2017~2018 年冬小麦生长季不同处理的叶面积指数较 2018~2019 年生长

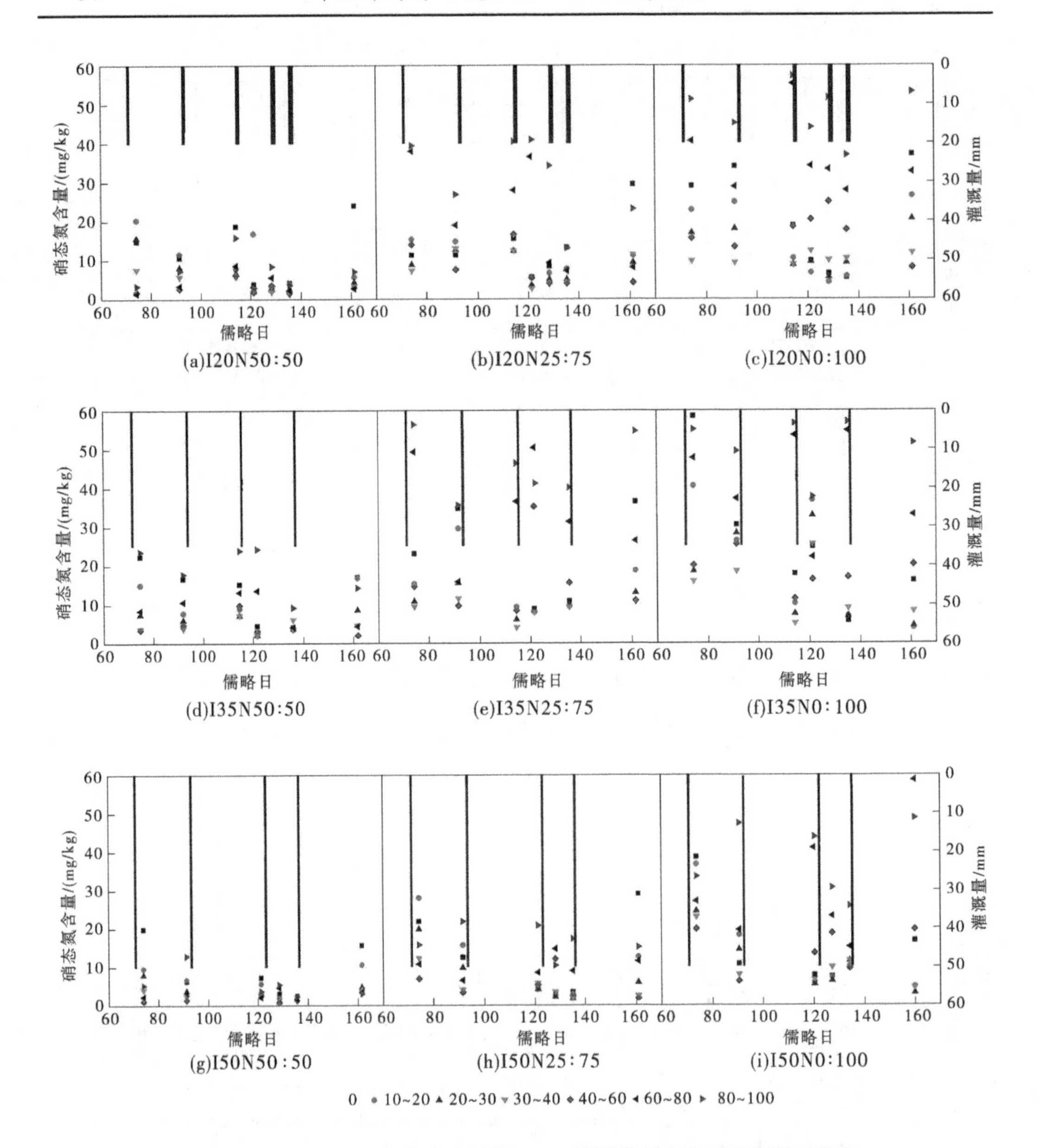

图 3-10　2018~2019 年小麦生长季 40 cm 滴灌带间距下不同灌溉制度和施氮方式处理土壤硝态氮的时间变化(D40)

季响应缓慢。

3.2.2.2　滴灌条件下冬小麦的株高

株高是植物重要的形态指标,它受到种子活力、土壤养分状况、环境条件和植物遗传结构等因素的影响。植株越高植物的生长发育状况越好;反之亦然。作物的株高过低将导致籽粒发育不良,最终产量下降。最优的株高为作物提供适宜的冠层结构,因此能够增加产量。从返青期到成熟期每隔 10 d 对冬小麦株高进行一次测定,试验结果如图 3-15 和图 3-16 所示。不同滴灌带间距、灌溉制度和施氮模式在两个生长季对冬小麦株高均有显

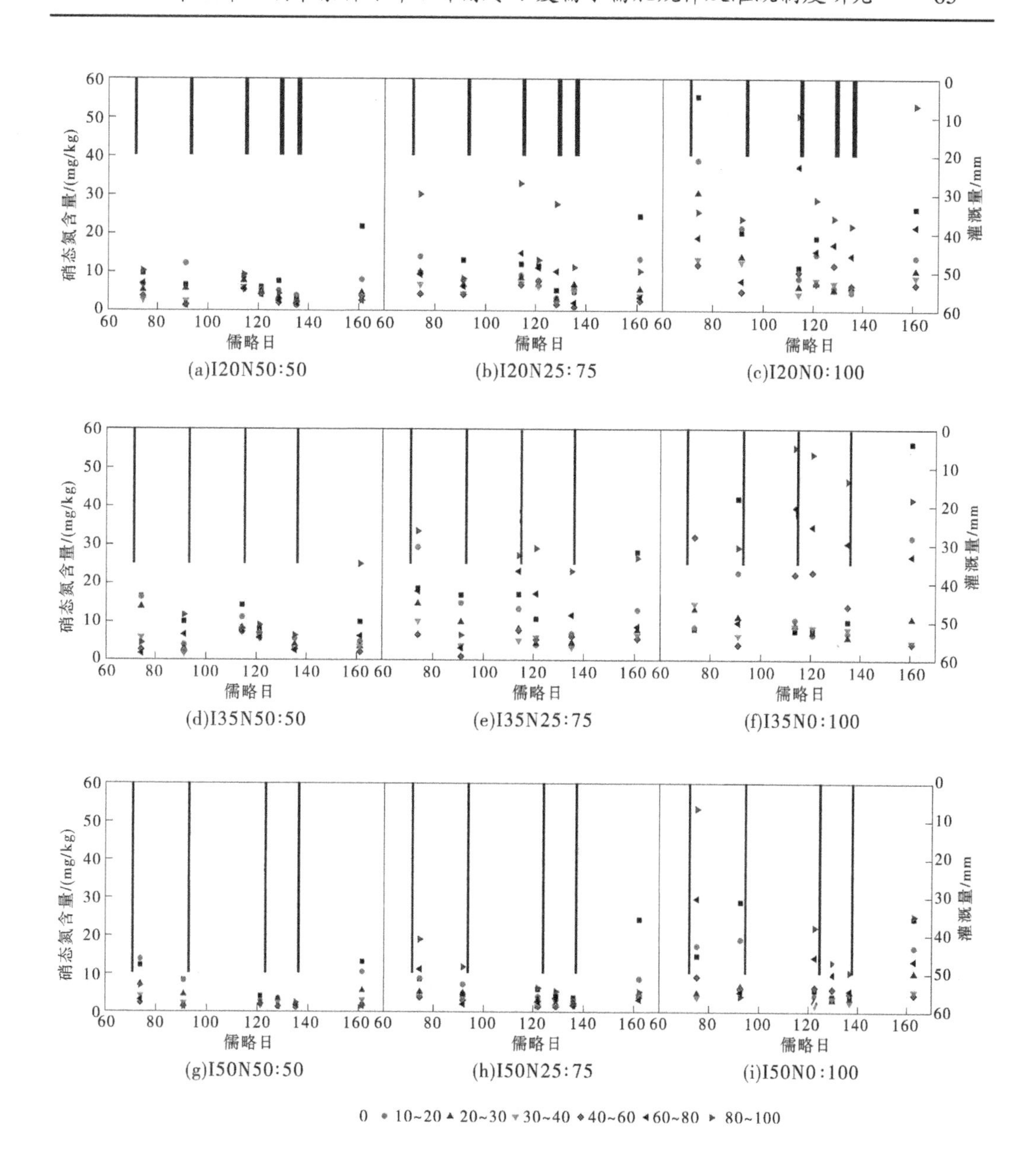

图3-11　2018~2019年小麦生长季60 cm滴灌带间距下不同灌溉制度和施氮方式处理土壤硝态氮的时间变化(D60)

著影响。较小的滴灌带间距处理(D40)下的冬小麦株高要高于较大的滴灌带间距处理(D60和D80)下的冬小麦株高。在N0:100施氮模式下,滴灌带间距40 cm和60 cm处理的植株生长状况优于N50:50和N25:75施氮模式。总体而言,在所有滴灌带间距处理下,灌水量为50 mm时的植株生长速度快于35 mm和20 mm处理的植株生长速度。如图3-15和图3-16所示,由于80 cm滴灌带间距减少了土壤水分,这可能导致冬小麦遭受

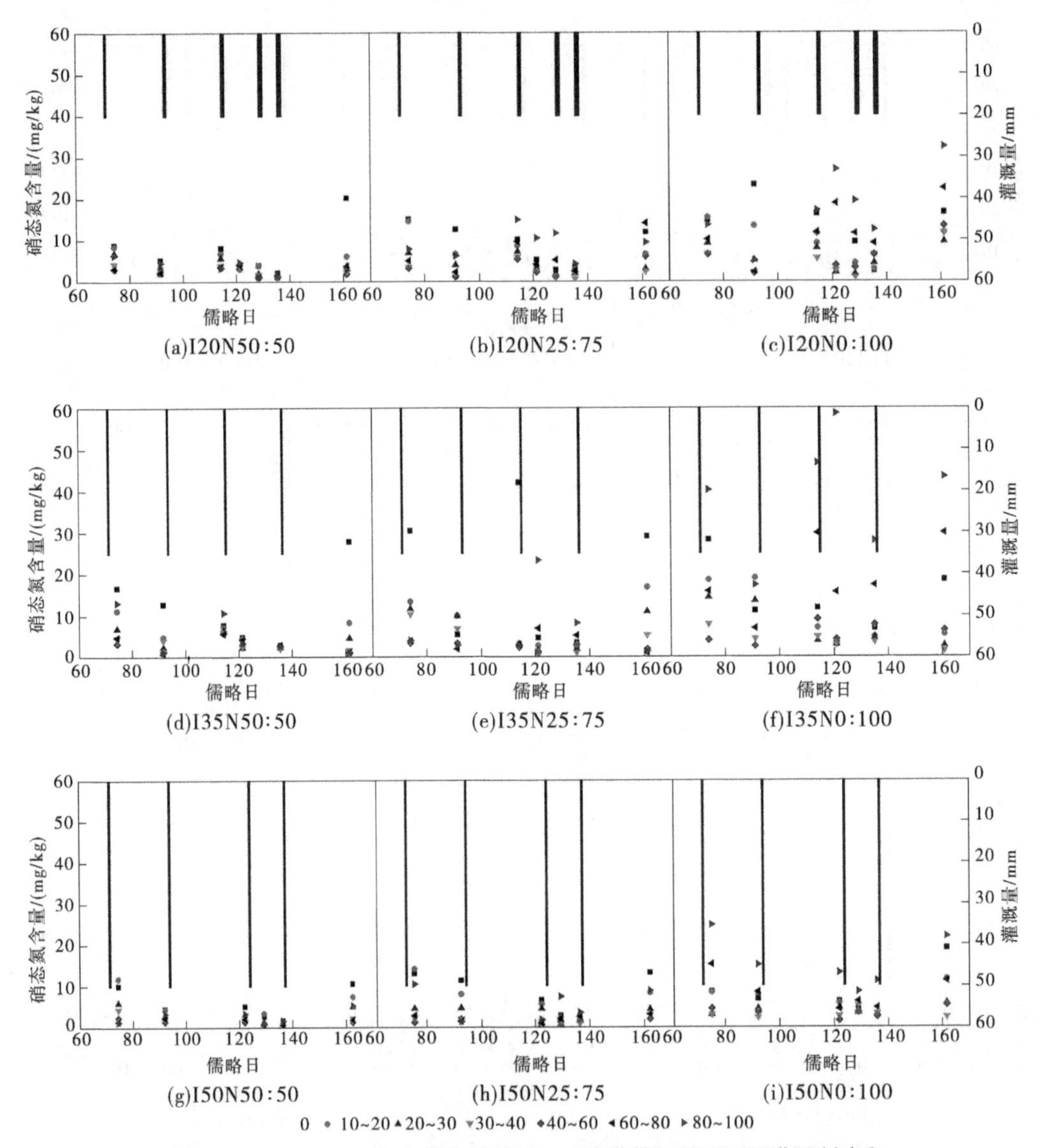

图 3-12　2018～2019 年小麦生长季 80 cm 滴灌带间距下不同灌溉制度和施氮方式处理土壤硝态氮的时间变化(D80)

水分亏缺进而降低株高。Farooq et al.(2009)指出,缺水和缺氮均会显著减少细胞分裂、细胞伸长和细胞伸长持续时间等,进而影响植物生长发育。在 I50 处理和 N0:100 施氮模式下冬小麦的株高最高,这说明植株良好的生长发育需要充足的水分和氮供应。Lv et al.(2019)指出,较大的滴灌带间距对冬小麦的生长发育表现出消极的影响。灌溉量的减少使植物遭受水分胁迫的影响,最终导致冬小麦株高的降低(Kharrou et al., 2011)。以往的研究指出,较高的施氮量对作物的生长发育产生积极的影响,但水分胁迫会产生消极的影响(Karam et al., 2009;Shirazi et al., 2014)。

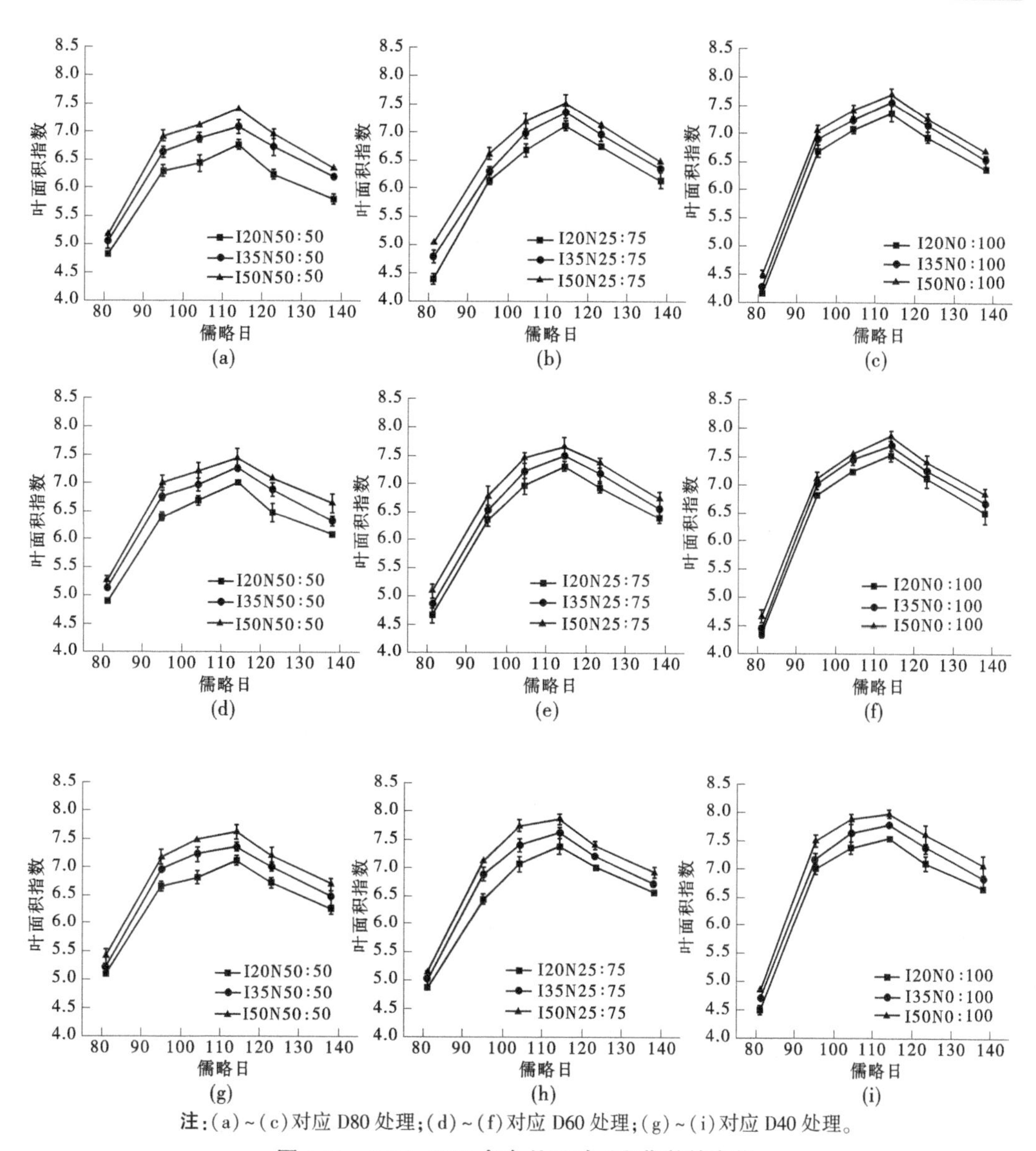

注：(a)~(c)对应D80处理；(d)~(f)对应D60处理；(g)~(i)对应D40处理。

图3-13 2017~2018年各处理叶面积指数的变化

3.2.2.3 滴灌条件下冬小麦的生物量

不同滴灌带间距、灌溉制度和施氮模式对两个研究年份地上部生物量的影响均达到显著差异(见表3-4)。不同处理间的交互效应在2017~2018年和2018~2019年两个生长季均达到显著水平。2017~2018年和2018~2019年的地上部生物量值分别为8.95~18.99 t/hm^2 和9.26~19.18 t/hm^2。滴灌带间距为40 cm时，高水处理(I50)及较高的追肥比例(N0:100)能够获得最大生物量(18.99 t/hm^2 和19.18 t/hm^2)，而滴灌带间距为80 cm，低水处理(I20)及N50:50施氮模式获得的生物量最低(8.95 t/hm^2 和9.26 t/hm^2)。随着滴灌带间距的增加，地上部生物量逐渐减少。在2017~2018年生长季，与滴灌带间距60 cm和80 cm的处理相比，滴灌带间距为40 cm处理的地上部生物量分别增加9.8%和23.7%，2018~2019年生长季则增加了9.5%和23.2%。灌溉水平和追施比例的增加

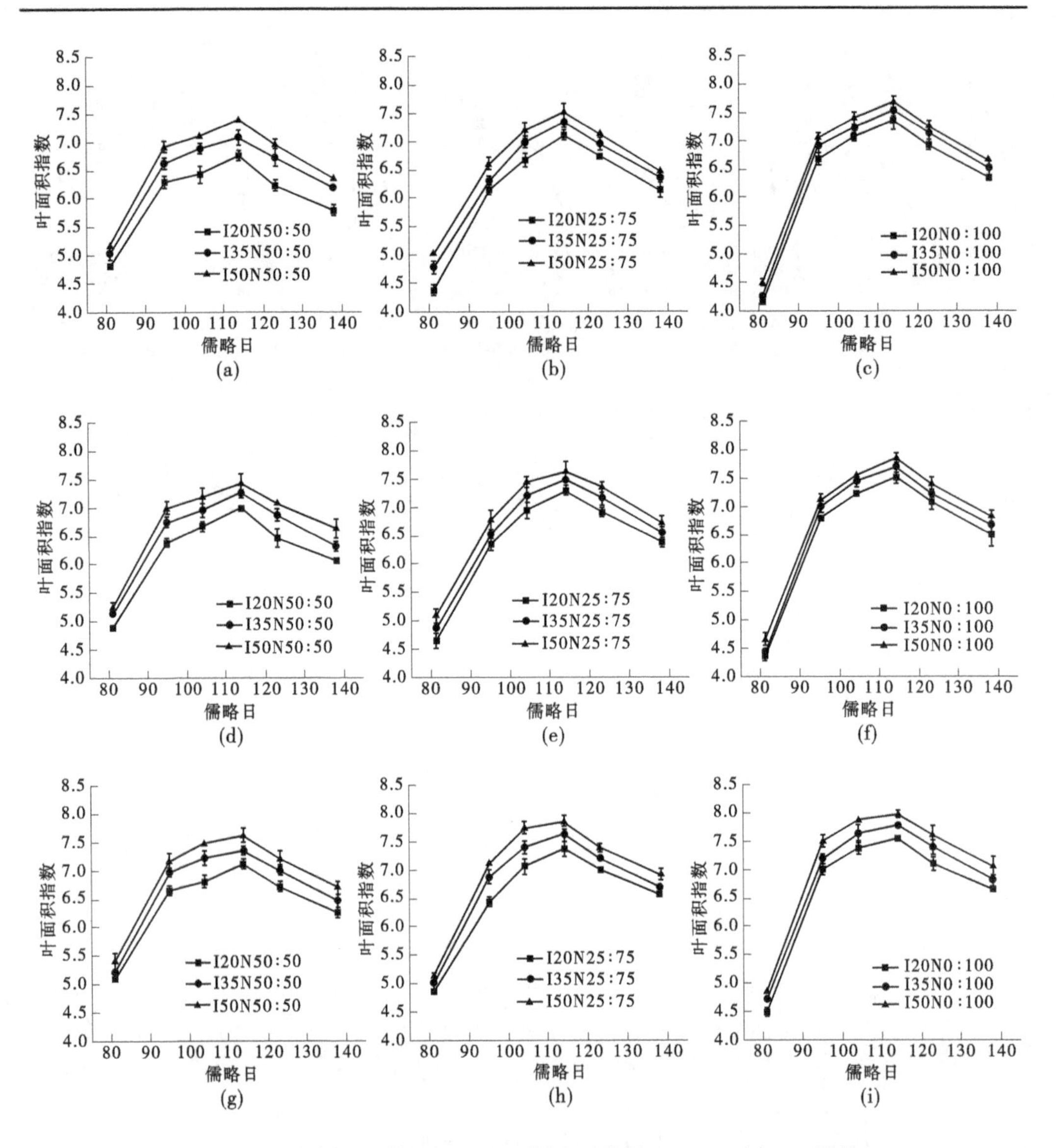

注:(a)~(c)对应 D80 处理;(d)~(f)对应 D60 处理;(g)~(i)对应 D40 处理。

图 3-14　2018~2019 年各处理叶面积指数的变化

均显著提高了地上部生物量。在所有施氮模式下,2017~2018 年生长季 I50 处理的生物量分别比 I20 和 I35 处理的生物量增加了 23.2%和 6.1%,2018~2019 年生长季对应值则增加了 22.8%和 5.9%。另外,在不同灌溉制度水平下,2017~2018 年生长季的地上部生物量,N0:100 施氮模式分别比 N50:50 和 N25:75 施氮模式增加了 20.4%和 8.7%,2018~2019 年生长季对应值则分别增加了 19.5%和 8.3%。

灌溉制度和施氮模式的交互效应对不同滴灌带间距下的地上部生物量具有显著影响。地上部生物量随灌水量的增加和追肥比例的增加呈上升趋势。Jha et al. (2019) 研究发现,滴灌条件下高水处理的地上部生物量比低水处理增加 14.75%。地上部生物量增加的原因可能是由于生育后期大量施入氮导致叶片中氮含量较高,延长了生育期,最终增

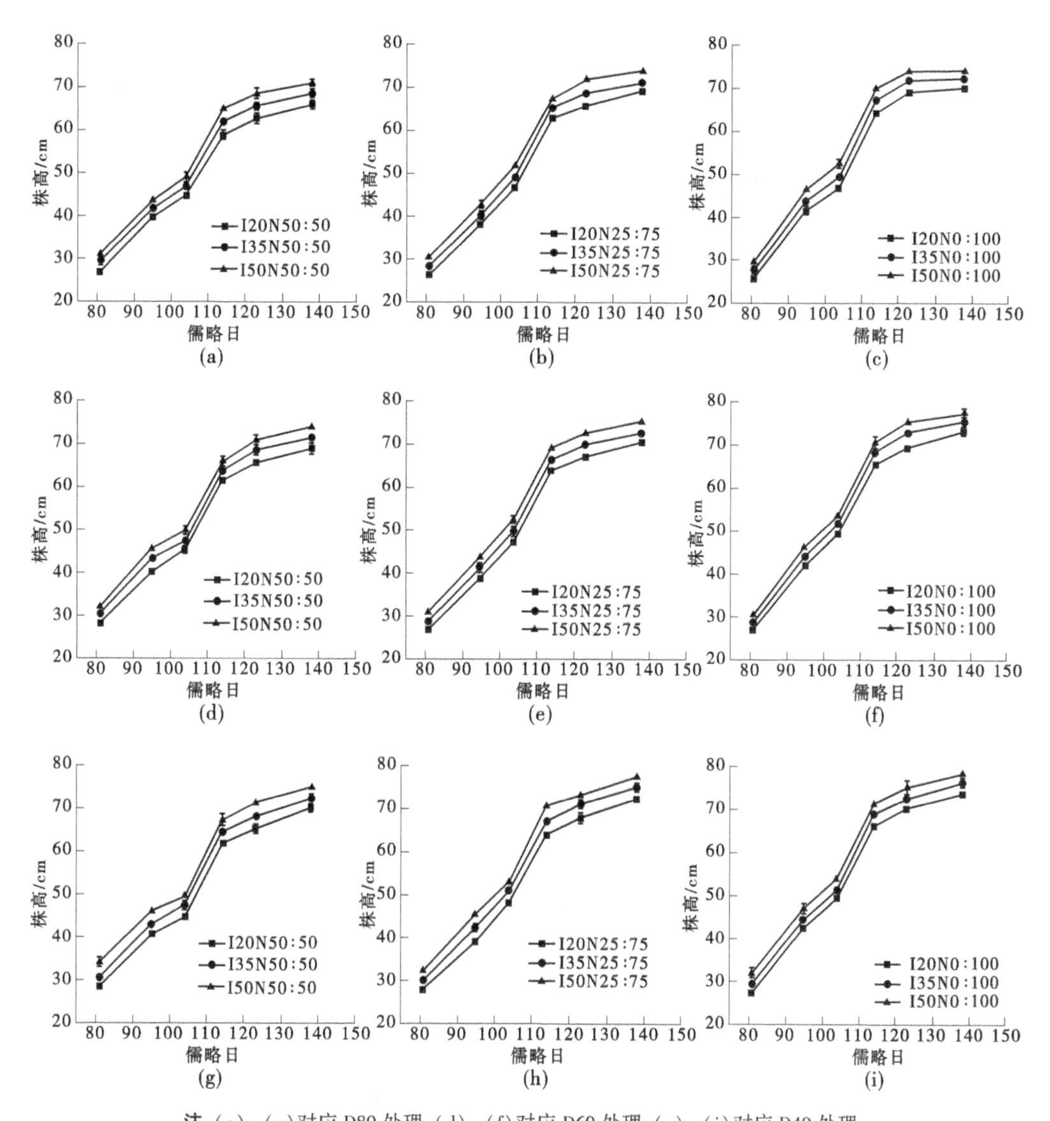

注:(a)~(c)对应 D80 处理;(d)~(f)对应 D60 处理;(g)~(i)对应 D40 处理。

图 3-15　2017~2018 年各处理株高的变化

加了地上部生物量。将图 3-13 和图 3-15 中的叶面积指数、株高数据与表 3-4 中的地上部生物量数据进行比较可以发现,低水处理和 N50:50 施氮模式下作物生长发育阶段的营养生长显著下降,这可能是地上部生物量减少的原因。另外,相比水分供应充足,轻度水分胁迫条件下作物的地上部生物量明显降低(Kang et al.,2002)。

3.2.2.4　小结

不同滴灌带间距、灌溉制度和施氮模式对两个研究年份的冬小麦生长特性均有显著影响。本节主要研究了不同滴灌带间距、灌溉模式和施氮模式对冬小麦叶面积指数、株高和地上部生物量的影响。研究发现,增加滴灌带间距和水分胁迫都会对冬小麦的生长特性产生消极影响。在滴灌带间距为 40 cm 时,冬小麦的生长发育状况最好,其次是间距 60 cm,在滴灌带间距为 80 cm 时,冬小麦的生长发育状况最差。与其他灌溉制度相比,

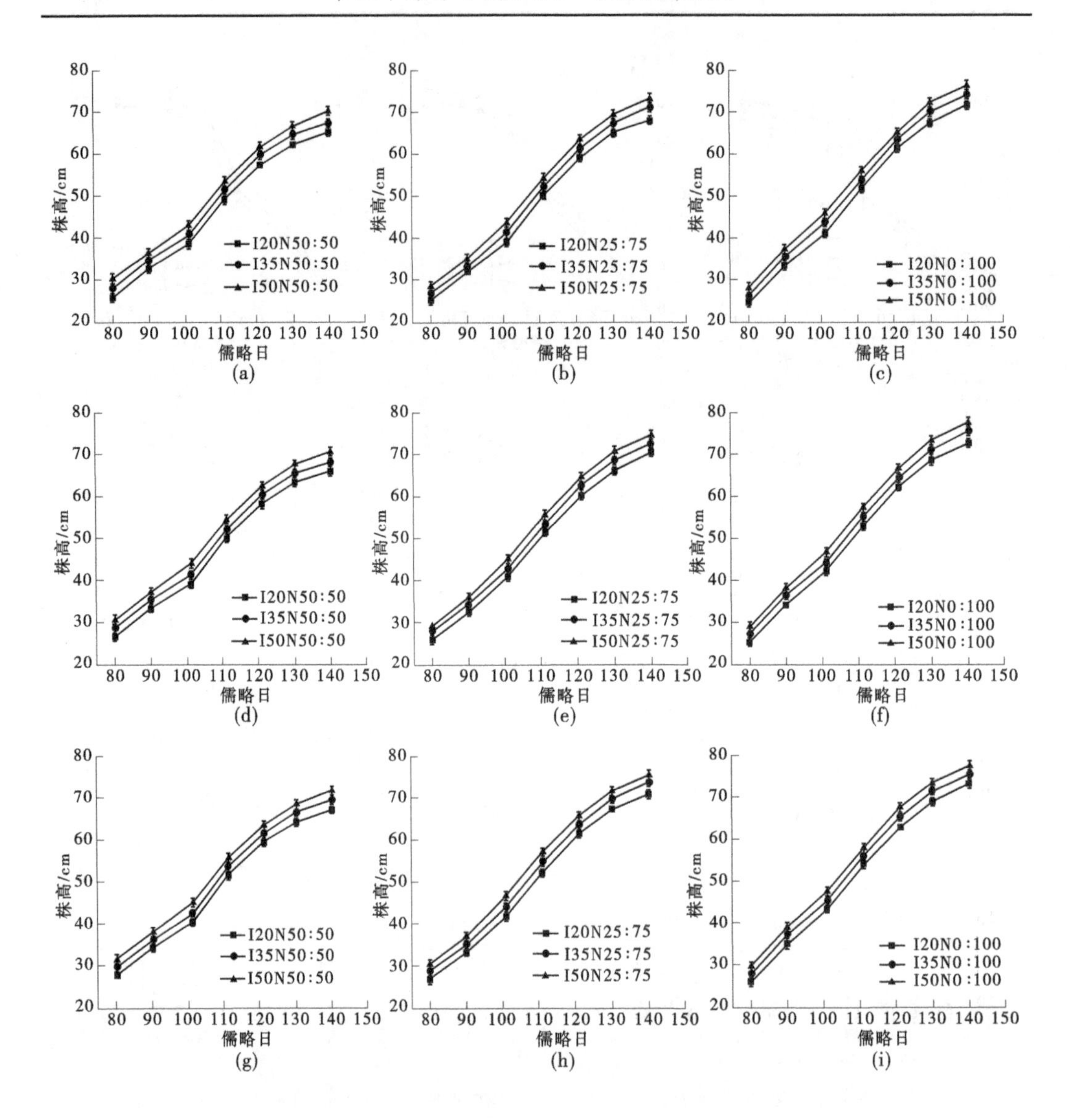

注:(a)~(c)对应 D80 处理;(d)~(f)对应 D60 处理;(g)~(i)对应 D40 处理。

图 3-16　2018~2019 年各处理株高的变化

I50 处理显著提高了冬小麦的株高和叶面积指数,这可能是因为高灌水处理(I50)对冬小麦的营养生长有较好的促进作用,从而获得较高的叶面积指数和株高。而低灌溉处理(I20)可能在作物发育阶段造成水分胁迫,进而降低了叶面积指数和株高。相比施氮模式 N25:75 和 N50:50,N0:100 更有利于植株的生长发育。此外,在生育后期高灌溉处理和追施全部氮（I50N0:100)更能促进茎的生长,从而提高了地上部生物量。本书结果表明,灌溉制度 I50 和施氮模式 N0:100 组合更有利于冬小麦的生长发育。

表 3-4　不同滴灌带间距、灌溉制度和施氮模式对地上部生物量的耦合影响　单位:t/hm²

生长季	滴灌带间距	灌溉制度	施氮模式				滴灌带间距均值	灌溉制度均值
			N50:50	N25:75	N0:100	均值		
2017~2018 年	80 cm	I20	8.95n	12.47m	12.78lm	11.40	13.55c	I20
		I35	13.36kl	14.40ij	15.39gh	14.38		
		I50	13.78jk	14.45ij	16.39ef	14.87		13.43c
		均值	12.03	13.77	14.85			
	60 cm	I20	12.58m	13.17klm	14.91hi	13.55	15.27b	I35
		I35	13.53k	15.59gh	16.67de	15.26		
		I50	15.66fg	17.27cd	18.03b	16.99		15.61b
		均值	13.92	15.34	16.54			
	40 cm	I20	13.88jk	15.05ghi	17.09cde	15.34	16.77a	I50
		I35	15.27gh	17.35bcd	18.88a	17.17		
		I50	16.91cde	17.49bc	18.99a	17.80		16.55a
		均值	15.35	16.63	18.32			
	施氮模式均值		13.77c	15.25b	16.57a		15.20	
2018~2019 年	80 cm	I20	9.26m	12.72l	12.83l	11.60	13.79c	I20
		I35	13.65jkl	14.64hij	15.62efgh	14.64		
		I50	14.05ijk	14.72ghij	16.61cde	15.13		13.66c
		均值	12.32	14.03	15.02			
	60 cm	I20	12.87l	13.43kl	15.13fghi	13.81	15.51b	I35
		I35	13.80jkl	15.82defg	16.88cd	15.50		
		I50	15.92def	17.47bc	18.27ab	17.22		15.84b
		均值	14.20	15.57	16.76			
	40 cm	I20	14.14ijk	15.30fgh	17.30bc	15.58	16.99a	I50
		I35	15.52efgh	17.57bc	19.05a	17.38		
		I50	17.12c	17.72bc	19.18a	18.01		16.78a
		均值	15.59	16.86	18.51			
	施氮模式均值		14.03c	15.49b	16.76a		15.43	

方差分析结果	因素	2017~2018 年	2018~2019 年
	D	* * *	* * *
	I	* * *	* * *
	N	* * *	* * *
	D × I	* *	*
	D × N	ns	ns
	I × N	*	ns
	D × I × N	* * *	*

3.2.3　滴灌带间距、灌溉制度和施氮模式对冬小麦产量及其构成因素的影响

3.2.3.1　滴灌条件下冬小麦的产量与产量组成

滴灌带间距、灌溉制度和施氮模式对两个生长季单位面积成穗数的影响均显著(见表3-5)。在滴灌带间距为40 cm时,单位面积穗数最大(497.44×10^4/hm^2和623.00×10^4/hm^2),其次是60 cm间距下,穗数分别为485.7×10^4/hm^2和605.6×10^4/hm^2,而80 cm间距下两季穗数分别为462.19×10^4/hm^2和582.74×10^4/hm^2。对于灌溉水平,I35处理小麦2017~2018年单位面积成穗数最大值分别比I20和I50灌溉小麦增加12.2%和2.0%,2018~2019年灌溉小麦单位面积成穗数最大值分别比I20和I50灌溉小麦增加20.8%和2.1%。此外,与N50∶50和N0∶100相比,N25∶75在2017~2018年单位面积穗数最大值显著提高10.7%和5.6%,在2018~2019年单位面积穗数最大值显著提高12.1%和5.6%。在40 cm滴灌带间距下,两个季节I35N25∶75处理的单位面积成穗数最大,分别为561.00×10^4/hm^2和711.67×10^4/hm^2。而2017~2018年和2018~2019年在80 cm间距下I20N50∶50处理的单位面积成穗数峰值最低,分别为398.67×10^4/hm^2和475.00×10^4/hm^2。

表3-5　2017~2018年和2018~2019年不同滴灌带间距、灌溉制度和施氮模式对冬小麦单位面积穗数(10^4/hm^2)的耦合效应

单位:10^4/hm^2

生长季	滴灌带间距	灌溉制度	施氮模式				滴灌带间距均值	灌溉制度均值
			N50∶50	N25∶75	N0∶100	均值		
2017~2018年	80 cm	I20	398.67l	451.33hij	431.00jk	427.00	462.19c	I20
		I35	453.00hij	521.00b	473.00fgh	482.33		
		I50	466.33gh	490.67cdef	474.67fgh	477.22		448.59c
		均值	439.33	487.67	459.56			
	60 cm	I20	422.67kl	473.00fgh	463.33ghi	453.00	485.7b	I35
		I35	474.33fgh	549.00a	499.00bcde	507.44		
		I50	487.33defg	511.33bcd	491.33cdef	496.66		503.41a
		均值	461.44	511.11	484.55			
	40 cm	I20	441.67ijk	483.33efg	472.33fgh	465.78	497.44a	I50
		I35	487.33defg	561.00a	513.00bc	520.44		
		I50	492.00cdef	523.00b	503.33bcde	506.11		493.33b
		均值	473.67	522.44	496.22			
	施氮模式均值		458.15c	507.07a	480.11b		481.78	

续表 3-5

生长季	滴灌带间距	灌溉制度	施氮模式				滴灌带间距均值	灌溉制度均值
			N50:50	N25:75	N0:100	均值		
2018~2019年	80 cm	I20	475.00o	546.67lm	521.67mn	514.45	582.74c	I20
		I35	588.33jk	645.00def	635.00efgh	622.78		
		I50	592.00jk	640.00efg	601.00ij	611.00		534.04c
		均值	551.78	610.56	585.89			
	60 cm	I20	500.00no	566.67kl	540.00lm	535.56	605.6b	I35
		I35	603.33ij	681.67bc	655.00cde	646.67		
		I50	611.67hij	671.67bcd	620.00fghi	634.45		645.19a
		均值	571.67	640.00	605.00			
	40 cm	I20	511.67n	586.33jk	558.33l	552.11	623.00a	I50
		I35	613.33ghij	711.67a	673.33bc	666.11		
		I50	627.00fghi	692.00ab	633.33efgh	650.78		632.07b
		均值	584.00	663.33	621.66			
	施氮模式均值		569.15c	637.96a	604.19b		603.77	

	因素	2017~2018年	2018~2019年
方差分析结果	D	* * *	* * *
	I	* * *	* * *
	N	* * *	* * *
	D×I	ns	ns
	D×N	ns	ns
	I×N	* * *	* *
	D×I×N	ns	ns

滴灌带间距40 cm处理显著提高了每穗的小穗数,其小穗数显著高于滴灌带间距为60 cm和80 cm的处理(见表3-6)。2017~2018年D40、D60和D80的小穗数均值分别为16.89、16.36和15.86,2018~2019年D40、D60和D80的小穗数均值分别为17.21、16.98和16.50。在2017~2018年和2018~2019年最大小穗数在D40I35N25:75处理达到最大,分别为18.2和19.4,其次是D40I35N0:100和D60I35N25:75处理,分别为17.6和18.3。而在滴灌带间距为80 cm条件下,两年试验的I20N50:50处理的小穗数最低(13.9和14.5)。结果表明,相比I35处理,I20处理在两个季节显著降低小穗数8.9%和9.0%。而对于氮素管理策略,两个季节N50:50比N25:75显著减少小穗数7.3%和7.5%。

表 3-6　2017~2018 年和 2018~2019 年不同滴灌带间距、灌溉制度和施氮模式对冬小麦每穗小穗数的耦合效应

生长季	滴灌带间距	灌溉制度	施氮模式				滴灌带间距均值	灌溉制度均值
			N50:50	N25:75	N0:100	均值		
2017~2018 年	80 cm	I20	13.9l	16.2efghi	15.0jk	15.03	15.86c	I20
		I35	16.1efghi	16.8bcdef	16.5cdefg	16.47		
		I50	15.6ghij	16.4defgh	16.2efghi	16.07		15.52c
		均值	15.20	16.47	15.90			
	60 cm	I20	14.3kl	16.7bcdef	15.4hij	15.47	16.36b	I35
		I35	16.6bcdefg	17.5abc	17.0bcde	17.03		
		I50	16.4defgh	16.8bcdef	16.5cdefg	16.57		17.04a
		均值	15.77	17.00	16.30			
	40 cm	I20	15.2ijk	17.1bcde	15.9fghij	16.07	16.89a	I50
		I35	17.1bcde	18.2a	17.6ab	17.63		
		I50	16.7bcdef	17.3abcd	16.9bcdef	16.97		16.53b
		均值	16.33	17.53	16.80			
	施氮模式均值		15.77c	17.00a	16.33b	16.37		
2018~2019 年	80 cm	I20	14.5k	16.9fg	15.7ij	15.70	16.50c	I20
		I35	16.8g	17.5cde	17.1defg	17.13		
		I50	16.2hi	17.0efg	16.8g	16.67		16.09c
		均值	15.83	17.13	16.53			
	60 cm	I20	15.3j	17.2defg	15.9i	16.13	16.98b	I35
		I35	17.2defg	18.3b	17.6cd	17.70		
		I50	16.8g	17.5cde	17.0efg	17.10		17.68a
		均值	16.43	17.67	16.83			
	40 cm	I20	15.7ij	17.4cdef	16.2hi	16.43	17.21a	I50
		I35	17.4cdef	19.4a	17.8bc	18.20		
		I50	16.7gh	17.2defg	17.1defg	17.00		16.92b
		均值	16.60	18.00	17.03			
	施氮模式均值		16.29c	17.60a	16.80b		16.90	

方差分析结果	因素	2017~2018 年	2018~2019 年
	D	***	***
	I	***	***
	N	***	***
	D×I	ns	*
	D×N	ns	ns
	I×N	**	***
	D×I×N	ns	*

穗长是产量的重要组成部分，与穗数有关；穗长越长，籽粒产量越大。两个研究季节下滴灌带间距、灌溉水平和施氮模式对穗长均有显著影响（见表 3-7）。两季冬小麦在 40 cm 滴灌带间距下，I35N25∶75 处理的穗长最长（8.68 cm 和 9.20 cm），其次分别是 2017～2018 年的 D40I35N25∶75 处理和 2018～2019 年的 D40I35N25∶100 处理。而在 D80I20N50∶50 处理两季穗长最短（6.71 cm 和 7.26 cm）。在 2017～2018 年和 2018～2019 年，I20 处理比 I35 处理的穗长分别减少了 5.6%和 5.2%。另外，N50∶50 处理在两个生长季的穗长分别比 N25∶75 缩短了 7.5%和 5.9%。本书的研究结果与 Bhunia et al.（2015）的研究结果一致，千粒重、穗长、每穗粒数等产量构成因素在最佳灌溉水平下均有所增加，而不是在高水处理。

表 3-7　2017～2018 年和 2018～2019 年不同滴灌带间距、灌溉制度和施氮模式对冬小麦穗长的耦合效应

单位：cm

生长季	滴灌带间距	灌溉制度	施氮模式				滴灌带间距均值	灌溉制度均值
			N50∶50	N25∶75	N0∶100	均值		
2017～2018 年	80 cm	I20	6.71m	8.03fghijk	7.93ijk	7.56	7.77c	I20
		I35	7.77k	8.33bcde	8.03fghijk	7.90		
		I50	7.29l	8.01ghijk	7.85jk	7.72		7.82c
		均值	7.26	8.02	7.94			
	60 cm	I20	7.24l	8.17defghi	7.94hijk	7.78	8.07b	I35
		I35	8.2cdefgh	8.47ab	8.32bcde	8.33		
		I50	7.88jk	8.27bcdefg	8.11efghij	8.09		8.28a
		均值	7.77	8.30	8.12			
	40 cm	I20	7.89jk	8.38bcd	8.05fghij	8.11	8.26a	I50
		I35	8.28bcdef	8.68a	8.43abcd	8.46		
		I50	7.92ijk	8.45abc	8.24bcdefg	8.20		8.00b
		均值	8.03	8.50	8.24			
	施氮模式均值		7.69c	8.31a	8.10b	8.02		
2018～2019 年	80 cm	I20	7.26o	8.47hijkl	8.45ijkl	8.06	8.31c	I20
		I35	8.16m	8.74cdef	8.60efghijk	8.50		
		I50	8.10m	8.45ijkl	8.53fghijk	8.36		8.30c
		均值	7.84	8.55	8.53			
	60 cm	I20	7.79n	8.69defg	8.39kl	8.29	8.56b	I35
		I35	8.68defgh	8.83bcd	8.94bc	8.82		
		I50	8.40jkl	8.69defgh	8.61efghij	8.57		8.75a
		均值	8.29	8.74	8.65			
	40 cm	I20	8.31lm	8.80bcde	8.56fghijk	8.56	8.70a	I50
		I35	8.66defghi	9.20a	8.98b	8.95		
		I50	8.48ghijkl	8.62defghij	8.71def	8.60		8.51b
		均值	8.48	8.87	8.75			
	施氮模式均值		8.21c	8.72a	8.64b		8.52	

续表 3-7

	因素	2017~2018 年	2018~2019 年
方差分析结果	D	* * *	* * *
	I	* * *	* * *
	N	* * *	* * *
	D×I	ns	ns
	D×N	* * *	* * *
	I×N	* * *	* * *
	D×I×N	*	* * *

穗粒数也是决定收获时作物最终产量的重要因素。2017~2018 年和 2018~2019 年穗粒数数据见表 3-8。滴灌带间距、灌溉水平和施氮模式对两个生育期穗粒数均有显著影响。在 2017~2018 年和 2018~2019 年，D40I35N25∶75 处理下的冬小麦穗粒数最高（41.0 粒和 46.8 粒），其次是 D40I35N0∶100 处理和 D60I35N25∶75 处理，分别为 37.7 粒和 43.9 粒。两个研究年份中，80 cm 滴灌带间距下，I20N50∶50 处理的穗粒数最低（24.1 粒和 29.1 粒），其次是 D80I20N0∶100 处理（25.2 粒和 29.8 粒）。一般情况下，D40 处理（滴灌带间距为 40 cm）的穗粒数最高，其次为 D60 处理，在 D80 处理穗粒数的最低。在 2017~2018 年和 2018~2019 年，将不同滴灌带间距和施氮模式处理进行平均，I20 处理的冬小麦每穗粒数分别比 I35 显著降低 17.2%和 14.6%。另外，将不同滴灌带间距和灌溉水平进行平均，在两个生育期，N50∶50 处理的平均穗粒数分别比 N25∶75 减少了 15.9%和 15.0%。Liu et al.（2019）研究得出了类似的结果，他们发现通过减少基肥用量，而在拔节期和孕穗期增加施氮量可以显著提高产量构成因素，最终提高籽粒产量。Mostafa et al.（2018）研究发现，增加滴灌带间距会导致水分胁迫，对产量构成因素造成负面影响，特别是小麦穗粒数。

表 3-8　2017~2018 年和 2018~2019 年不同滴灌带间距、灌溉制度和施氮模式对冬小麦穗粒数的耦合效应

单位：粒

生长季	滴灌带间距	灌溉制度	施氮模式				滴灌带间距均值	灌溉制度均值
			N50∶50	N25∶75	N0∶100	均值		
2017~2018 年	80 cm	I20	24.1l	25.8jk	25.2kl	25.03	27.78c	I20
		I35	26.6ij	33.8cd	30.3f	30.23		
		I50	25.4jkl	31.2ef	27.6hi	28.07		28.00c
		均值	25.37	30.27	27.70			
	60 cm	I20	26.7ij	30.4f	28.2h	28.43	31.16b	I35
		I35	31.4ef	37.6b	34.7c	34.57		
		I50	28.7h	32.1e	30.6f	30.47		33.82a
		均值	28.93	33.37	31.17			
	40 cm	I20	28.9gh	32.5de	30.2fg	30.53	33.67a	I50
		I35	31.3ef	41.0a	37.7b	36.67		
		I50	30.4f	36.9b	34.1c	33.80		30.78b
		均值	30.20	36.80	34.00			
	施氮模式均值		28.17c	33.48a	30.96b		30.87	

续表 3-8

<table>
<tr><th rowspan="2">生长季</th><th rowspan="2">滴灌带间距</th><th rowspan="2">灌溉制度</th><th colspan="4">施氮模式</th><th rowspan="2">滴灌带间距均值</th><th rowspan="2">灌溉制度均值</th></tr>
<tr><th>N50:50</th><th>N25:75</th><th>N0:100</th><th>均值</th></tr>
<tr><td rowspan="13">2018~2019 年</td><td rowspan="4">80 cm</td><td>I20</td><td>29.1q</td><td>30.0op</td><td>29.8pq</td><td>29.63</td><td rowspan="4">32.29c</td><td rowspan="2">I20</td></tr>
<tr><td>I35</td><td>30.6no</td><td>37.7e</td><td>34.4ij</td><td>34.23</td></tr>
<tr><td>I50</td><td>31.3mn</td><td>35.9fg</td><td>31.8m</td><td>33.00</td><td rowspan="2">32.66c</td></tr>
<tr><td>均值</td><td>30.33</td><td>34.53</td><td>32.00</td><td></td></tr>
<tr><td rowspan="4">60 cm</td><td>I20</td><td>30.4op</td><td>35.6gh</td><td>34.3ij</td><td>33.43</td><td rowspan="4">35.83b</td><td rowspan="2">I35</td></tr>
<tr><td>I35</td><td>35.7gh</td><td>43.9b</td><td>38.1e</td><td>39.23</td></tr>
<tr><td>I50</td><td>32.6l</td><td>36.6f</td><td>35.3gh</td><td>34.83</td><td rowspan="2">38.24a</td></tr>
<tr><td>均值</td><td>32.90</td><td>38.70</td><td>35.90</td><td></td></tr>
<tr><td rowspan="4">40 cm</td><td>I20</td><td>33.5k</td><td>37.4e</td><td>33.8jk</td><td>34.90</td><td rowspan="4">38.36a</td><td rowspan="2">I50</td></tr>
<tr><td>I35</td><td>35.5gh</td><td>46.8a</td><td>41.5c</td><td>41.27</td></tr>
<tr><td>I50</td><td>35.0hi</td><td>41.8c</td><td>39.9d</td><td>38.90</td><td rowspan="2">35.58b</td></tr>
<tr><td>均值</td><td>34.67</td><td>42.00</td><td>38.40</td><td></td></tr>
<tr><td colspan="2">施氮模式均值</td><td>32.63c</td><td>38.41a</td><td>35.43b</td><td colspan="3">35.49</td></tr>
</table>

<table>
<tr><td rowspan="8">方差分析结果</td><td>因素</td><td>2017~2018 年</td><td>2018~2019 年</td></tr>
<tr><td>D</td><td>* * *</td><td>* * *</td></tr>
<tr><td>I</td><td>* * *</td><td>* * *</td></tr>
<tr><td>N</td><td>* * *</td><td>* * *</td></tr>
<tr><td>D×I</td><td>*</td><td>* * *</td></tr>
<tr><td>D×N</td><td>* *</td><td>* * *</td></tr>
<tr><td>I×N</td><td>* * *</td><td>* * *</td></tr>
<tr><td>D×I×N</td><td>*</td><td>* * *</td></tr>
</table>

千粒重是决定粮食产量的重要因素，由于不同生长阶段的水分有效性、土壤养分状况、品种特性和环境条件的不同，它可能会有所不同。两个生长季的冬小麦千粒重数据见表 3-9。结果表明，滴灌带间距、灌溉水平和施氮模式对两个生育期的穗粒数均有显著影响。在 2017~2018 年和 2018~2019 年，滴灌带间距为 40 cm 时，I35N25:75 处理的千粒重最高（52.95 g 和 53.70 g），其次是 D60I35N25:75 处理，其千粒重分别为 51.97 g 和 52.86 g。而千粒重在滴灌带间距为 80 cm 时的 I20N50:50 处理最低，两年试验分别为 40.88 g 和 48.45 g。研究发现，增加滴灌带间距对千粒重产生负面影响，与 D60 和 D80 相比，在 2017~2018 年 D40 的千粒重分别增加 1.9%和 5.5%，在 2018~2019 年分别增加 1.3%和 2.6%。与 I35 相比，I20 处理的冬小麦在两个季节的千粒重均显著降低 6.9%和 3.6%。另外，施氮模式对千粒重也有影响，在 2017~2018 年和 2018~2019 年，N50:50 的千粒重较

N25:75 显著降低 6.8%和 4.2%。Chen et al.(2015)研究发现,与小间距的滴灌系统相比,增加滴灌带间距会导致小麦产量构成因素下降。

表 3-9 2017~2018 年和 2018~2019 年不同滴灌带间距、灌溉制度和施氮模式对冬小麦千粒重的耦合效应

单位:g

生长季	滴灌带间距	灌溉制度	施氮模式				滴灌带间距均值	灌溉制度均值
			N50:50	N25:75	N0:100	均值		
2017~2018 年	80 cm	I20	40.88m	48.29ijk	47.41jk	45.53	48.02c	I20
		I35	49.50fghi	51.27bcde	50.06defgh	50.28		
		I50	46.81k	49.61efghi	48.34ijk	48.25		47.53c
		均值	45.73	49.72	48.60			
	60 cm	I20	44.42l	50.11cdefg	48.41hijk	47.65	49.72b	I35
		I35	49.68efghi	51.97ab	51.51abcd	51.05		
		I50	48.59ghij	51.74abc	51.10bcdef	50.48		51.05a
		均值	47.56	51.27	50.34			
	40 cm	I20	47.57jk	50.62bcdef	50.06defgh	49.42	50.68a	I50
		I35	50.93bcdef	52.95a	51.58abcd	51.82		
		I50	48.91ghij	51.85ab	51.60abcd	50.79		49.84b
		均值	49.14	51.81	51.08			
	施氮模式均值		47.48c	50.93a	50.01b		49.47	
2018~2019 年	80 cm	I20	48.45o	50.16i	49.56kl	49.39	50.41c	I20
		I35	50.02ij	52.19c	51.39f	51.20		
		I50	49.16mn	51.85de	50.89gh	50.63		50.02c
		均值	49.21	51.40	50.61			
	60 cm	I20	49.05n	50.90g	50.14i	50.03	51.04b	I35
		I35	50.59h	52.86b	52.02cd	51.82		
		I50	49.83jk	52.30c	51.68ef	51.27		51.89a
		均值	49.82	52.02	51.28			
	40 cm	I20	49.46lm	51.58ef	50.89gh	50.64	51.70a	I50
		I35	51.55f	53.70a	52.66b	52.64		
		I50	50.66gh	52.73b	52.10cd	51.83		51.25b
		均值	50.56	52.67	51.88			
	施氮模式均值		49.86c	52.03a	51.26b		51.05	

续表 3-9

	因素	2017~2018 年	2018~2019 年
方差分析结果	D	* *	* * *
	I	* * *	* * *
	N	* * *	* * *
	D×I	*	ns
	D×N	ns	ns
	I×N	* * *	* * *
	D×I×N	*	*

收获指数是粮食产量与生物产量的比值,表明光合产物移到籽粒产量的能力。两个生长季收获指数的结果见表 3-10。结果表明,滴灌带间距、灌溉水平和施氮模式对两个生育期小麦的收获指数均有显著影响。在 2017~2018 年和 2018~2019 年,I20N50:50 处理在滴灌带间距为 80 cm 时的收获指数最大,分别为 77.06%和 80.45%。其次是在滴灌带间距为 60 cm 下的 I35N50:50 处理,其收获指数分别为 60.74%和 63.51%。但在两个生长季内,滴灌带间距为 40 cm 时的 I20N0:100 和 I50N0:100 的收获指数最低(44.53%和 47.27%)。在 2018~2019 年生长季,滴灌带间距为 40 cm 和 60 cm 在统计学上没有显著差异,I20 和 I35 处理没有显著差异。I20N50:50 处理下收获指数较高的原因可能是该处理在两个研究年份籽粒产量和生物产量均最低。虽然 I50N0:100 的生物产量最高,但产量并不高,这可能是该处理下收获指数最低的原因。

表 3-10　2017~2018 年和 2018~2019 年不同滴灌带间距、灌溉制度和施氮模式对冬小麦收获指数的耦合效应　%

生长季	滴灌带间距	灌溉制度	施氮模式				滴灌带间距均值	灌溉制度均值
			N50:50	N25:75	N0:100	均值		
2017~2018 年	80 cm	I20	77.06a	58.05bcd	55.56defg	63.56	57.24a	I20
		I35	58.81bc	58.40bcd	52.49ghi	56.57		
		I50	52.96fghi	54.60efgh	47.24lmno	51.60		55.58a
		均值	62.94	57.02	51.76			
	60 cm	I20	55.59def	57.00cde	48.90jklm	53.83	52.48b	I35
		I35	60.74b	55.45defg	50.40ijk	55.53		
		I50	50.88ijk	48.16klmn	45.17no	48.07		54.40b
		均值	55.74	53.54	48.16			
	40 cm	I20	51.49ij	52.03hi	44.53o	49.35	49.66c	I50
		I35	56.22cde	51.11ijk	45.99mno	51.11		
		I50	50.34ijk	49.89ijkl	45.31no	48.51		49.39c
		均值	52.68	51.01	45.28			
	施氮模式均值		57.12a	53.85b	48.40c		53.12	

续表 3-10

生长季	滴灌带间距	灌溉制度	施氮模式				滴灌带间距均值	灌溉制度均值
			N50∶50	N25∶75	N0∶100	均值		
2018~2019年	80 cm	I20	80.45a	62.03b	60.06bc	67.51	60.65a	I20
		I35	60.96b	62.14b	55.75cde	59.62		
		I50	55.85cde	59.09bcd	49.56fg	54.83		59.23a
		均值	65.75	61.09	55.12			
	60 cm	I20	58.72bcd	60.90b	52.49ef	57.37	55.50b	I35
		I35	63.51b	59.41bcd	53.08ef	58.67		
		I50	52.54ef	51.48efg	47.35g	50.46		57.49b
		均值	58.26	57.26	50.97			
	40 cm	I20	55.30cde	55.63cde	47.44g	52.79	52.59c	I50
		I35	58.66bcd	54.82de	49.07fg	54.18		
		I50	52.01efg	53.07ef	47.27g	50.78		52.02c
		均值	55.32	54.51	47.93			
	施氮模式均值		59.78a	57.62b	51.34c		56.25	

	因素	2017~2018年	2018~2019年
方差分析结果	D	* *	* *
	I	* * *	* * *
	N	* * *	* * *
	D×I	* * *	* *
	D×N	* *	ns
	I×N	* * *	* *
	D×I×N	* * *	* * *

各处理的籽粒产量数据见表3-11。通过对数据的观察发现，不同滴灌带间距、灌溉水平和施氮模式在两个生长期对籽粒产量均有极显著的影响，而在2017~2018年和2018~2019年生长季，它们的交互效应分别表现为极显著和显著。2018~2019年籽粒产量高于2017~2018年籽粒产量。如前所述，2017~2018年生长季的植株生长不如2018~2019年高，这可能是由于2017~2018年有效积温比2018~2019年低，生长缓慢也可能是2017~2018年粮食减产的原因。

2017~2018年和2018~2019年生长季的粮食产量分别为6.89~8.86 t/hm^{2}和7.42~9.61 t/hm^2。2017~2018年，D40、D60和D80的平均产量分别为8.28 t/hm^2、7.94 t/hm^{2}和7.60 t/hm^2；2018~2019年，D40、D60和D80平均产量分别为8.87 t/hm^2、8.52 t/hm^{2}和8.20 t/hm^2。2017~2018年生长季I20、I35和I50的平均产量分别为7.29 t/hm^2、8.41

t/hm² 和 8.13 t/hm²。在 2018～2019 年生长季，I20、I35 和 I50 籽粒产量对应值分别为 7.89 t/hm²、9.03 t/hm² 和 8.67 t/hm²。在 2017～2018 年和 2018～2019 年生育期，在滴灌带间距为 40 cm 时，I35N25∶75 处理的产量最高（8.86 t/hm² 和 9.61 t/hm²）；而在滴灌带间距为 80 cm 时，I20N50∶50 处理的产量最低（6.89 t/hm² 和 7.42 t/hm²）。在三个灌溉水平中，I35 的平均产量最高，两个研究年份 I50 和 I20 的产量均呈下降趋势。与 I20 和 I50 相比，I35 在两个生育期显著增产 15.43% 和 3.47%、14.39% 和 4.14%。将不同灌溉水平的籽粒产量平均，追施氮肥的比例从 50% 增加到 75% 后籽粒产量显著提高，再增加追施氮肥的比例导致平均产量下降。在 3 个施氮模式中，N25∶75 在两个季节显著提高籽粒产量，分别比 N50∶50 和 N0∶100 增产 5.64% 和 2.42%、7.59% 和 3.81%。

Bandyopadhyay et al.（2010）指出，中度水分亏缺可能会增加根系生长，促进储备碳向籽粒的再转化，加速籽粒灌浆，这可能是本书观察到的中度水分亏缺（SWC = 35 mm）下籽粒产量提高的原因。研究发现，滴灌灌水定额为 50 mm 时会降低作物产量，表明较高的土壤水分可能对产量产生负面影响（Jha et al., 2019）。本书的结果与之前的研究结果（Kang et al., 2002；El-Hendawyet et al., 2008；Mehmood et al., 2019）一致，灌溉水平显著影响粮食产量，但更高的灌溉定额并不能带来更高的产量。

表 3-11　2017～2018 年和 2018～2019 年不同滴灌带间距、灌溉制度和施氮模式对冬小麦籽粒产量的耦合效应

单位：t/hm²

<table>
<tr><th rowspan="2">生长季</th><th rowspan="2">滴灌带间距</th><th rowspan="2">灌溉制度</th><th colspan="4">施氮模式</th><th rowspan="2">滴灌带间距均值</th><th rowspan="2">灌溉制度均值</th></tr>
<tr><th>N50∶50</th><th>N25∶75</th><th>N0∶100</th><th>均值</th></tr>
<tr><td rowspan="13">2017～2018 年</td><td rowspan="4">80 cm</td><td>I20</td><td>6.89p</td><td>7.22mn</td><td>7.10no</td><td>7.07</td><td rowspan="4">7.60c</td><td rowspan="2">I20</td></tr>
<tr><td>I35</td><td>7.85ij</td><td>8.40de</td><td>8.07gh</td><td>8.11</td></tr>
<tr><td>I50</td><td>7.29m</td><td>7.89i</td><td>7.73jk</td><td>7.64</td><td rowspan="2">7.29c</td></tr>
<tr><td>均值</td><td>7.34</td><td>7.84</td><td>7.63</td><td></td></tr>
<tr><td rowspan="4">60 cm</td><td>I20</td><td>6.99op</td><td>7.50l</td><td>7.29m</td><td>7.26</td><td rowspan="4">7.94b</td><td rowspan="2">I35</td></tr>
<tr><td>I35</td><td>8.22fg</td><td>8.62bc</td><td>8.40de</td><td>8.41</td></tr>
<tr><td>I50</td><td>7.96hi</td><td>8.30ef</td><td>8.14g</td><td>8.13</td><td rowspan="2">8.41a</td></tr>
<tr><td>均值</td><td>7.72</td><td>8.14</td><td>7.94</td><td></td></tr>
<tr><td rowspan="4">40 cm</td><td>I20</td><td>7.14mno</td><td>7.83ij</td><td>7.61kl</td><td>7.53</td><td rowspan="4">8.28a</td><td rowspan="2">I50</td></tr>
<tr><td>I35</td><td>8.58bc</td><td>8.86a</td><td>8.68b</td><td>8.71</td></tr>
<tr><td>I50</td><td>8.51cd</td><td>8.73ab</td><td>8.60bc</td><td>8.61</td><td rowspan="2">8.13b</td></tr>
<tr><td>均值</td><td>8.08</td><td>8.47</td><td>8.30</td><td></td></tr>
<tr><td colspan="2">施氮模式均值</td><td>7.71c</td><td>8.15a</td><td>7.96b</td><td></td><td>7.94</td><td></td></tr>
</table>

续表 3-11

生长季	滴灌带间距	灌溉制度	施氮模式				滴灌带间距均值	灌溉制度均值
			N50:50	N25:75	N0:100	均值		
2018~2019年	80 cm	I20	7.42n	7.82kl	7.69lm	7.64	8.20c	I20
		I35	8.31i	9.10c	8.71ef	8.71		
		I50	7.84kl	8.69ef	8.21ij	8.25		7.89c
		均值	7.86	8.54	8.20			
	60 cm	I20	7.55mn	8.13j	7.93k	7.87	8.52b	I35
		I35	8.76ef	9.40b	8.95cd	9.04		
		I50	8.36hi	8.99cd	8.64fg	8.66		9.03a
		均值	8.22	8.84	8.51			
	40 cm	I20	7.81kl	8.49gh	8.20ij	8.17	8.87a	I50
		I35	9.10c	9.61a	9.34b	9.35		
		I50	8.87de	9.40b	9.04cd	9.10		8.67b
		均值	8.59	9.17	8.86			
	施氮模式均值		8.22c	8.85a	8.52b		8.53	

方差分析结果	因素	2017~2018年	2018~2019年
	D	* * *	* * *
	I	* * *	* * *
	N	* * *	* * *
	D×I	* * *	*
	D×N	ns	ns
	I×N	*	*
	D×I×N	* * *	*

3.2.3.2　滴灌条件下冬小麦的品质

不同水氮处理下冬小麦籽粒氨基酸含量测定结果见表 3-12。分析可知，N4、N3、N2和 N1 处理的氨基酸含量总和分别比不施氮处理增加了 28.3%、32.1%、33.2%、30.1%。可见，施氮处理氨基酸含量总和明显高于不施氮处理，且随着施氮量的增加，氨基酸含量总和趋于稳定后有下降趋势。相同施氮量条件下，氨基酸含量总和表现为 I1<I2<I3，说明水分亏缺一定程度有利于氨基酸含量的增加。对各种氨基酸含量分析发现，在水分和氮素调控下，各种氨基酸的变化趋势与氨基酸总量变化结果一致。

表 3-13 为不同水氮处理对冬小麦降落数值、湿面筋及粉质参数的影响结果。降落数值随着施氮量增加呈先增加后降低趋势，在 N2 处理达到最大；相同施氮量条件下，I1 和

I2 灌水处理降落数值明显低于 I3 处理。施氮处理湿面筋值和形成时间显著高于不施氮处理，且随施氮量增加其值趋于稳定；相同施氮量条件下，湿面筋值表现为 I1<I2<I3。可见，适量增加施氮量可提高籽粒降落数值和湿面筋值，水分亏缺也有利于其值增加。施氮处理弱化度低于不施氮处理，灌水水平对其影响规律不明显。对于吸水量、形成时间、稳定时间和出粉率，水氮的调控效应并不明显。

表 3-12　不同水氮处理对冬小麦籽粒氨基酸含量的影响　%

项目	处理															
	I1N0	I2N0	I3N0	I1N1	I2N1	I3N1	I1N2	I2N2	I3N2	I1N3	I2N3	I3N3	I1N4	I2N4	I3N4	CV
天冬氨酸	0.54	0.56	0.64	0.67	0.74	0.75	0.74	0.76	0.74	0.76	0.76	0.76	0.74	0.75	0.75	10.39
苏氨酸	0.34	0.35	0.38	0.40	0.44	0.45	0.43	0.45	0.45	0.44	0.44	0.45	0.44	0.43	0.44	8.74
丝氨酸	0.54	0.56	0.63	0.67	0.73	0.74	0.68	0.72	0.72	0.72	0.70	0.76	0.72	0.69	0.72	9.29
谷氨酸	3.14	3.27	3.89	4.10	4.73	4.93	4.51	4.82	4.90	4.65	4.70	4.96	4.55	4.61	4.70	13.01
甘氨酸	0.45	0.46	0.52	0.54	0.60	0.63	0.58	0.60	0.61	0.60	0.60	0.63	0.59	0.60	0.61	9.86
丙氨酸	0.40	0.41	0.46	0.48	0.52	0.54	0.52	0.54	0.54	0.54	0.54	0.56	0.54	0.54	0.54	9.83
胱氨酸	0.16	0.16	0.16	0.18	0.19	0.18	0.18	0.18	0.18	0.18	0.18	0.21	0.20	0.18	0.20	8.04
缬氨酸	0.52	0.51	0.58	0.61	0.67	0.70	0.66	0.69	0.70	0.67	0.67	0.69	0.65	0.67	0.67	9.53
蛋氨酸	0.13	0.11	0.12	0.15	0.17	0.18	0.16	0.17	0.16	0.16	0.16	0.18	0.16	0.16	0.16	13.07
异亮氨酸	0.36	0.38	0.43	0.45	0.51	0.54	0.49	0.54	0.54	0.51	0.51	0.54	0.50	0.57	0.51	12.42
亮氨酸	0.73	0.76	0.86	0.90	1.00	1.06	0.99	1.05	1.06	1.03	1.02	1.07	1.00	1.02	1.03	11.19
酪氨酸	0.18	0.19	0.18	0.20	0.29	0.28	0.24	0.27	0.25	0.25	0.25	0.33	0.28	0.27	0.32	18.81
苯丙氨酸	0.54	0.56	0.64	0.66	0.76	0.79	0.73	0.76	0.76	0.76	0.75	0.79	0.74	0.75	0.76	11.06
赖氨酸	0.36	0.39	0.41	0.43	0.47	0.47	0.47	0.47	0.47	0.47	0.46	0.47	0.46	0.46	0.46	7.74
组氨酸	0.29	0.31	0.36	0.36	0.40	0.43	0.40	0.43	0.43	0.43	0.41	0.42	0.40	0.40	0.41	11.13
精氨酸	0.47	0.51	0.56	0.60	0.69	0.71	0.66	0.69	0.70	0.69	0.68	0.74	0.67	0.67	0.70	12.06
脯氨酸	1.03	1.05	1.28	1.33	1.52	1.55	1.44	1.54	1.57	1.49	1.44	1.54	1.41	1.43	1.47	12.03
总和	10.17	10.55	12.08	12.73	14.43	14.91	13.88	14.68	14.76	14.34	14.27	15.09	14.06	14.14	14.46	11.36

表 3-13 不同水氮处理对冬小麦降落数值、湿面筋及粉质参数的影响结果

施氮量	灌溉制度	降落数值/s	湿面筋/%	吸水量/(mL/100 g)	形成时间/min	稳定时间/min	弱化度/(F. U.)	出粉率/%
N0	I1	407	31	61.4	1.7	3	73	68.8
	I2	399	22	61.1	1.9	2.6	71	71.5
	I3	460	25.7	59.5	2.2	4.5	67	73
	平均值	422	26.2	60.7	1.9	3.4	70.3	71.1
N1	I1	456	28.2	60.8	3	3.6	72	73.6
	I2	455	32.7	59.9	4.4	7	46	66.6
	I3	488	34	60.7	4.2	7.1	52	73.7
	平均值	466	31.6	60.5	3.9	5.9	56.7	71.3
N2	I1	473	31.3	60	4.5	5.9	49	72.5
	I2	473	33.3	60.4	3.9	5.5	55	73.6
	I3	496	34.7	61.2	4	6.8	48	71.8
	平均值	481	33.1	60.5	4.1	6.1	50.7	72.6
N3	I1	470	32.1	59.7	3.9	4.7	58	73.2
	I2	472	32.4	61	4	6.4	50	72.9
	I3	485	34.3	61	4.7	9.5	44	70.8
	平均值	476	32.9	60.6	4.2	6.9	50.7	72.3
N4	I1	461	32.4	60.2	3.9	5.4	55	70.5
	I2	443	33.1	59.9	3.5	7.3	48	73
	I3	472	33.1	59.9	4.5	6.8	55	68.9
	平均值	459	32.9	60.0	4.0	6.5	52.7	70.8
标准差		27.10	3.49	0.62	0.97	1.84	9.89	2.13
平均数		460.67	31.35	60.45	3.62	5.74	56.20	71.63
CV/%		5.88	11.14	1.02	26.87	32.08	17.60	2.97

3.2.3.3 小结

滴灌带间距、灌溉水平和施氮模式对两个研究年份的冬小麦产量和产量构成因素均有显著影响。通过对单位面积穗数、穗长、小穗数、穗粒数、千粒重、收获指数和产量进行分析，结果表明：在加宽滴灌带间距和水分胁迫条件下，产量构成因子表现出负响应；在没有足够基础成本的情况下，60 cm 的滴灌带间距也是滴灌冬小麦的最佳选择；I50 处理显

著提高了株高和叶面积指数,但降低了穗粒数、千粒重、穗长和穗数等产量参数。另外,在所有滴灌带间距下,I35处理在各产量构成因素上均表现较好,因此产量高于I20,原因可能是I20增加了根区水分胁迫的持续时间。此外,氮肥全部追施(N0∶100)对产量构成因素和产量的提高没有较好的效果。I35和N25∶75不仅提高了产量构成因素和籽粒产量,而且提高了最佳收获指数。因此,本书的试验结果表明,过量灌溉和增加追施氮肥比例可能对获得更高的产量没有太大帮助。对于华北平原的冬小麦生产,应该在滴灌带间距为40 cm的基础上建立最优的灌溉水平和施氮模式;如果没有足够的资金,那么60 cm的滴灌带间距也是一个很好的选择。

增加施氮量可提高小麦籽粒氨基酸含量、降落数值和湿面筋值,施氮量超过180 kg/hm^2,降落数值会下降,施氮量超过240 kg/hm^2,氨基酸含量降低。相同施氮量条件下,水分亏缺有利于氨基酸含量、降落数值和湿面筋值的提高。

3.2.4　滴灌带间距、灌溉制度和施氮模式对冬小麦水氮吸收利用的影响

3.2.4.1　滴灌条件下冬小麦的水分利用效率

在两个冬小麦生长季,不同滴灌带间距下,不同灌溉水量和施氮模式下,ETc均存在显著差异(见表3-14)。但二者的交互效应在两个生长季均不显著。ETc值在2017~2018年冬小麦生长季的范围为410.5~531.0 mm,2018~2019年冬小麦生长季的范围为398.5~514.5 mm。在两个冬小麦生长期,滴灌带间距为80 cm时,ETc的平均值较高(分别为480.19 mm和464.79 mm);其次为60 cm(468.92 mm和450.54 mm)和40 cm(464.56 mm和445.98 mm)。在2017~2018年冬小麦生长季I20、I35和I50的ETc平均值分别为428.19 mm、474.74 mm和510.74 mm。2018~2019年生长季I20、I35和I50的ETc平均值分别为414.14 mm、459.01 mm和488.16 mm。在D60和D80滴灌水平距离下,I50N0∶100的ETc值在2017~2018年和2018~2019年最大分别为531.00 mm和514.17 mm。在D40条件下,I20N50∶50在2017~2018年和2018~2019年最小的ETc值分别为410.48 mm和398.49 mm。从肥料的基追比角度来看,N0∶100平均比N50∶50大2.5%~4.9%。

I50的ETc值大于I20和I35,原因是在两年的小麦生长期内I50的土壤水分条件比I20和I35较好(I20、I35和I50灌溉量分别为60 mm、80 mm、110 mm和100 mm、140 mm、200 mm)。此外,我们发现,由于不同灌溉制度条件下作物的生长指标也存在显著差异,在I35处理的湿润深度要比I20和I50处理更稳定,这可能会导致水分分布的变化,并最终影响ETc。氮肥施用模式对ETc的影响随灌溉制度的不同而不同,且各灌溉制度间ETc的变化幅度相对较小。此外,N0∶100处理下的其他增加可能与叶面积和生物量增加有关(Qi et al.,2009)。Dar et al.(2017)研究发现,ETc随灌溉量和施氮量的增加而增加。本书的研究结果与Rathore et al.(2017)的研究结果一致,表明施氮量较高的处理比未施氮量的ETc高8%。

表 3-14 在不同滴灌带间距下灌溉制度和施氮模式对冬小麦作物蒸散发 ETc 的耦合效应

单位:mm

生育季	滴灌带间距	灌溉制度	施氮模式 N50:50	N25:75	N0:100	均值	滴灌带间距均值	灌溉制度均值
2017~2018 年	80 cm	I20	443.23n	448.40mn	451.01mn	447.57	480.19a	I20
		I35	488.34gh	496.44fg	506.07cdef	496.95		
		I50	482.87h	502.12ef	503.14def	496.04		428.19c
		均值	471.48	482.35	486.74			
	60 cm	I20	421.12op	422.13op	426.19o	423.15	468.92b	I35
		I35	460.47jkl	457.61klm	471.20l	463.09		
		I50	511.75bcde	518.84b	531.00a	520.53		474.74b
		均值	464.45	466.19	476.13			
	40 cm	I20	410.48q	412.00pq	419.09opq	413.86	464.56b	I50
		I35	461.99ijk	461.48ijk	469.08ij	464.18		
		I50	512.76bcd	513.78bc	520.36b	515.63		510.74a
		均值	461.74	462.42	469.51			
	施氮模式均值		465.89c	470.32b	477.46a		471.22	
2018~2019 年	80 cm	I20	417.17kl	427.15j	430.21j	424.84	464.79a	I20
		I35	456.93fg	473.02e	491.48bc	473.81		
		I50	477.95de	494.99b	514.17a	495.7		414.14c
		均值	450.68	465.05	478.62			
	60 cm	I20	402.50mn	415.04kl	422.84jk	413.46	450.54b	I35
		I35	445.24hi	450.14ghi	461.58f	452.32		
		I50	474.97e	485.56cd	497.01b	485.85		459.01b
		均值	440.91	450.25	460.48			
	40 cm	I20	398.49n	403.50mn	410.31lm	404.11	445.98c	I50
		I35	441.71l	450.74gh	460.24f	450.9		
		I50	472.97e	480.76de	495.04b	482.92		488.16a
		均值	437.72	445.01	455.2			
	氮肥施用模式		443.11c	464.76b	453.44a		453.76	

方差分析结果	因素	2017~2018 年	2018~2019 年
	D	**	***
	I	***	***
	N	***	*
	D×I	***	***
	D×N	*	ns
	I×N	ns	*
	D×I×N	ns	ns

水分利用效率数据的方差分析结果表明,在两个冬小麦生长期中,灌溉水量和氮肥施用模式对不同滴灌带间距的水分利用效率影响显著(见表3-15)。在两个生长季,I35N25:75在滴灌带间距为40 cm时都有最大的WUE(1.92 g/cm^{3}和2.13 g/cm^3)。而在I35N25:75处,60 cm滴灌带间距下的WUE与40 cm滴灌带间距下在统计学上相似。而且在80 cm滴灌带间距下,I50N50:50和I50N0:100的水分利用效率最低,分别为1.51 g/cm^{3}和1.59 g/cm^3。当I20增加到I35,N50:50变为N25:75,WUE表现出上升趋势。有趣的是,在两个生长季,当I35变化到I50,N25:75变化到N0:100,WUE却出现显著下降趋势。与I20和I50相比,2017~2018年I35的WUE显著提高4.3%和11.6%,2018~2019年WUE显著提高3.3%和10.9%。与N25:75相比,2017~2018年N50:50和N0:100的WUE分别下降了4.7%和3.9%,在2018~2019年分别下降了5.9%和4.8%。

总体来说,2018~2019年WUE值高于2017~2018年,这主要是受降水量因素的影响。2017~2018年WUE的减少可能是由于降水量大,增加了作物蒸散发,降低了WUE(见表3-15)。在40 cm的滴灌水平间距下,其水分利用效率较高可能是由于该滴灌带间距的蒸散发量较少,籽粒产量较高。Lv et al.(2019)也发现类似的结果,他们研究发现滴灌带间距较小时的WUE高于滴灌带间距较大时的WUE。表3-15结果表明,WUE随着灌溉定额的增加和追施氮素百分比的增加呈现逐渐增加而后下降的趋势,这与前人的研究类似(El-Hendawy et al., 2008;Zhang et al., 2017)。采用I35灌溉,75%氮肥作为追肥,籽粒产量最高,作物蒸散量适中,这可能是I35N25:75处理WUE最大的原因。

表3-15 在不同滴灌带间距下灌溉制度和氮肥基追比对冬小麦水分利用效率WUE的耦合效应

单位:g/cm^3

生育季	滴灌带间距	灌溉制度	施氮模式				滴灌带间距均值	灌溉制度均值
			N50:50	N25:75	N0:100	均值		
2017~2018年	80 cm	I20	1.55lmn	1.61ijk	1.57klm	1.58	1.58c	I20
		I35	1.61ijkl	1.70fgh	1.60kl	1.64		
		I50	1.51n	1.57klm	1.54mn	1.54		1.70b
		均值	1.56	1.63	1.57			
	60 cm	I20	1.66ghi	1.78de	1.71fg	1.72	1.70b	I35
		I35	1.78de	1.89ab	1.79de	1.82		
		I50	1.56klmn	1.60jkl	1.53mn	1.56		1.78a
		均值	1.67	1.76	1.68			
	40 cm	I20	1.74ef	1.90ab	1.82cd	1.82	1.79a	I50
		I35	1.86bc	1.92a	1.85bc	1.88		
		I50	1.66ghi	1.70fgh	1.65hij	1.67		1.59c
		均值	1.75	1.84	1.77			
	施氮模式均值		1.66c	1.74a	1.67b	1.69		

续表 3-15

生育季	滴灌带间距	灌溉制度	施氮模式				滴灌带间距均值	灌溉制度均值
			N50:50	N25:75	N0:100	均值		
2018~2019年	80 cm	I20	1.78ijk	1.83hi	1.79ijk	1.80	1.70c	I20
		I35	1.82hij	1.92fg	1.77jk	1.84		
		I50	1.64l	1.75k	1.59l	1.66		1.91b
		均值	1.75	1.83	1.72			
	60 cm	I20	1.88gh	1.96ef	1.87gh	1.90	1.90b	I35
		I35	1.97ef	2.09abc	1.94ef	2.00		
		I50	1.76k	1.85h	1.74k	1.78		1.97a
		均值	1.87	1.97	1.85			
	40 cm	I20	1.96ef	2.11ab	2.00de	2.02	1.99a	I50
		I35	2.06bc	2.13a	2.03cd	2.07		
		I50	1.88gh	1.95ef	1.82hij	1.88		1.78c
		均值	1.97	2.06	1.95			
	施氮模式均值		1.86b	1.96a	1.84c		1.88	

方差分析结果	因素	2017~2018年	2018~2019年
	D	* * *	* * *
	I	* * *	* * *
	N	* * *	* * *
	D×I	* * *	ns
	D×N	ns	ns
	I×N	* *	ns
	D×I×N	ns	ns

3.2.4.2 滴灌条件下冬小麦的氮吸收规律与利用效率

灌水与施氮对冬小麦茎叶含氮量、茎叶吸氮量、地上部总吸氮量、氮肥偏生产力影响显著或极显著,水氮交互作用对茎叶含氮量、茎叶吸氮量和氮肥偏生产力影响显著或极显著。施氮处理冬小麦的茎叶含氮量、茎叶吸氮量、地上部总吸氮量比不施氮处理明显增大(见表3-16)。与N0处理相比,N1、N2、N3和N4处理的茎叶含氮量分别增加了148.4%、187.6%、165.8%和192.4%,茎叶吸氮量分别增加了158.7%、265.3%、214.4%和213.0%,地上部总吸氮量分别增加了59.5%、96.0%、83.7%和67.6%;氮肥偏生产力则随着施氮量增加显著减小,N1、N2、N3和N4处理的平均值分别为56.55 kg/kg、40.22

kg/kg、30.88 kg/kg 和 24.17 kg/kg。相同施氮条件下，冬小麦茎叶含氮量、茎叶吸氮量、地上部总吸氮量和氮肥偏生产力表现为 I1>I2>I3，充分灌溉能有效提高植株氮含量和吸氮量，增加氮肥利用率。

表 3-16　不同水氮处理对冬小麦氮素吸收和氮利用效率的影响

施氮量	灌溉水平	茎叶含氮量/(g/kg)	茎叶吸氮量/(kg/hm^2)	地上部总吸氮量/(kg/hm^2)	氮肥偏生产力/(kg/kg)
N0	I1	2.54d	16.60hi	90.74def	—
	I2	2.40d	14.44i	64.07ef	—
	I3	1.80d	8.60i	58.93f	—
	平均值	2.25	13.21	71.25	—
N1	I1	6.39b	43.86cd	123.15abcd	63.22a
	I2	5.22c	33.17ef	112.14bcd	60.53a
	I3	5.17c	25.47fg	105.53bcd	45.90b
	平均值	5.59	34.17	113.61	56.55
N2	I1	7.72a	68.53a	159.04a	43.42bc
	I2	6.49b	49.88c	149.83a	41.77c
	I3	5.21c	26.33fg	110.09bcd	35.48d
	平均值	6.47	48.25	139.65	40.22
N3	I1	7.59a	63.74ab	153.99a	33.48d
	I2	5.12c	32.93ef	132.35abc	32.08d
	I3	5.23c	27.92fg	106.18bcd	27.07e
	平均值	5.98	41.53	130.84	30.88
N4	I1	7.97a	59.12b	135.58ab	26.18e
	I2	6.39b	40.89de	124.87abcd	24.82e
	I3	5.37c	24.04gh	97.68cde	21.50f
	平均值	6.58	41.35	119.38	24.17
F 检验	施氮量	0.000**	0.000**	0.002 5**	0.000**
	灌水量	0.000	0.000**	0.000 9**	0.000**
	施氮×灌水	0.000	0.001**	0.882 4**	0.013 6**

3.2.4.3　小结

滴灌间距、灌溉制度和施氮模式对 ETc 和 WUE 均有显著影响。在 40 cm 和 60 cm 滴灌带间距下，在灌溉制度为 I35，施氮模式为 N25∶75 时 WUE 最高。结果表明，各滴灌间距处理下灌水量越高、氮素基施比例越高，WUE 越低。因此，在不影响籽粒产量的前提下，设计合理的灌溉水量和氮肥的基追比例对于提高水分利用效率是十分必要的。

灌溉水平和施氮量显著影响冬小麦的茎叶含氮量、茎叶吸氮量、地上部总吸氮量。相同灌水条件下，增加施氮量能显著提高茎叶含氮量、茎叶吸氮量和地上部总吸氮量。相同施氮量条件下，随着灌水量增加，冬小麦茎叶含氮量、茎叶吸氮量和地上部总吸氮量显著增加。相同灌水量条件下，小麦的氮肥偏生产力随着施氮量增加显著减小。

考虑到 D40 需要较高的资本投入，滴灌带间距为 60 cm，灌溉制度为 I35，施氮模式为 N25:75 可以作为华北平原地区农户的较好选择。

3.3 滴灌条件下冬小麦灌水施肥制度的优化

水和肥是作物生长发育的两大要素，灌水和施肥能有效提高作物产量，但过量的灌水和施肥不仅不能继续增加产量，反而会使产量降低，造成资源浪费和环境污染。因此，制订合理的农田水氮管理措施对于农业和环境的可持续发展有着重要意义。通过田间试验确定合理的水氮管理措施不仅费时费力，而且由于不同地区气候和土壤条件变化，不可能在所有地区进行水氮田间试验，给水氮优化管理措施推广带来很大不便。因此，利用模型来寻求合理的水氮管理措施是一个较好的解决途径。

DSSAT 模型中专门用于小麦的 CERES-Wheat 模型，主要应用于作物灌溉制度制订、水肥耦合和气候变化对农业生产影响方面的研究。模型校正和验证一般需要 2 年以上试验资料，本书的研究拥有冬小麦 2015~2016 年的试验数据，加上团队其他成员在相邻地块上按照相同试验设计在 2013~2014 年获取的试验数据，可以满足冬小麦 DSSAT 模型的校正和验证。因此，本书的研究利用新乡市七里营基地 2013~2014 年和 2015~2016 年的冬小麦水氮试验对 CERES-Wheat 模型进行参数率定和验证，以此评价 CERES-Wheat 模型模拟不同水氮处理冬小麦生长发育和产量形成的可靠性。若模型验证效果良好，则设置不同的水氮情景，模拟确定新乡地区冬小麦高产高效的水氮管理方案。

3.3.1 模型的输入数据

3.3.1.1 土壤数据

土壤数据为田间实测数据，用 TopSizer 激光粒度分析仪进行土壤颗粒分析，用高速离心法测定土壤的凋萎系数，用田测法测定田间持水量，用环刀法测定饱和含水率和土壤容重，种植前和生育期定期测定土壤含水率。其他输入参数如土壤名称、排水情况、反射率等由中国土壤数据库获得。用 DSSAT 中的 soil data 模块生成模型可读的土壤数据，土壤具体参数及初始条件见表 3-17。

表 3-17　试验区初始土壤性质

分层/cm	黏粒/%	粉粒/%	砂粒/%	凋萎系数/(cm^3/cm^3)	田间持水量/(cm^3/cm^3)	饱和含水率/(cm^3/cm^3)	容重/(g/cm^3)
0~20	6.75	69.72	23.53	0.16	0.34	0.45	1.58
20~40	6.41	66.91	26.69	0.16	0.29	0.40	1.60
40~60	10.19	69.96	19.85	0.18	0.32	0.42	1.55
60~80	10.16	73.44	16.41	0.18	0.30	0.36	1.42
80~100	8.22	75.74	16.05	0.17	0.31	0.38	1.45

3.3.1.2　气象数据

DSSAT 模型所需气象数据是逐日型气象数据。2013~2014 年和 2015~2016 年逐日气象数据由新乡市某镇国家一般气象站提供，包括逐日日照时数(h)、逐日最高气温(℃)、逐日最低气温(℃)和降雨量(mm)(见图 3-17)。逐日太阳辐射量根据 Angstron 经验公式计算：

$$R_s = R_{max}(a_s + b_s \frac{n}{N}) \tag{3-3}$$

式中：R_s 为太阳总辐射，MJ/m^2；R_{max} 为天文辐射，即晴天太阳辐射，MJ/m^2；a_s、b_s 为经验系数，与大气质量状况有关，根据 FAO 推荐，选择 $a_s = 0.25$，$b_s = 0.5$；n 为逐日日照时数，h，可直接由气象站获取；N 为逐日可照时数，即最大时长，h。

3.3.1.3　田间管理数据

利用作物管理模块(Crop Management Data)建立自己的试验文件，首先需要输入试验基本信息，试验名称、试验地点、试验年份等试验描述情况，在环境菜单(Environment)下“field”选项里面选择自己的土壤、气象站、土壤类型等情况；在“Initial Condition”下“Residue”选项里输入初始条件的测量时间、前茬作物、前茬残留等基本信息；在“Profile”里对土壤进行分层，输入各层的土壤含水率、硝态氮和铵态氮等信息。在“Management”下的“Cultivar”里选择自己所种植的试验品种；在“Planting”里输入播种时间、出苗时间、播种方式、播种深度等；在“Irrigation”里输入灌水时间、每次灌水量和灌水方式等；在“Fertilizer”里输入施肥时间、肥料名称、施肥方式、施肥深度等；在“Treatments”里设置自己的处理，选择各处理的品种、土壤、初始条件、播种、施肥等。在“Simulation Option”选项里面选择模拟的开始时间、光合作用及土壤水分的计算方法、灌水及施肥控制选项等。

3.3.1.4　田间观测数据

用 DSSAT 里的试验数据模块的(Experiment Data)来输入试验数据，试验观测数据分为两种类型：一种是随时间变化的观测数据，如株高、叶面积和生物量等，这些观测数据作为 T 文件输入模型；另一种是只有最终结果的观测数据，如物候期、产量、收获时生物量、粒重等，这些观测值作为 A 文件输入模型中。

3.3.2　模型校正和验证

模型应用的一个必要前提就是对模型进行校准与验证以保证模拟精度和可靠性，因

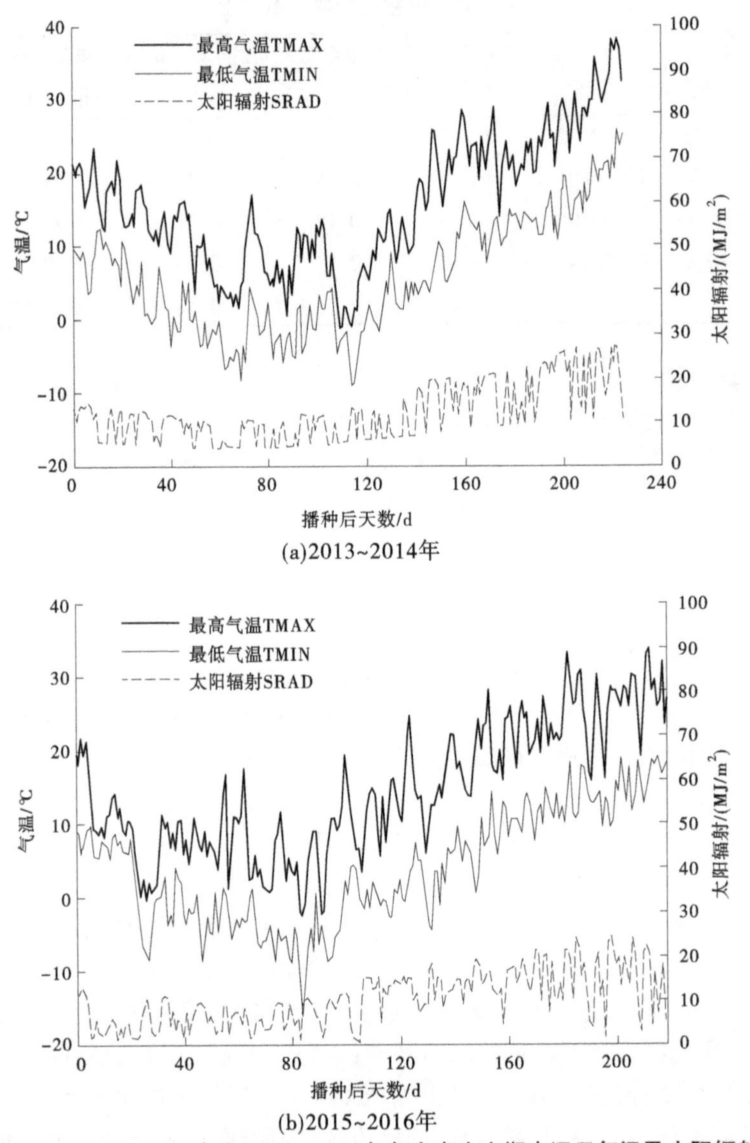

图 3-17　2013~2014 年和 2015~2016 年冬小麦生育期内逐日气温及太阳辐射

为不同的模型参数会得到不同的输出结果。模型校正可以采用试错法手动调整几个特定参数,然后比较模拟值和实测值来评价模型,其结果带有很强的主观性。普遍可靠的方法是将田间实测数据分为两部分,一部分用来校准,一部分用来验证。一般采用不存在水分和养分胁迫的处理进行模型参数校正,因此本研究选取 2013~2014 年和 2015~2016 年足水足肥处理作为参数率定的处理,其他处理进行模型的验证。

3.3.2.1　模型的校正和评价

本文采用 DSSAT-GLUE 参数调试程序包对冬小麦品种"矮抗 58"进行参数率定,为了保证参数估计的准确性和后验分布计算的合理性,每轮 GLUE 应至少运行 3 000 次以上。本研究 GLUE 运行 10 000 次。

本研究的模型校正和评价过程都以模拟值和实测值之间的绝对相对误差(absolute relative error,ARE)来进行评价,它能够度量模拟值和实测值的相对差异程度,同时属于无量纲统计量,可以在不同的变量之间进行比较。ARE 的值越小则表示模型模拟精度越高。

$$ARE = \frac{|S_i - O_i|}{O_i} \times 100\% \qquad (3\text{-}4)$$

式中:ARE 为绝对相对误差;S_i 为第 i 个模拟值;O_i 为第 i 个观测值。

3.3.2.2　模型的品种参数校正

遗传参数的确定即作物品种参数的校正,是 CERES-Maize 模型本地化应用的首要工作。CERES-Wheat 模型可调的小麦品种参数有 7 个:PIV、PID、P5、G1、G2、G3 和 PHINT。利用 2013~2014 年和 2015~2016 年水氮充分处理(N3I1)的试验数据,以冬小麦的物候期(开花期和成熟期)、最终生物量和籽粒产量作为模型输出变量进行参数校正,以开花期、成熟期、产量和收获期生物量的绝对相对误差(ARE)最小为最佳参数标准,最终确定作物品种参数,如表 3-18 所示。

表 3-18　冬小麦品种遗传参数

参数	描述	取值范围	取值
PIV	最适宜温度条件下通过春化阶段所需天数/d	5~65	64.82
PID	光周期参数/%	0~95	94.91
P5	籽粒灌浆期积温/(℃ · d)	300~800	710.2
G1	开花期单位株冠质量的籽粒数/(no/g)	15~30	25.53
G2	最佳条件下标准籽粒质量/mg	20~65	45.93
G3	成熟期非胁迫下单株茎穗标准干质量/g	1~2	1.015
PHINT	完成一片叶生长所需积温/(℃ · d)	60~100	92.63

3.3.2.3　模型验证

表 3-19 给出了冬小麦物候期、产量和收获期生物量模拟值和实测值的校正结果。首先对进行遗传参数率定的 N3I1 处理进行分析,结果显示,2013~2014 年 N3I1 处理开花期和成熟期模拟值的 ARE 分别为 1.59%和 1.80%;2015~2016 年 N3I1 处理开花期和成熟期模拟值的 ARE 分别为 0.55%和 0.46%,两年物候期模拟值与实际观测值基本吻合。两年度 N3I1 处理冬小麦产量和收获期生物量模拟值和实测值的 ARE 范围为 1.67%~6.52%,模拟效果良好。

表 3-19　CERES-Wheat 模型的校正和验证结果

年度	处理	开花期			成熟期			生物量/(kg/hm^2)			籽粒产量/(kg/hm^2)		
		Sim.	Obs.	ARE/%	Sim.	Obs.	ARE/%	Sim.	Obs.	ARE/%	Sim.	Obs.	ARE/%
模型校正	CK	186	189	1.59	218	222	1.80	17 924	18 355	2.35	7 821	7 954	1.67
2013~2014 年	CK	181	182	0.55	216	217	0.46	17 233	18 435	6.52	7 861	8 034	2.15
2015~2016 年	均值			1.07			1.13			4.43			1.91

续表 3-19

年度	处理	开花期			成熟期			生物量/(kg/hm²)			籽粒产量/(kg/hm²)		
		Sim.	Obs.	ARE/%	Sim.	Obs.	ARE/%	Sim.	Obs.	ARE/%	Sim.	Obs.	ARE/%
模型验证 2013~2014 年	N0I1	186	184	1.09	218	217	0.46	11 125	12 105	8.10	6 315	7 430	15.01
	N0I2	186	184	1.09	218	217	0.46	10 819	16 098	32.79	3 902	7 077	44.86
	N0I3	186	184	1.09	218	217	0.46	7 107	14 637	51.44	4 133	5 722	27.77
	N1I1	186	186	0	218	221	1.36	15 914	18 383	13.43	7 169	7 869	8.90
	N1I2	186	186	0	218	221	1.36	13 968	13 441	3.92	4 593	6 626	30.68
	N1I3	186	185	0.54	218	220	0.91	10 741	11 551	7.01	4 712	5 438	13.35
	N2I1	186	186	0	218	222	1.80	17 312	18 361	5.71	7 529	8 151	7.63
	N2I2	186	186	0	218	221	1.36	14 354	17 875	19.70	4 871	7 792	37.49
	N2I3	186	185	0.54	218	220	0.91	11 336	13 256	14.48	4 929	5 510	10.54
	N3I1	186	189	1.59	218	222	1.80	17 924	18 355	2.35	7 821	7 954	1.67
	N3I2	186	188	1.06	218	221	1.36	14 619	14 548	0.49	5 076	7 999	36.54
	N3I3	186	185	0.54	218	221	1.36	11 574	14 109	17.97	5 049	5 968	15.40
	N4I1	186	189	1.59	218	222	1.80	18 217	18 545	1.77	8 020	8 399	4.51
	N4I2	186	188	1.06	218	221	1.36	14 772	15 845	6.77	5 204	7 662	32.08
	N4I3	186	185	0.54	218	221	1.36	11 678	10 329	13.06	5 102	6 069	15.93
	平均			0.72			1.21			13.27			20.16
模型验证 2015~2016 年	N0I1	181	178	1.69	216	214	0.93	12 344	10 675	15.63	7 280	6 000	21.33
	N0I2	181	178	1.69	216	214	0.93	10 512	14 076	25.32	6 317	5 055	24.97
	N0I3	181	178	1.69	216	214	0.93	7 979	13 956	42.83	4 951	5 041	1.79
	N1I1	181	179	1.12	216	217	0.46	16 316	18 100	9.86	7 780	7 586	2.56
	N1I2	181	179	1.12	216	217	0.46	13 922	14 078	1.11	7 826	7 263	7.75
	N1I3	181	178	1.69	216	217	0.46	10 238	11 621	11.90	5 918	5 508	7.44
	N2I1	181	182	0.55	216	217	0.46	17 004	17 425	2.42	7 832	7 815	0.22
	N2I2	181	182	0.55	216	217	0.46	14 846	17 602	15.66	7 871	7 519	4.68
	N2I3	181	179	1.12	216	217	0.46	10 716	12 633	15.17	5 992	4 887	22.61
	N3I1	181	182	0.55	216	217	0.46	17 233	18 435	6.52	7 861	8 034	2.15
	N3I2	181	182	0.55	216	217	0.46	15 074	14 249	5.79	7 887	7 700	2.43
	N3I3	181	180	0.56	216	217	0.46	10 871	14 624	25.66	6 034	6 483	6.93
	N4I1	181	182	0.55	216	217	0.46	17 306	18 000	3.86	7 896	7 854	0.53
	N4I2	181	182	0.55	216	217	0.46	15 151	14 628	3.58	7 896	7 445	6.06
	N4I3	181	180	0.56	216	217	0.46	10 948	10 709	2.23	6 042	6 449	6.31
	平均			0.84			0.89			12.90			14.20

注：ARE 为绝对相对误差，%；Sim. 和 Obs. 分别为模拟值和观测值。

对两年度其他处理物候期的模拟值和实测值进行分析。2013~2014年开花期和成熟期的ARE范围分别为0~1.59%和0.46%~1.80%,2015~2016年开花期和成熟期的ARE范围分别为0.55%~1.69%和0.46%~0.93%,说明模型对冬小麦物候期模拟效果比较好。尽管开花期和成熟期模拟值和观测值比较吻合,但模拟的同一年度不同水氮处理冬小麦的开花期和成熟期都相同,而各处理实测的开花期和成熟期是不同的,并且水氮胁迫越严重,开花期和成熟期就越提前。这是因为现有的CERES-Wheat模型主要通过有效积温和光周期来模拟作物的物候期,而不考虑水氮作用,因此无法准确模拟由水氮胁迫所造成的冬小麦物候期差异。

对两年度其他处理产量和成熟期生物量的模拟值和实测值进行分析。结果显示,2013~2014年N2I1、N3I1和N4I1处理产量的ARE值分别为7.63%、1.67%和4.51%,2015~2016年N2I1、N3I1和N4I1处理产量的ARE值分别为0.22%、2.15%和0.53%,说明水氮供应充足的处理产量模拟效果较好。而水氮胁迫处理,其产量的ARE值偏大,甚至有些水氮胁迫处理产量的ARE值大于20%,模拟效果不好。两年度成熟期生物量的模拟效果与产量类似,同样显示水氮供应充足时模拟效果较好,而水氮胁迫处理模拟效果不理想。分析原因,有可能是模型中现有的水氮胁迫因子对产量和最终生物量影响的描述还不够充分,没有准确量化水氮胁迫对产量和最终生物量形成的影响。

3.3.2.4　动态变量模拟结果比较

为了进一步探讨CERES-Wheat模型对不同水氮胁迫下冬小麦模拟情况,本研究对一些重要的动态变量(如叶面积指数)的模拟结果进行了比较,为了表述简介,这里只给出2015~2016年不施氮和N3(适宜施氮量)条件下不同灌水处理冬小麦生育期内的叶面积指数(LAI)模拟值和实测值随时间的变化(见图3-18)。结果表明,不同处理冬小麦LAI模拟值和实测值随时间变化趋势基本一致,说明DSSAT能大致反映叶面积指数的变化规律。不施氮条件下,三种灌水处理模拟值一直高于观测值,说明在氮素胁迫下模型高估了LAI。模型对N0I1处理的LAI模拟效果比N0I2和N0I3处理好,说明在不施氮条件下,充分灌水处理LAI的模拟效果优于水分胁迫处理。在N3条件下,各灌水处理LAI的模拟值和实测值拟合较好,模型在LAI峰值出现前高估了LAI,在LAI峰值出现后又低估了LAI。对于N3I1和N3I2处理,模型能很好地模拟LAI生育期内变化,对于N3I3处理,模型对LAI的模拟结果不理想,表明施氮量较适宜条件下,CERES-Wheat模型对充分灌水处理LAI的模拟精度较高。

图3-19给出2015~2016年在不施氮和N3(适宜施氮量)条件下不同灌水处理冬小麦生育期内的地上部生物量的动态模拟。模拟结果显示,随着生育期不断推进,不同水氮处理冬小麦地上部生物量在达到最大值后趋于平稳,与观测值一致,说明模型能较好地模拟地上部生物量在生育期内动态变化趋势。不施氮条件下,生育前期冬小麦地上部生物量模拟值与观测值拟合较好,而生育后期地上部生物量的模拟值明显低于实测值;在N3条件下,N3I1和N3I2处理的地上部生物量模拟值与实测值基本吻合,N3I3处理生育期内地上部生物量的模拟值与观测值偏差较大,说明CERES-Wheat模型能较好地模拟水氮充分处理地上部生物量的动态变化,而水分胁迫、氮素胁迫或者水氮胁迫都会使模型模拟精度降低。

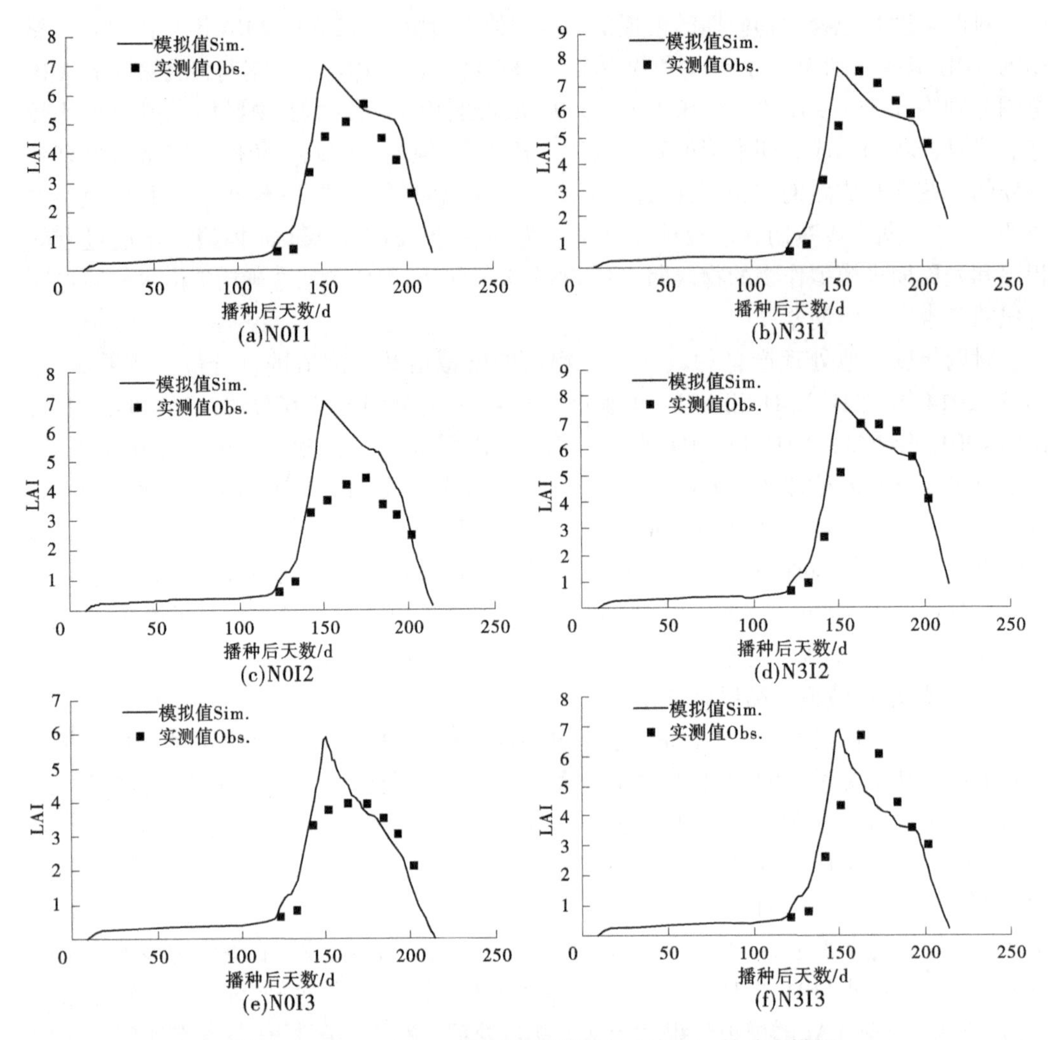

图 3-18　2015~2016 年不同水氮处理冬小麦 LAI 的动态模拟

综上所述,率定后的 CERES-Wheat 模型能够模拟试验地区不同水氮管理下冬小麦生长发育和产量形成,可用于华北地区冬小麦水氮优化管理。

3.3.3　利用 CERES-Wheat 模型对冬小麦进行水氮制度优化

3.3.3.1　冬小麦灌水施肥方案拟订

根据新乡地区 1971~2015 年冬小麦生育期降雨资料,分别以 75%、50%和 25%频率确定枯水年、平水年和丰水年降雨量,得出冬小麦生育期内枯水年、平水年和丰水年有效降雨量分别为 102 mm、132 mm、170 mm,据此选择 1981~1982 年、2006~2007 年以及 1991~1992 年这三年度作为本次研究的枯水年、平水年和丰水年的典型年。根据土壤可利用水量(AWC)下限和灌水定额确定灌溉制度。设置 4 个灌水水平 D1、D2、D3 和 D4,其灌水下限分别取 60%AWC、40%AWC、20%AWC 和 10%AWC,灌水定额取 30 mm,控制湿润层深度取 60 cm,灌溉方式为滴灌。设置 7 个施氮水平:0(N0)、120 kg/hm^2(N120)、

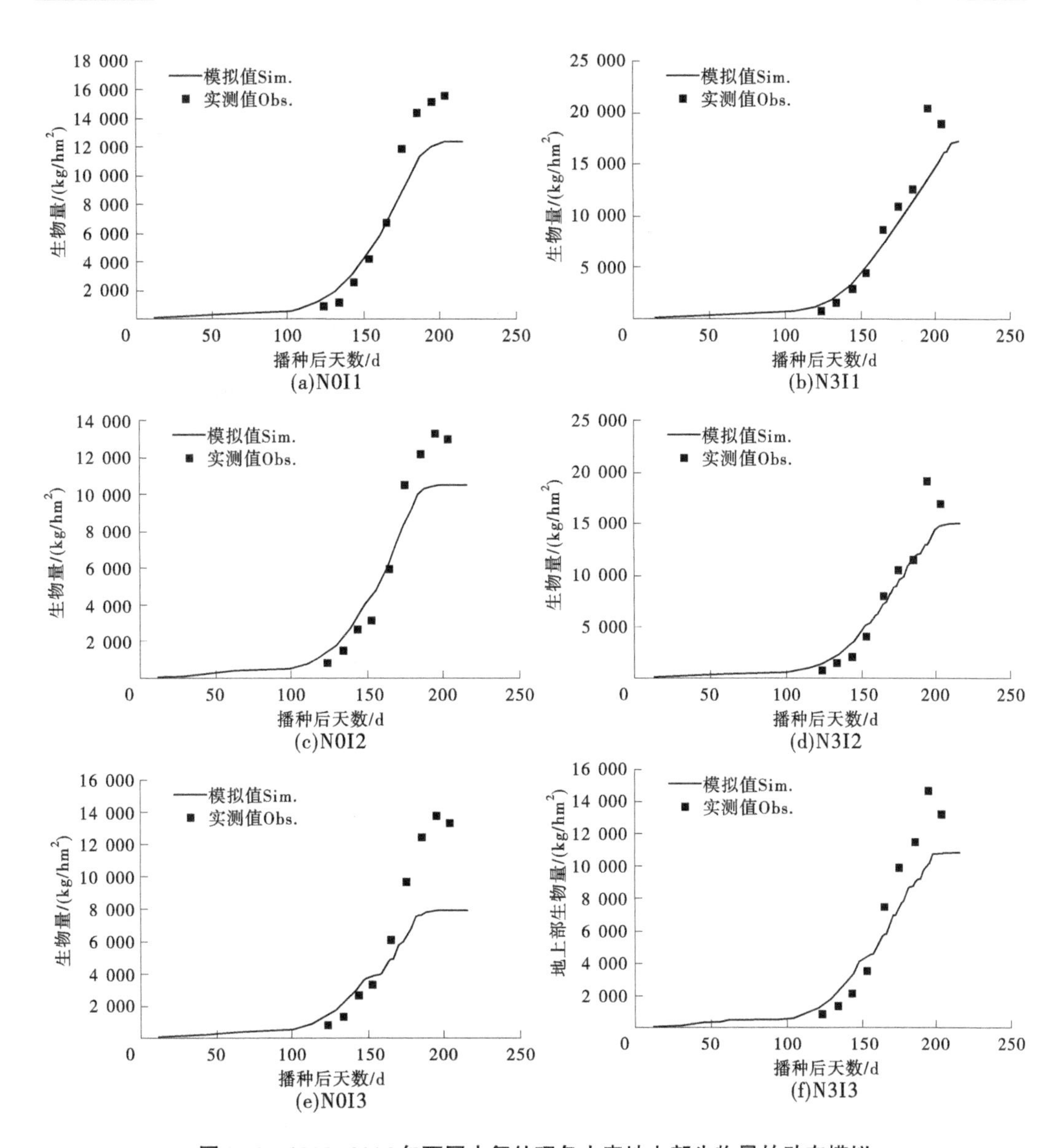

图 3-19 2015~2016 年不同水氮处理冬小麦地上部生物量的动态模拟

180 kg/hm^2(N180)、240 kg/hm^2(N240)、300 kg/hm^2(N300)、360 kg/hm^2(N360)、390 kg/hm^2(N390),每一个施氮量水平均分两次施肥,基肥40%于播种时撒施施入土壤,追肥60%于返青期条播施入土壤。

3.3.3.2 利用 CERES-Wheat 模型优化水氮管理措施

图 3-20 给出了不同降雨典型年条件下不同水氮处理对冬小麦产量和收获期硝态氮淋失量的影响。模拟结果显示,在三种降雨年型下,施氮均显著增加了作物产量,且随着施氮量不断增大,产量增加幅度逐渐变缓。在相同施氮量条件下,随着灌水下限变小模拟产量逐渐降低,冬小麦模拟产量总体变化趋势为 D1>D2>D3>D4。枯水年和丰水年在 D1 和 D2 水平产量相近,表明在这两个降雨年型可以在不显著影响产量的前提下,将灌水下

限可以降低到 D2,达到节水效果。

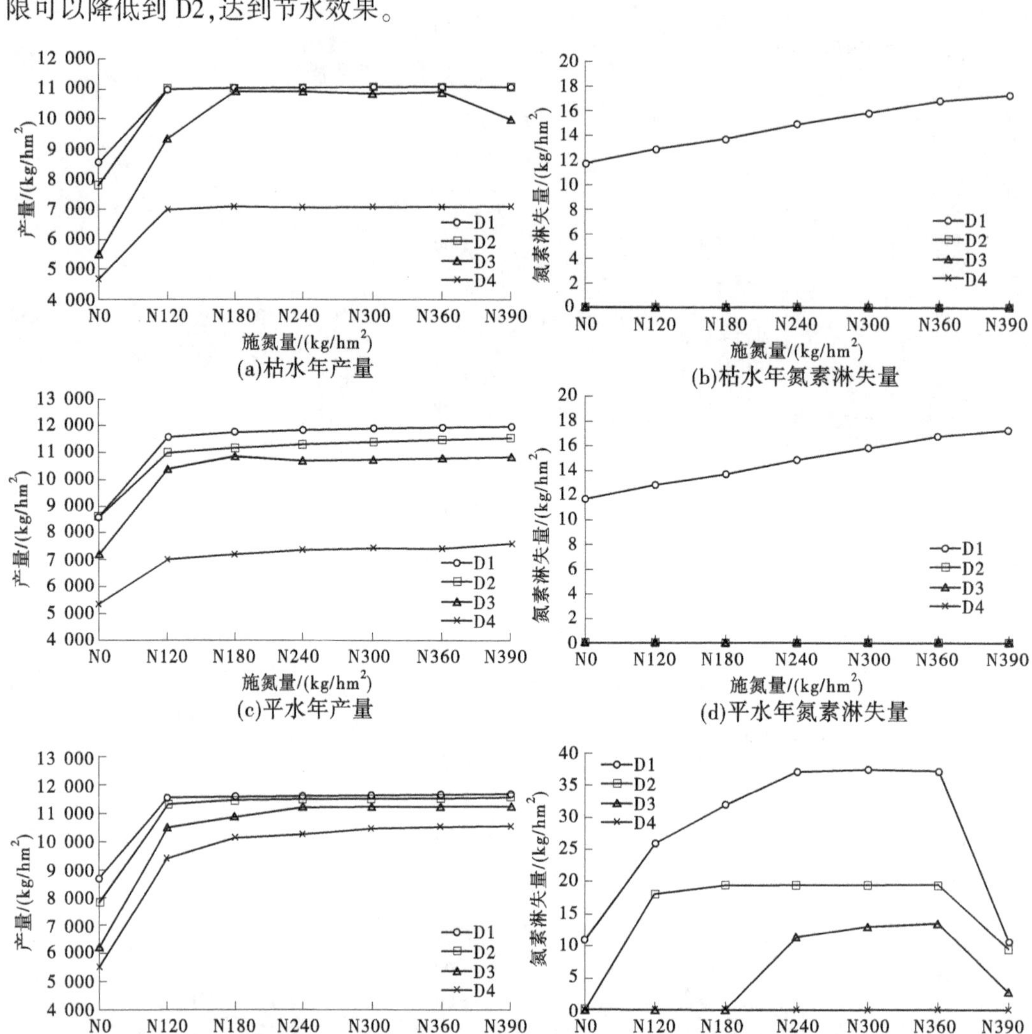

图 3-20　不同降雨典型年水氮处理对冬小麦产量和氮素淋失量的影响

分析不同年型水氮处理对氮素淋失量的影响可以发现,D1 灌溉水平下不同施氮量在三种降雨年型均出现了氮素淋失现象。随着施氮量的增加,氮素淋失量不断增大,这不仅导致资源浪费和氮肥利用率降低,还对环境造成危害。在枯水年和平水年,D2、D3 和 D4 灌水条件下不同施氮量处理氮素均没有淋失,在丰水年,D2 和 D3 灌水条件下虽然有氮素淋失,但淋失量相对较少。综合产量收益和环境保护两方面考虑,当灌水水平为 D2(灌水下限为 40%AWC),施氮量为 180~240 kg/hm² 时,枯水年和平水年产量较大,且生育期没有氮素淋失量;丰水年小麦产量趋于最大,生育期氮素淋失量较小。因此,灌水下限为 40%AWC 且施氮量 180~240 kg/hm² 可以作为该地区冬小麦滴灌的最优水氮管理方案。

3.3.4 小结

(1)DSSAT 模型进行参数率定后,两年度各处理物候期的模拟值和实测值的 ARE 为 0~1.80%,物候期模拟值与实测值基本吻合,模拟效果良好。尽管开花期和成熟期模拟值与观测值比较吻合,但模拟的同一年度不同水氮处理冬小麦的开花期和成熟期都相同,而各处理实测的开花期和成熟期是不同的,并且水氮胁迫越严重,开花期和成熟期就越提前。造成模拟缺陷的原因是,现有的 CERES-Wheat 模型主要通过有效积温和光周期来模拟作物的物候期,而不考虑水氮作用,因此无法准确模拟由水氮胁迫所造成的冬小麦物候期差异。

(2)DSSAT 模型进行参数率定后,可以较好地模拟足水足肥条件下冬小麦的 LAI、地上部生物量和产量,开花期和成熟期模拟值与实测值的 ARE 为 0~1.80%,籽粒产量模拟值与实测值的 ARE 为 0.22%~7.63%,LAI 和地上部生物量随生育期推进的变化模拟趋势与实测值吻合。而对于水分胁迫、氮素胁迫或者水氮胁迫处理,模型对 LAI、地上部生物量和产量的模拟效果不太理想,分析原因,有可能是模型中现有的水氮胁迫因子对作物生长发育和产量影响的描述还不够充分,没有准确量化水氮胁迫对作物生长发育和产量形成的影响。总之,模型基本可以模拟水氮耦合条件下冬小麦产量和生长发育,但是对于水氮胁迫处理进行模拟应用时要谨慎分析模拟结果。

(3)结合新乡地区多年小麦生育期降雨资料,通过分析计算,选择 1981~1982 年、2006~2007 年以及 1991~1992 年分别作为本次研究的枯水年、平水年和丰水年的典型年,进行不同年型的水氮制度优化模拟。综合产量收益和环境保护两方面考虑,当灌水水平为 D2(灌水下限为 40%AWC),施氮量为 180~240 kg/hm^2 时,枯水年和平水年产量较大,且生育期没有氮素淋失量;丰水年小麦产量趋于最大,生育期氮素淋失量较小。因此,灌水下限为 40%AWC、灌水定额 30 mm 且施氮量 180~240 kg/hm^2 可以作为该地区冬小麦滴灌的最优水氮管理方案。

参考文献

Bandyopadhyay K, Misra A, Ghosh P, et al., 2010. Effect of irrigation and nitrogen application methods on input use efficiency of wheat under limited water supply in a Vertisol of Central India[J]. Irrigation Science, 28: 285-299.

Bhunia S, Verma I, Arif M, et al., 2015. Effect of crop geometry, drip irrigation and bio-regulator on growth, yield and water use efficiency of wheat (Triticum aestivum L.)[J]. International Journal of Agricultural Sciences, 11: 45-49.

Chen R, Cheng W, Cui J, et al., 2015. Lateral spacing in drip-irrigated wheat: The effects on soil moisture, yield, and water use efficiency[J]. Field Crops Research, 179: 52-62.

Dar E, Brar A, Mishra S, et al., 2017. Simulating response of wheat to timing and depth of irrigation water in drip irrigation system using CERES-Wheat model[J]. Field Crops Research, 214: 149-163.

El-Hendawy S, Hokam E, Schmidhalter U, 2008. Drip Irrigation Frequency: The effects and their interaction with nitrogen fertilization on sandy soil water distribution, maize yield and water use efficiency under Egyptian conditions[J]. Journal of Agronomy and Crop Science, 194: 180-192.

Farooq M, Wahid A, Kobayashi N, et al., 2009. Plant drought stress: effects, mechanisms and management, Sustainable agriculture[M]. Springer: 153-188.

Garnier M, Recanatesi F, Ripa M, et al., 2010. Agricultural nitrate monitoring in a lake basin in Central Italy: a further step ahead towards an integrated nutrient management aimed at controlling water pollution[J]. Environmental Monitoring and Assessment, 170: 273-286.

Jha S, Ramatshaba T, Wang G, et al., 2019. Response of growth, yield and water use efficiency of winter wheat to different irrigation methods and scheduling in North China Plain[J]. Agricultural Water Management, 217: 292-302.

Kang S, Zhang L, Liang Y, et al., 2002. Effects of limited irrigation on yield and water use efficiency of winter wheat in the Loess Plateau of China[J]. Agricultural Water Management, 55: 203-216.

Karam F, Kabalan R, Breidi J, et al., 2009. Yield and water-production functions of two durum wheat cultivars grown under different irrigation and nitrogen regimes[J]. Agricultural Water Management, 96: 603-615.

Kharrou M, Er-Raki S, Chehbouni A, et al., 2011. Water use efficiency and yield of winter wheat under different irrigation regimes in a semi-arid region[J]. Agricultural Sciences in China, 2: 273-282.

Li J, Liu Y, 2011. Water and nitrate distributions as affected by layered-textural soil and buried dripline depth under subsurface drip fertigation[J]. Irrigation Science, 29: 469-478.

Liu Z, Gao F, Liu Y, et al, 2019. Timing and splitting of nitrogen fertilizer supply to increase crop yield and efficiency of nitrogen utilization in a wheat-peanut relay intercropping system in China[J]. The Crop Journal, 7: 101-112.

Lv Z, Diao M, Li W, et al., 2019. Impacts of lateral spacing on the spatial variations in water use and grain yield of spring wheat plants within different rows in the drip irrigation system[J]. Agricultural Water Management, 212: 252-261.

Mehmood F, Wang G, Gao Y, et al., 2019. Nitrous oxide emission from winter wheat field as responded to irrigation scheduling and irrigation methods in the North China Plain[J]. Agricultural Water Management, 222: 367-374.

Mostafa H, El-Nady R, Awad M, et al., 2018. Drip irrigation management for wheat under clay soil in arid conditions[J]. Ecological Engineering, 121: 35-43.

Qi L, Dang T, Chen L, 2009. The water use characteristics of winter wheat and response to fertilization on dryland of Loess Plateau[J]. Research of Soil Water Conservation, 16: 105-109.

Rathore V, Nathawat N, Bhardwaj S, et al., 2017. Yield, water and nitrogen use efficiencies of sprinkler irrigated wheat grown under different irrigation and nitrogen levels in an arid region[J]. Agricultural Water Management, 187: 232-245.

Shi X, Dong W, Li M, et al., 2012. Evaluation of groundwater renewability in the Henan Plains, China[J]. Geochemical Journal, 46: 107-115.

Shirazi S, Yusop Z, Zardari N, et al., 2014. Effect of irrigation regimes and nitrogen levels on the growth and yield of wheat[M]. Advances in Agriculture, 2014: 250874.

Sui J, Wang J, Gong S, et al., 2015. Effect of nitrogen and irrigation application on water movement and nitrogen transport for a wheat crop under drip irrigation in the North China Plain[J]. Water, 7: 6651-6672.

van Der Laan M, Stirzaker R, Annandale J, et al., 2010. Monitoring and modelling draining and resident soil water nitrate concentrations to estimate leaching losses[J]. Agricultural Water Management, 97: 1779-1786.

Wang J, Gong S, Xu D, et al., 2012. Impact of drip and level-basin irrigation on growth and yield of winter wheat in the North China Plain[J]. Irrigation Science, 31: 1025-1037.

Zhang Y, Wang J, Gong S, et al., 2017. Nitrogen fertigation effect on photosynthesis, grain yield and water use efficiency of winter wheat[J]. Agricultural Water Management, 179: 277-287.

Zhao H, Si L, 2015. Effects of topdressing with nitrogen fertilizer on wheat yield, and nitrogen uptake and utilization efficiency on the Loess Plateau[J]. Acta Agriculture Scandinavica, Section B-Soil and Plant Science, 65: 681-687.

Zhou L, He J, Qi Z, et al., 2018. Effects of lateral spacing for drip irrigation and mulching on the distributions of soil water and nitrate, maize yield, and water use efficiency[J]. Agricultural Water Management, 199: 190-200.

第 4 章　滴灌对华北平原麦田温室气体排放的调控效应

4.1　材料与方法

4.1.1　试验设计与方案

试验在中国农业科学院七里营综合试验基地进行,2018~2019 年生育期降水量为 97.2 mm,2019~2020 年生育期降水量为 109.2 mm,两个生长季日平均气温和降水的具体时间及降水量如图 4-1 所示。试验设置氮肥施用量与灌水定额两个因素,其中氮肥施用量设置 0(N0)、120 kg/hm^2(N120)、180 kg/hm^2(N180)、240 kg/hm^2(N240)、300 kg/hm^2(N300)、360 kg/hm^2(N360)6 个水平;灌溉量设置 2 个水平:当累计 $ET_c-P=45$ mm 时进行灌溉,灌水定额分别设为 45×1.0=45(mm)(W1)、45×0.6=27(mm)(W2),灌水量依据水表计量控制,各处理水肥管理如表 4-1 所示。

2 年试验均灌水 6 次,灌溉定额一致,2018~2019 年无冬灌,冬小麦返青至灌浆共灌水 6 次;2019~2020 年冬灌 1 次,冬小麦返青至灌浆共灌水 5 次。试验采用裂区试验设计,共 12 个处理,每个处理 3 次重复,共计 36 个试验小区,试验小区布置如图 4-2 所示。每个小区的面积为 5×10=50(m^2)。每个处理的磷肥和钾肥都作为基肥施入,施用量分别为 P_2O_5 120 kg/hm^2、K_2O 105 kg/hm^2。氮肥的基追比为 50%:50%,追肥在返青后分 3 次随灌水施入,追肥时间分别选在冬小麦返青期、拔节期和灌浆期。基肥选用尿素(N 含量为 46%)、过磷酸钙(P_2O_5 含量为 14%)和硫酸钾(K_2O 含量为 50%),基肥在播种前施入。在冬小麦出苗后铺设滴灌设备,滴灌毛管间距为 60 cm,滴头流量 2.2 L/h,滴头间距 20 cm。

4.1.2　观测项目与方法

4.1.2.1　N_2O 与 CO_2 排放量

两季麦田 N_2O 与 CO_2 排放的观测都是从返青后至小麦收获前。采用静态箱-气相色谱法对 N_2O 与 CO_2 进行取样与测定分析。静态箱的尺寸为:长×宽×高=40 cm×40 cm×60 cm,静态箱材质为厚度 5 mm 的 UPVC 板,采气管与温度计安装在箱体上表面。小麦出苗后将静态箱的底座安装在 2 条滴灌毛管之间,与毛管的距离为 10 cm,并嵌入土壤 10 cm 深处(见图 4-3)。在每个小区内布设 3 个静态箱,数据采用 3 次观测的平均值。土壤气体取样从返青期后开始,每周采样 2 次,如遇到降雨或灌水,则连续取样 3 d,目的是避开降雨后土壤充水孔隙度(WFPS)和 N_2O 与 CO_2 排放通量的剧烈变化。取样在上午的 9 点到 11 点内进行,期间用 50 mL 注射器在盖上静态箱后的 0、10 min 和 20 min 时分别抽取

50 mL 的气体样品(Mehmood et al., 2019),记录时间并读取箱内温度。取样结束后移开静态箱,确保底座内土壤与周围土壤处在相同环境中。

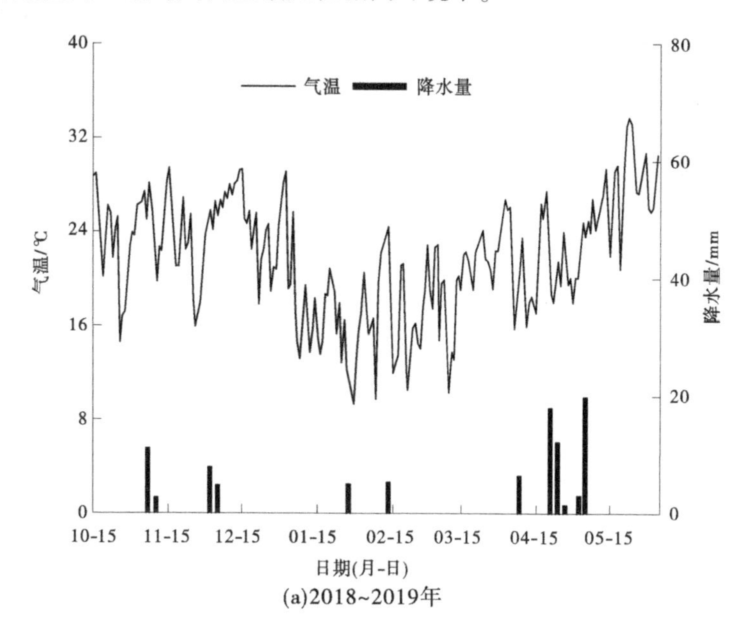

(a)2018~2019年

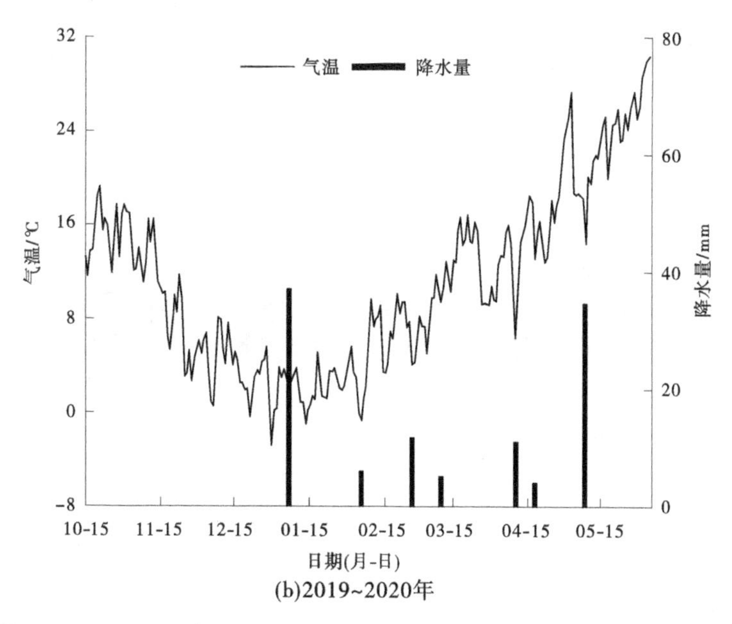

(b)2019~2020年

图4-1　2018~2019年和2019~2020年冬小麦生长季的日平均气温与降水量

表 4-1　试验设计和肥料施用方案

处理编号	施纯 N 量/(kg/hm^2)	灌水定额/mm	氮肥基追比	P 肥施用量/(kg/hm^2)	K 肥施用量/(kg/hm^2)
W1N0	0	45	50%:50%，追肥在拔节期分三次施入	120(P_2O_5)	105(K_2O)
W1N120	120	45			
W1N180	180	45			
W1N240	240	45			
W1N300	300	45			
W1N360	360	45			
W2N0	0	27			
W2N120	120	27			
W2N180	180	27			
W2N240	240	27			
W2N300	300	27			
W2N360	360	27			

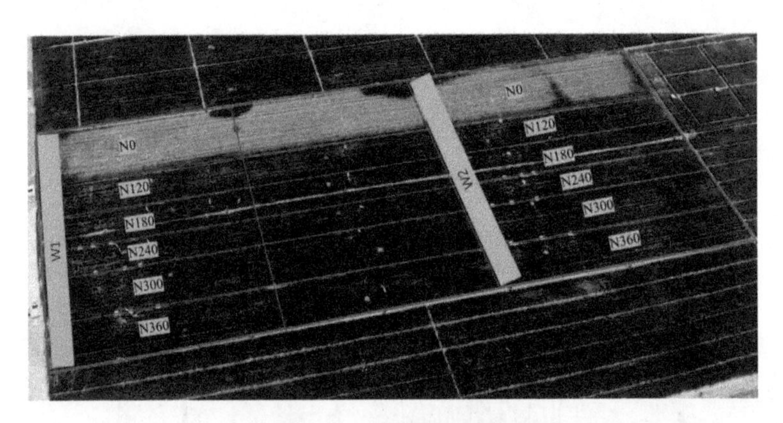

图 4-2　试验小区布置

图 4-3　用于温室气体采样的静态箱与底座

将采集到的气体样品带回实验室，采用气相色谱仪（岛津 2010plus）进行测定（见图 4-4）。测定条件为：N_2O 的测定使用 ECD 检测器，工作温度为 250 ℃，载气为高纯氩甲烷气；CO_2 的测定使用 FID 检测器，工作温度为 300 ℃，载气为高纯氮。色谱柱温度为 50 ℃，流速为 40 mL/min。

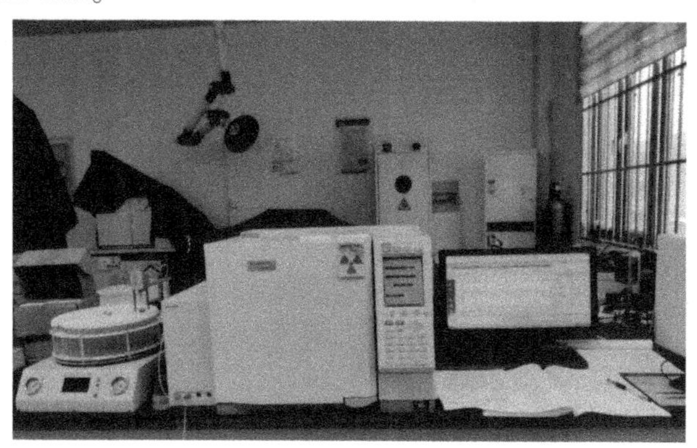

图 4-4　用于测定温室气体浓度的气相色谱仪

气体排放通量与累计排放量（TF）计算公式如下（Wang et al., 2018）：

$$F = \frac{M}{V} \times h \times \frac{\mathrm{d}c}{\mathrm{d}t} \times \frac{273}{273 + T} \times \frac{P}{P_0} \tag{4-1}$$

式中：F 为气体的排放通量，mg/（m^2 · h）；M 为气体的分子质量，g/mol；V 为标准状态下 1 mol 气体的体积，L；h 为采样箱的净高度，m；$\mathrm{d}c/\mathrm{d}t$ 为单位时间内采样箱内气体的浓度变化率；273 为气态方程常数；T 为采样过程中采样箱内的平均温度，℃；P_0 为理想气体标准状态下的空气压力，Pa；P 为采样时箱内实际气压，Pa。

$$\mathrm{TF} = \sum \left[\frac{F_{i+1} + F_i}{2} \times (T_{i+1} - T_i) \right] \times 24 \times 10^{-5} \tag{4-2}$$

式中：TF 为作物全生育季节的气体累计排放总量，kg/hm^2；F_{i+1} 为本次试验的气体平均排放通量，kg/hm^2；F_i 为上次试验的气体平均排放通量，kg/hm^2；$T_{i+1}-T_i$ 为本次试验与上次试验间隔天数。

气体全球增温潜势由下式计算：

$$\mathrm{GWP} = \mathrm{TF}_{CO_2} + \mathrm{TF}_{N_2O} \times 298 \tag{4-3}$$

式中：GWP 为全球增温潜势，kg/hm^2；TF_{CO_2} 为 CO_2 累计排放总量，kg/hm^2；TF_{N_2O} 为 N_2O 累计排放总量，kg/hm^2；以 CO_2 排放量计（kg/hm^2），在 100 年的时间尺度上，单位质量 N_2O 的增温潜势为 CO_2 的 298 倍（Htun et al., 2017）。

4.1.2.2　土壤硝态氮、铵态氮含量与全氮含量

在每次土壤温室气体取样的同时，在静态箱放置的行间取 0～10 cm 的土壤样品，每个取样点 3 次重复。将取回的鲜土溶于浓度为 2 mol/L 的 KCl（优级纯）溶液中，土液比为 1∶5，于振荡器上以 200 r/min 恒温振荡 30 min，然后过滤，将收集到的滤液使用 AA3-HR 流动分析仪（SEAL Analytical）测定土壤硝态氮与铵态氮含量。温室气体取样的同时，在静态箱放置的行间取 0～5 cm 和 5～10 cm 的土壤样品，每个取样点 3 次重复，带回实验

室后风干磨碎过筛后，使用凯氏消煮法测定土壤全氮（鲁如坤，2000）。

4.1.2.3 土壤充水孔隙度与温度

在每次土壤温室气体取样的同时，使用testo迷你探针型温度计分别在静态箱附近测定0、10 cm土壤温度，计算两个深度的平均值，代表0~10 cm土壤的平均温度。同时在静态箱放置的行间取0~5 cm和5~10 cm的土壤样品，每个取样点3次重复，采用烘干称重法测定表层0~10 cm土壤质量含水率，并用于计算土壤充水孔隙度（water-filled pore space，WFPS）（Wang et al., 2018）：

$$WFPS = VSWC/(1 - BD/PD) \tag{4-4}$$

式中：VSWC为土壤体积含水率（VSWC＝土壤质量含水率×BD）；BD为土壤容重，取0~10 cm平均值1.51 g/cm^3；PD为土壤密度，取值2.65 g/cm^3。

4.1.2.4 土壤团聚体

在2020年小麦收获后，在2条滴灌带间挖取没有被踩踏过的原位土壤，取样深度为0~10 cm、10~20 cm和20~30 cm。获得土壤样品后装入外壁坚硬的容量为1.5 L的样品盒，密封保存，运输过程中禁止出现挤压与剧烈晃动。土壤样品在中国农业科学院新乡综合试验基地实验室进行风干处理。在风干过程中，将土块沿着天然纹路手工掰成直径约为1 cm的小块，并去除土样中的动植物残体与小石块后备用。

非水稳性团聚体的测定方法：将处理好的土壤样品混匀，称取500 g放置在孔径依次为5 mm、3 mm、2 mm、1 mm、0.5 mm、0.25 mm的套筛顶部（见图4-5）。顶部盖上盖子后，放置在水平振荡器上，水平摇动50 s，速度为180 r/min。摇动结束后将各个孔径筛子上的土样收集称重（精确至0.01 g），从而获得直径大小依次分为<0.25 mm、0.25~0.5 mm、0.5~1 mm、1~2 mm、2~3 mm、3~5 mm和>5 mm共计7个级别的非水稳性团聚体的质量，并计算各粒级的百分含量。

图4-5 非水稳性团聚体的筛分

水稳性团聚体的测定方法：根据干筛法求得的各粒级团聚体百分含量，将风干样品按各粒级比例配比混合成50 g土样，然后将土样置于依次叠好的孔径为5 mm、3 mm、2 mm、1 mm、0.5 mm、0.25 mm的套筛上。将组筛置于土壤团粒分析仪（TPF-100）的振荡架上，以5 cm振幅、30次/min的频率振荡10 min（振荡过程中，土壤不得超出水面），到达设定时间后，用蒸馏水把各个筛子上的团聚体分别洗至铝盒中，置于60 ℃条件下烘干称重

（李春越等，2021）。获得 7 组粒径组分，即<0. 25 mm、0. 25～0. 5 mm、0. 5～1 mm、1～2 mm、2～3 mm、3～5 mm 和>5 mm（见图 4-6）。

图 4-6　水稳性团聚体的筛分

土壤团聚体破坏度（PAD）、平均重量直径（MWD）、几何平均直径（GMD）以及分形维数（D）的计算公式如下（梁世鹏，2019）：

$$\mathrm{PAD} = (W_{干} - W_{湿})/W_{干} \tag{4-5}$$

$$\mathrm{MWD} = \frac{\sum_{i=1}^{7} r_i w_i}{w} \tag{4-6}$$

$$\mathrm{GMD} = \exp\left(\frac{\sum_{i=1}^{n} w_i \ln \overline{R_l}}{\sum_{i=1}^{n} w_i}\right) \tag{4-7}$$

$$\lg\left[\frac{w_{i(r<\overline{R_l})}}{w}\right] = (3 - D)\lg\left(\frac{\overline{R}}{R_{\max}}\right] \tag{4-8}$$

式中：$W_{干}$是干筛粒径>0. 25 mm 非水稳性团聚体的百分含量（%）；$W_{湿}$是湿筛>0. 25 mm 水稳性团聚体的百分含量（%）；w_i 是团聚体湿筛后第 i 个粒级的质量，g；w 为团聚体湿筛后的所有粒级的质量，g；r_i 是团聚体湿筛后第 i 个粒级的平均直径，mm；$i=1～7$ 分别代表>5 mm、3～5 mm、2～3 mm、1～2 mm、0. 5～1 mm、0. 25～0. 5 mm、<0. 25 mm 的团聚体；$\overline{R_l}$ 为湿筛后某一粒级团聚体的平均直径，mm；$R_{\max}$ 为团聚体湿筛后的最大粒径，mm。

4. 1. 2. 5　产量、耗水量、水分利用效率与氮肥利用效率

冬小麦成熟后，在每个处理中随机选取 3 个 1 m^2 的样方，统计样方内冬小麦穗数后，将每个样方内的冬小麦地上部分全部收割装入网袋中晾晒后脱粒，统计每平方米籽粒重并计算出实际产量（kg/hm^2）；在每个处理中随机收割长度为 1 m 的小麦用报纸包裹，带到实验室内进行考种，统计冬小麦的穗粒数、千粒重。各处理的耗水量根据水量平衡公式计算，氮肥农学效率 NAE（kg/kg）和氮肥偏生产力 PFPN（kg/kg）的计算公式如下：

$$\mathrm{NAE} = (施氮处理产量 - \mathrm{N0}\ 处理产量)/ 施氮量 \tag{4-9}$$

$$\mathrm{PFPN} = 施氮处理产量 / 施氮量 \tag{4-10}$$

4.2 结果与分析

4.2.1 不同水氮处理对滴灌麦田耕层土壤团聚体的影响

4.2.1.1 滴灌麦田耕层土壤团聚体粒径分布

1. 非水稳性团聚体粒径分布

不同水氮处理下麦田 0~10 cm 土层的非水稳性团聚体粒径分布如图 4-7(a)所示。0~10 cm 土层非水稳性团聚体含量最高的为粒径>5 mm 部分，其含量均达到了 32%以上；土壤大团聚体(>2 mm)在 0~10 cm 土层的平均含量为 W1N240(85.3%)>W1N0(81.8%)>W2N120(80.8%)>W1N120(78.1%)>W2N240(71.2%)>W2N0(54.4%)。当非水稳性团聚体粒径小于 2 mm 时，各粒级含量会随着粒径的减小而降低，且所有处理的微团聚体(<0.25 mm)含量均低于 5%。

不同水氮处理下麦田 10~20 cm 土层的非水稳性团聚体粒径分布如图 4-7(b)所示。10~20 cm 土层非水稳性团聚体含量最高的粒级为>5 mm 的团聚体，各处理的含量均达到了 56%以上。不同水氮处理的土壤大团聚体(>2 mm)在 10~20 cm 土壤深度内的含量不同，高水处理(W1)的土壤大团聚体含量随着施氮量的增加而降低，即 W1N240(84.5%)<W1N120(88.5%)<W1N0(92.6%)；而低水处理(W2)的土壤大团聚体则随着施氮量的增加而增加，即 W2N0(79.9%)<W2N120(80.8%)<W2N240(87.6%)。除 W2N0 处理外，土壤非水稳性团聚体各粒级的质量分数会随着粒径的减小而降低，且所有处理的微团聚体(<0.25 mm)含量均低于 5%。

不同水氮处理下麦田 20~30 cm 土层的非水稳性团聚体粒径分布如图 4-7(c)所示。20~30 cm 土层非水稳性团聚体含量最高的粒级为>5 mm 团聚体，各处理的含量均达到了 53%以上。不同水氮处理的土壤大团聚体(>2 mm)在 20~30 cm 土壤深度内的含量变化不同。高水处理(W1)的土壤大团聚体含量随着施氮量的增加而降低，即 W1N240(84.3%)<W1N120(86.8%)<W1N0(93.9%)；而低水处理(W2)的土壤大团聚体则随着施氮量的增加呈现先增加后降低的趋势，即 W2N0(77.7%)<W2N240(88.6%)<W2N120(92.9%)。所有处理 20~30 cm 土层的非水稳性团聚体各粒级的质量分数会随着粒径的减小而降低，0.25~0.5 mm 粒级的百分含量最低。W1 处理的非水稳性微团聚体(粒径<0.25 mm)含量均低于 5%，且会随着氮肥施用量的增加而增加；W2 处理的非水稳性微团聚体(粒径<0.25 mm)含量呈现出随着施氮量的增加先降低后增加的趋势，且施氮肥处理的微团聚体含量均低于不施氮处理(W2N0)。

2. 水稳性团聚体粒径分布

粒径大于 0.25 mm 的水稳性团聚体含量，反映了消散和机械崩解机制下稳定的土壤团聚体的量，是农业上最具有价值的土壤结构，可以将水稳性团聚体的粒级组成作为土壤结构的评价指标。表 4-2 给出了不同水分和施氮处理下麦田 0~10 cm 土层水稳性团聚体的粒径组成。粒径>5 mm 和<0.25 mm 的水稳性团聚体是 0~10 cm 土层水稳性团聚体的两种主要的粒径组成，分别占 31.7%~51.5%和 16.8%~27.3%。因此，此土层随着土壤

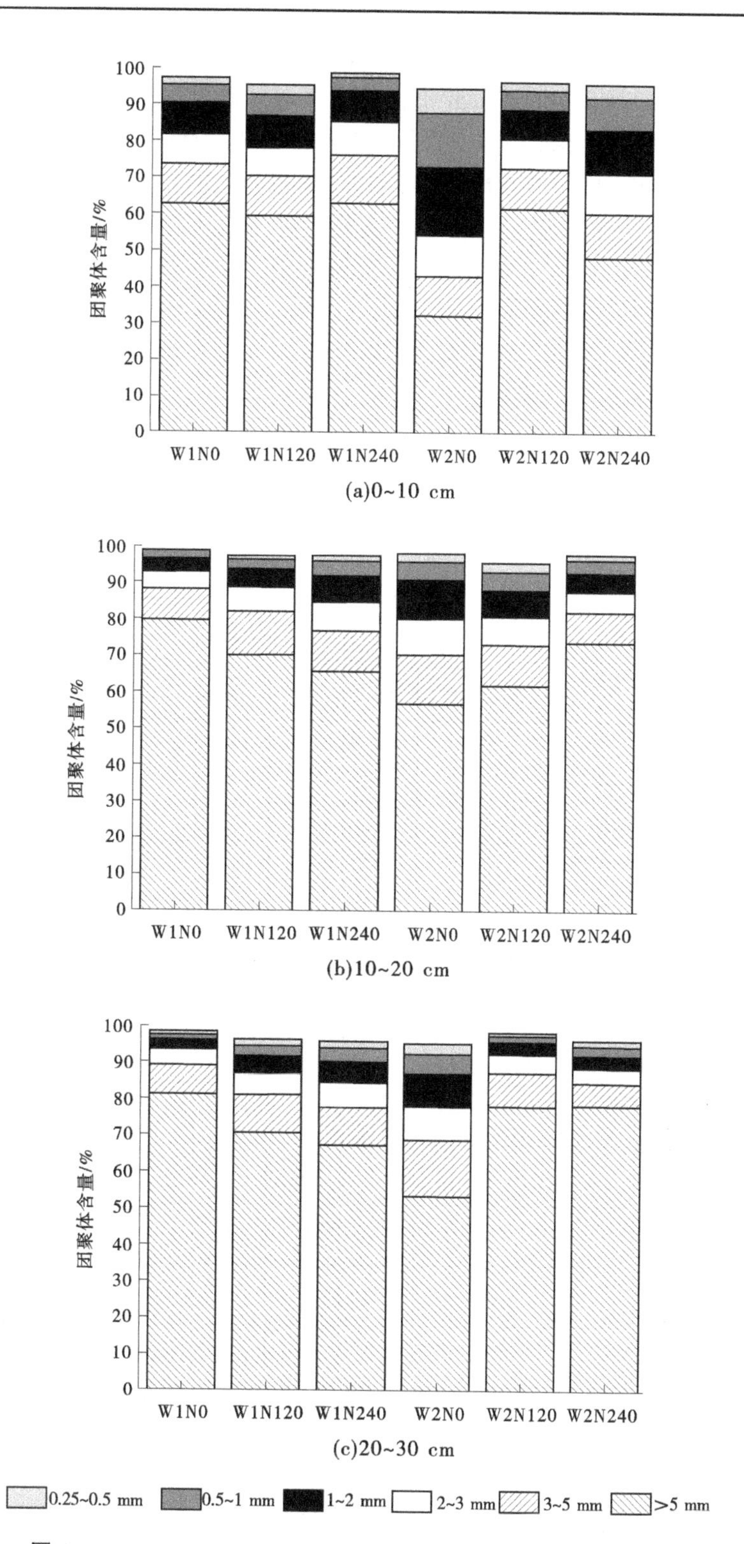

图4-7　0~10 cm、10~20 cm和20~30 cm土壤非水稳性团聚体粒径分布

水稳性团聚体粒径的减小,各粒级百分含量总体上呈现出先降低后保持稳定最后升高的"U"形分布。不同施氮处理对>0. 25 mm 水稳性大团聚体总含量的影响不同,高水处理(W1)的水稳性大团聚体含量会随着施氮量的增加而升高,而低水处理(W2)则恰恰相反,随着施氮量的升高而降低。当施氮量一定时,不同水分处理对>0. 25 mm 水稳性大团聚体总含量的影响不同,当施氮量为 0 和 120 kg/hm² 时,高水处理的含量小于低水处理;当施氮量为 240 kg/hm² 时,高水处理大于低水处理。由主体间效应检验结果可知,灌水量处理对 0~10 cm 土层的粒径>5 mm、2~3 mm、1~2 mm、0. 5~1 mm、0. 25~0. 5 mm 的水稳性团聚体有显著影响($P<0.05$);施氮量对粒径为 2~3 mm、1~2 mm 的水稳性团聚体有显著影响($P<0.05$);水氮交互作用对粒径>5 mm、2~3 mm、1~2 mm、0. 5~1 mm、<0. 25 mm 的水稳性团聚体有显著影响($P<0.05$)。

表 4-2　0~10 cm 土壤水稳性团聚体粒径分布　%

处理	>5 mm	3~5 mm	2~3 mm	1~2 mm	0. 5~1 mm	0. 25~0. 5 mm	<0. 25 mm
W1N0	47. 31ab	9. 42a	5. 71b	5. 63c	4. 09c	5. 11c	22. 72ab
W1N120	44. 69b	9. 72a	5. 89b	7. 17b	5. 59c	7. 09abc	19. 86b
W1N240	51. 15a	8. 16a	5. 43b	7. 30b	5. 55c	5. 63bc	16. 77b
W2N0	32. 04c	8. 30a	8. 49a	13. 80a	12. 55a	7. 48abc	17. 34b
W2N120	43. 29b	8. 87a	6. 23b	6. 11bc	7. 93b	7. 89ab	19. 69b
W2N240	31. 72c	9. 17a	6. 09b	6. 52bc	9. 57b	9. 61a	27. 31a
W	0	ns	0. 003	0	0	0. 003	ns
N	ns	ns	0. 016	0	ns	ns	ns
W×N	0. 001	ns	0. 022	0	0. 002	ns	0. 003

注:W 代表灌溉水平,N 代表施氮水平,W×N 代表水氮交互作用;同一列数据不同字母代表处理间差异达到 5%显著水平($P<0.05$)。ns 表示 $P>0.05$,差异不显著,全书同。

表 4-3 给出了不同灌水定额和施氮处理下麦田 10~20 cm 土层水稳性团聚体的粒径组成。可以看出粒径>5 mm 和<0. 25 mm 的水稳性团聚体分别占 31. 79%~62. 79%和 14. 01%~29. 28%,成为 10~20 cm 土层水稳性团聚体两种主要的粒径组成。除 W2N0 处理外,其他 5 个处理的水稳性团聚体的百分含量随着土壤水稳性团聚体粒径的减小,呈现出先降低后保持稳定最后升高的"U"形分布。不同水氮处理下,10~20 cm 土层水稳性团聚体百分含量最低的粒级不同,但都分布在 0. 25~3 mm。不同施氮处理对>0. 25 mm 水稳性大团聚体总含量的影响不同。N0 的土壤水稳性大团聚体含量都显著高于施氮处理($P<0.05$);W1 处理的水稳性大团聚体含量随着施氮量的增加而降低;而 W2 处理的水稳性大团聚体含量随着施氮量的增加先降低后升高。当施氮量一定时,不同水分处理对>0. 25 mm 水稳性大团聚体总含量的影响不同。当施氮量为 0 时,高水处理小于低水处理,但无显著差异;当施氮量为 120 kg/hm² 时,高水处理小于低水处理,但无显著差异;当施氮量为 240 kg/hm² 时,高水处理小于低水处理,且差异显著。由此可以看出,过多的

水分投入会降低 10~20 cm 土层水稳性大团聚体的总量。由主体间效应检验结果可知,灌水量对 0~10 cm 土层的 3~5 mm、2~3 mm、1~2 mm、0. 25~0. 5 mm、<0. 25 mm 水稳性团聚体有显著影响;施氮量对粒径为>5 mm、3~5 mm、2~3 mm、0. 5~1 cm、0. 25~0. 5 mm、<0. 25 mm 的水稳性团聚体有显著影响;水氮交互作用对>5 mm、1~2 mm、0. 5~1 mm 的水稳性团聚体有显著影响(P<0. 05)。

表 4-3　10~20 cm 土壤水稳性团聚体粒径分布　%

处理	>5 mm	3~5 mm	2~3 mm	1~2 mm	0. 5~1 mm	0. 25~0. 5 mm	<0. 25 mm
W1N0	62. 79a	8. 83ab	4. 39b	3. 68c	2. 41c	3. 49c	14. 42d
W1N120	40. 82c	9. 05ab	5. 27b	5. 16b	5. 81b	6. 15b	27. 75ab
W1N240	31. 79d	6. 53b	4. 08b	6. 27ab	11. 48a	10. 57a	29. 28a
W2N0	55. 69ab	9. 92a	7. 33a	6. 67a	4. 03bc	2. 36c	14. 01d
W2N120	40. 93c	10. 65a	6. 81a	6. 19ab	10. 01a	1. 81c	23. 61bc
W2N240	48. 58bc	8. 47ab	5. 07b	5. 09b	5. 57b	6. 31b	20. 91c
W	ns	0. 046	0	0. 008	ns	0	0. 005
N	0	0. 040	0. 010	ns	0	0	0
W×N	0. 002	ns	ns	0	0	ns	ns

表 4-4 给出了不同水分和施氮处理下麦田 20~30 cm 土层水稳性团聚体的粒径组成。粒径>5 mm 和<0. 25 mm 的水稳性团聚体分别占 16. 71%~52. 97%和 19. 21%~48. 33%,仍是 20~30 cm 土层水稳性团聚体两种主要的粒径组成。但除了不施氮处理(W1N0 和 W2N0),粒径<0. 25 mm 的水稳性微团聚体在此土层含量最高,并且施氮处理的 0. 25~1 mm 粒级组分显著高于不施氮处理(P<0. 05)。

不同水氮处理对水稳性团聚体的 7 个粒径级别含量的影响不同,施氮处理含量最低的粒径为 2~3 mm,不施氮处理含量最低的粒径为 0. 5~1 mm。不同施氮处理对粒径>0. 25 mm 的水稳性大团聚体总含量的影响不同。N0 的土壤水稳性大团聚体含量都显著高于施氮处理(P<0. 05);施氮量对水稳性大团聚体含量的影响相同,无论高水处理还是低水处理,水稳性大团聚体含量均随施氮量的增加而降低。当施氮量一定时,不同水分处理对粒径>0. 25 mm 的水稳性大团聚体总含量的影响不同,当施氮量为 0 和 120 kg/hm^2 时,高水处理小于低水处理,但无显著差异;当施氮量为 240 kg/hm^2,高水处理大于低水处理,且差异显著(P<0. 05)。由此可以看出,过多的氮肥投入会降低 20~30 cm 土层水稳性大团聚体的总量。由主体间效应检验结果可知,灌水量处理仅对 0~10 cm 土壤 1~2 mm 的水稳性团聚体有显著影响;施氮量对粒径>5 mm、3~5 mm、2~3 mm、1~2 mm、0. 5~1 cm、0. 25~0. 5 mm、<0. 25 mm 的水稳性团聚体有显著影响;水氮交互作用对粒径>5 mm、3~5 mm、2~3 mm、1~2 mm、<0. 25 mm 的水稳性团聚体有显著影响(P<0. 05)。

表 4-4　20~30 cm 土壤水稳性团聚体粒径分布　%

处理	>5 mm	3~5 mm	2~3 mm	1~2 mm	0. 5~1 mm	0. 25~0. 5 mm	<0. 25 mm
W1N0	52. 97a	7. 85b	4. 44bc	3. 61b	3. 16b	5. 21b	22. 75de
W1N120	21. 77bc	6. 89b	5. 06b	5. 94a	12. 15a	13. 06a	35. 14bc
W1N240	16. 71c	5. 34c	5. 01b	7. 07a	11. 71a	12. 37a	41. 79ab
W2N0	48. 39a	11. 09a	7. 09a	6. 29a	3. 87b	4. 05b	19. 21e
W2N120	26. 63b	6. 72b	4. 66bc	6. 34a	11. 63a	14. 47a	29. 55cd
W2N240	26. 16b	3. 60d	3. 56c	6. 54a	11. 81a	16. 55a	48. 33a
W	ns	ns	ns	0. 027	ns	ns	ns
N	0	0	0. 005	0. 002	0	0	0
W×N	0. 019	0	0	0. 006	ns	ns	0. 043

4. 2. 1. 2　滴灌麦田耕层土壤团聚体水稳性

1. 水稳性团聚体破坏度

粒径>0. 25 mm 的团聚体破坏度(PAD)可以用来表示团聚体的水稳定性,破坏度越大,表明土壤团粒结构的稳定性越差;相反则越稳定。如表 4-5 所示,不同水分与氮肥处理对麦田土壤水稳性团聚体的破坏度有显著性影响($P<0. 05$)。所有处理 0~10 cm 与 10~20 cm 土层的团聚体破坏度都低于 20~30 cm 土层。0~30 cm 土层的团聚体平均破坏度随着施氮量的增加而增加;施氮量相同时,高水处理的 PAD 大于低水处理的 PAD,W1N0 比 W2N0 升高 39. 8%、W1N120 比 W2N120 升高 13. 8%、W1N240 比 W2N240 升高 13. 6%。结果表明,灌水量与施氮量的增大会增大土壤团聚体的破坏度,降低其稳定性。由主体间效应检验结果可知,灌水量 W 对 10~20 cm、20~30 cm 和 0~30 cm 土壤水稳性团聚体破坏度有显著性影响($P<0. 05$);施氮量 N 对 10~20 cm、20~30 cm 和 0~30 cm 土壤水稳性团聚体破坏度有显著性影响($P<0. 05$);水氮交互作用仅对 0~10 cm 土壤水稳性团聚体破坏度有显著性影响($P<0. 05$)。

表 4-5　不同水分与施氮量下土壤水稳性团聚体破坏度的变化　%

处理	水稳性团聚体破坏度(PAD)			
	0~10 cm	10~20 cm	20~30 cm	0~30 cm
W1N0	20. 27ab	13. 13c	21. 14cd	18. 18d
W1N120	15. 62bc	25. 52a	32. 30ab	24. 48b
W1N240	15. 44bc	27. 12a	39. 03a	27. 20a
W2N0	12. 37c	11. 85c	14. 80d	13. 01e
W2N120	16. 57bc	19. 80b	28. 15bc	21. 51c
W2N240	24. 01a	18. 98b	28. 84bc	23. 94b
W	ns	0. 002	0. 004	0
N	ns	0	0	0
W×N	0. 003	ns	ns	ns

2. 水稳性团聚体平均重量直径(MWD)与几何平均直径(GMD)

土壤水稳性团聚体的平均重量直径(MWD)与几何平均直径(GMD)可以作为评价土壤水稳性团聚体稳定性的指标。MWD可以反映土壤团聚体湿筛后各粒径整体分布状况,GMD越大,说明水稳性团聚体的平均粒径越大,稳定性越高。如表4-6所示,水氮处理对土壤水稳性团聚体的MWD影响显著($P<0.05$)。0~10 cm与10~30 cm土层土壤水稳性团聚体的MWD对灌水量与施氮量的响应不同,在0~10 cm土层表现为W1N240>W1N0>W1N120>W2N120>W2N0>W2N240;不同水氮处理下,10~20 cm土层水稳性团聚体MWD的大小关系为W1N0> W2N0>W2N240>W2N120>W1N120>W1N240;不同水氮处理20~30 cm土层水稳性团聚体MWD的大小关系为W1N0=W2N0>W2N120>W2N240>W1N120>W1N240。不施氮处理0~30 cm土层的MWD显著高于施氮处理。相同施氮量下(施氮量>0),高水处理土壤团聚体的MWD小于低水处理的MWD,差异不显著;当施氮量为0时,高水处理的MWD显著高于低水处理的MWD($P<0.05$)。

表4-6 不同水分与施氮量下土壤水稳性团聚体MWD与GMD的变化

处理	平均重量直径/mm				几何平均直径/mm			
	0~10 cm	10~20 cm	20~30 cm	0~30 cm	0~10 cm	10~20 cm	20~30 cm	0~30 cm
W1N0	3.08ab	3.72a	3.23a	3.34a	1.81ab	2.60a	1.92a	2.11a
W1N120	3.00ab	2.75c	1.81bc	2.5cd	1.78b	1.48bc	0.89b	1.38bc
W1N240	3.23a	2.25d	1.52c	2.38d	2.04a	1.13c	0.73b	1.30c
W2N0	2.52c	3.54a	3.23a	3.09b	1.51c	2.46a	2.03a	2.00a
W2N120	2.90b	2.88bc	2.03b	2.60c	1.70bc	1.68b	1.01b	1.46b
W2N240	2.38c	3.09b	1.87b	2.45d	1.25d	1.82b	0.90b	1.32c
W	0	0.007	0.050	0.636	0	0.027	0.087	0.575
N	0.145	0	0	0	0.495	0	0	0
W×N	0.002	0.001	0.287	0.002	0.002	0.016	0.438	0.224

水分与氮肥施用量对土壤团聚体的几何平均直径影响显著($P<0.05$)(见表4-6)。各处理0~10 cm土层的GMD值为1.25~2.04 mm,相同施氮量处理的GMD变化趋势为高水处理大于低水处理。各处理10~20 cm土层的GMD值为1.13~2.60 mm,不施氮肥的两个处理(W1N0、W2N0)的GMD值显著大于施氮处理($P<0.05$),且相同水分条件下,不同施氮处理(N0除外)对10~20 cm土层的GMD无显著影响。当施氮量相同时,高水处理的GMD小于低水处理的GMD,而不施氮肥条件下的高水处理大于低水处理。各处理20~30 cm土层的GMD值为0.73~2.03 mm,W1N0和W2N0处理的GMD值显著高于施氮处理($P<0.05$);三种施氮量下高水处理的GMD都小于低水处理,但差异并不显著($P>0.05$)。不同水氮处理下,20~30 cm土层的GMD都呈现随施氮量的增加而减小的趋势(N0>N120>N240)。综合分析三个土层的GMD,发现0~30 cm土层GMD的最大值出现在W1N0处理,并且GMD均会随施氮量的增加而降低,但当施氮量大于0时,GMD值

下降的不明显($P>0.05$)。由此可以说明,增加施氮量在一定程度上会造成土壤水稳性团聚体 GMD 值降低,团聚体稳定性变差。由主体间效应检验结果可知,灌水量 W 对 0~10 cm、10~20 cm 和 20~30 cm 土层的水稳性团聚体 MWD 有显著性影响;施氮量 N 对 10~20 cm、20~30 cm 和 0~30 cm 土层的水稳性团聚体 MWD 有显著性影响;水氮交互作用对 0~10 cm、10~20 cm 和 0~30 cm 土层的水稳性团聚体 MWD 有显著性影响。灌水量 W 对 0~10 cm、10~20 cm 土层的水稳性团聚体 GMD 有显著性影响;施氮量 N 对 10~20 cm、20~30 cm 和 0~30 cm 土层的水稳性团聚体 GMD 有显著性影响;水氮交互作用对 0~10 cm、10~20 cm 土层的水稳性团聚体 GMD 有显著性影响。

3. 水稳性团聚体分形维数

团聚体分形维数 D 受土壤颗粒的粒径分布与细小颗粒物质的含量影响,同时分形维数与土壤生态多样性以及水稳性团聚体的稳定性有相关性。如表 4-7 所示,不同水分与氮肥处理对土壤水稳性团聚体分形维数影响显著($P<0.05$)。不同土层的 D 值对灌水量和施氮量的响应不同。W1 处理 0~10 cm 土层的 D 值随着施氮量的增加而降低,低水处理则恰恰相反;高水处理 10~20 cm 土层的 D 值随着施氮量的增加而增加,而低水处理则是先增加后降低;20~30 cm 土层的 D 值在不同水分处理下随施氮量的增加都呈现增加的趋势。

0~30 cm 土层的 D 值受灌水量的影响,在相同施氮量条件下,高水处理的 D 值都大于低水处理的 D 值,表明增大灌水量会造成团聚体分形维数的增大,孔隙度的降低,团聚体的稳定性降低;施氮处理的 D 值都显著大于不施氮处理的 D 值($P<0.05$),表明化学氮肥的投入也将造成团聚体分形维数降低及稳定性变差的结果。由主体间效应检验结果可知,灌水量 W 对 10~20 cm 和 0~30 cm 土层的 D 值有显著性影响;施氮量 N 对 10~20 cm、20~30 cm 和 0~30 cm 土层的 D 值有显著性影响;水氮交互作用对 0~10 cm 土层的水稳性团聚体分形维数有显著性影响。

表 4-7　不同水分与施氮量下土壤水稳性团聚体分形维数的变化

处理	分形维数(D)			
	0~10 cm	10~20 cm	20~30 cm	0~30 cm 均值
W1N0	2.50ab	2.35c	2.50c	2.451b
W1N120	2.46ab	2.57a	2.65ab	2.559a
W1N240	2.34b	2.59a	2.71a	2.562a
W2N0	2.41b	2.34c	2.45c	2.402c
W2N120	2.46ab	2.52ab	2.59b	2.522a
W2N240	2.56a	2.48b	2.62b	2.553a
W	0.354	0.023	0.111	0.008
N	0.847	0	0	0
W×N	0.008	0.167	0.951	0.274

4.2.1.3　**讨论**

土壤团聚体是组成土壤结构的基本单元，有助于土壤结构的稳定，保护土壤有机质、保存土壤养分（Li et al., 2018；Lu et al., 2021）。Lu et al.（2021）发现氮富集使土壤团聚体的 MWD 显著增加了 10%，并可以使大团聚体比例增加 6%。而本研究结果表明，与长期不施氮处理相比，施氮处理的土壤大团聚体数量明显减少，降低了 0~30 cm 土层团聚体的 MWD 与 GMD，提高了分形维数，说明施氮量的增加会降低团聚体的平均粒径，增大土壤中细小颗粒物的含量，从而使土壤水稳性团聚体的稳定性降低。一些研究表明土壤氮素富集可以增加大团聚体的形成并减少土壤有机碳的分解（Zak et al., 2017；Chang et al., 2019），但也有与之相反的研究结果（Chen et al., 2019；Luo et al., 2020）。向土壤施加氮素对土壤团聚体的影响不一致，可能是因为氮处理条件和生态系统的差异。因此，尽管国内外学者对土壤团聚体进行了大量的研究，但在土壤氮素富集影响土壤团聚体形成方面仍存在很大知识差距。

本章仅在两个灌水定额（45 mm、27 mm）下研究土壤团聚体含量、分布以及稳定性。发现施氮条件下 W1 处理 0~30 cm 土壤的平均 MWD 与 GMD 均小于 W2；不施氮肥时，结果恰恰相反：W1 处理 0~30 cm 土壤的平均 MWD 与 GMD 大于 W2。W1 处理的平均分形维数 D 大于 W2 处理的平均分形维数 D，但均未达到显著水平（N0 处理除外）。原因可能是滴灌不会使上层土壤水分在短时间内达到饱和或过饱和状态，W1 处理的土壤中也没有大量的重力水对土壤团粒进行浸泡和破坏，这样的灌溉水不会明显地破坏土壤团粒结构（刘作新等，2002；高鹏等，2008），但土壤水分的增加可能会使土壤微生物活性增强，矿化速率加快，团聚体稳定性就会有一定程度的降低。如果加大灌水定额之间的梯度，灌水量有可能会对团聚体及其稳定性产生显著影响。

张翰林等（2016）在不同秸秆还田年限对稻麦轮作土壤团聚体和有机碳影响的研究中指出，相邻两年土壤团聚体稳定性参数 MWD、GMD、D 的变异不大，而其他研究中也很少关注定位试验土壤团聚体在短期内的变化（徐国鑫等，2018），这可能是由于土壤团聚体的变化是缓慢的，并且具有逐年累积效应。因此，本研究土壤团聚体的获取时间是在第二个小麦生长季结束后（长期定位试验开始 8 年后），以此次结果来表示不同灌水量与施氮量处理对麦田土壤团聚体变化的影响。周丛丛等（2013）发现不施氮处理（N0）的 GMD 显著大于施氮量为 120 kg/hm^2（N120）与 240 kg/hm^2（N240）处理的 GMD，而 N120 与 N240 间差异不显著；MWD 在三个施氮处理间的关系为 N0<N120<N240，但处理间差异不显著（周从从等，2013）。这与本书中高水处理的结论完全一致，但与低水处理的研究结论不完全一致。在本书研究的低水处理中，MWD 在三个施氮处理间的关系为 N0<N120<N240，且处理间差异显著（$P<0.05$）。由此可以看出不同的水分条件下，土壤水稳性团聚体的粒径分布及稳定性对施氮量的响应具有差异。

4.2.1.4　**小结**

本节研究分析了不同灌水量与施氮量对土壤非水稳性团聚体及水稳性团聚体在 0~10 cm、10~20 cm、20~30 cm 土层的粒径分布和对团聚体稳定性参数变化的影响。具体结果如下：

(1)水氮处理对不同土层非水稳性团聚体的粒级组成和分布有着不同影响,粒径>5 mm 的非水稳性团聚体含量在各个土层中的含量均为最高。不同土层水稳性团聚体的粒级组成和分布在不同处理间存在差异,粒径>5 mm 和粒径<0. 25 mm 的水稳性团聚体为各个土层中主要的粒径成分。不同水分处理下 0~30 cm 土层水稳性大团聚体(>2 mm)含量均随着施氮量的增加而降低。除 N0 处理外,0~30 cm 土层非水稳性大团聚体的含量在不同水分处理间的关系为:高水处理小于低水处理(W1<W2)。

(2)不同水氮处理对 0~30 cm 土层团聚体的稳定性具有显著性影响。在 6 个施氮处理中,土壤团聚体平均破坏度随施氮量的增加而升高;在施氮量相同时,高水处理的团聚体破坏度大于低水处理的团聚体破坏度,W1N0 比 W2N0 升高 39. 76%、W1N120 比 W2N120 升高 13. 83%、W1N240 比 W2N240 升高 13. 59%。不施氮处理的 MWD 与 GMD 显著高于施氮处理的 MWD 与 GMD。相同施氮量下(施氮量>0),高水处理的 MWD 与 GMD 小于低水处理的 MWD 与 GWD,差异不显著;当施氮量为 0 时,高水处理的 MWD 显著高于低水处理($P<0.05$)的 MWD,高水处理的 GMD 显著高于低水处理的 GMD,但差异不显著;分形维数在不同水分处理下随施氮量的增加都呈现增加的趋势,分形维数均值受到灌水量的影响,在施氮量相同的处理中,高水处理的 D 值都大于低水处理的 D 值。

4. 2. 2　不同水氮处理对滴灌麦田土壤碳氮排放的影响

4. 2. 2. 1　滴灌麦田耕层土壤水分及温度

图 4-8 和图 4-9 展示的是各处理 0~5 cm 和 5~10 cm 土壤 WFPS 从返青期至收获期的平均值。结果表明,相同施氮量下,高水处理(W1)0~5 cm 和 5~10 cm 土层的 WFPS 均显著高于低水处理(W2)。2019 年土壤(0~10 cm)温度在 13. 54(W1N360)~16. 58 ℃(W2N180)变化;2020 年土壤(0~10 cm)温度在 12. 76(W2N300)~16. 95 ℃(W2N0)变化。两个生长季 W2 处理的 0~5 cm 土层的 WFPS 在不同施氮处理间无显著性差异。2020 年高水处理的 5~10 cm 土层的 WFPS 在不同施氮量处理间无显著差异,在低水处理中则表现出随着施氮量的增加 WFPS 显著降低的趋势,在相同水分处理下 N360 处理的 WFPS 均低于其他施氮量处理。由表 4-8 可以看出,2019 年和 2020 年 0~10 cm 土层 WFPS 的变化范围分别为 50. 58%(W2N300)~67. 05%(W1N180)和 52. 72%(W2N360)~66. 45%(W1N360),并且水分处理显著影响 0~10 cm 土层的 WFPS($P<0.001$),施氮量对 0~10 cm 土层的 WFPS 无显著性影响,水氮交互作用显著影响 WFPS($P<0.05$)。

2019 年和 2020 年 W2 处理平均土壤温度分别比 W1 处理高 8. 5%和 0. 9%。由表 4-8 可知,施氮量显著影响 0~10 cm 土层的土壤温度($P<0.05$)。2019 年水分处理显著影响土壤温度($P<0.05$),但水氮交互作用对其无显著影响;2020 年的土壤温度对灌水量的响应不显著,但受水氮交互作用的显著影响。此现象的发生是由于 2020 年小麦返青拔节期(3 月 1 日至 4 月 15 日)平均气温仅为 12. 0 ℃(2019 年相同时期的平均温度为 20. 3 ℃)。本研究中两年土壤温度存在差异可能是因为两年气温差异较大,造成土壤温度的较大改变,掩盖了处理间造成的差异。

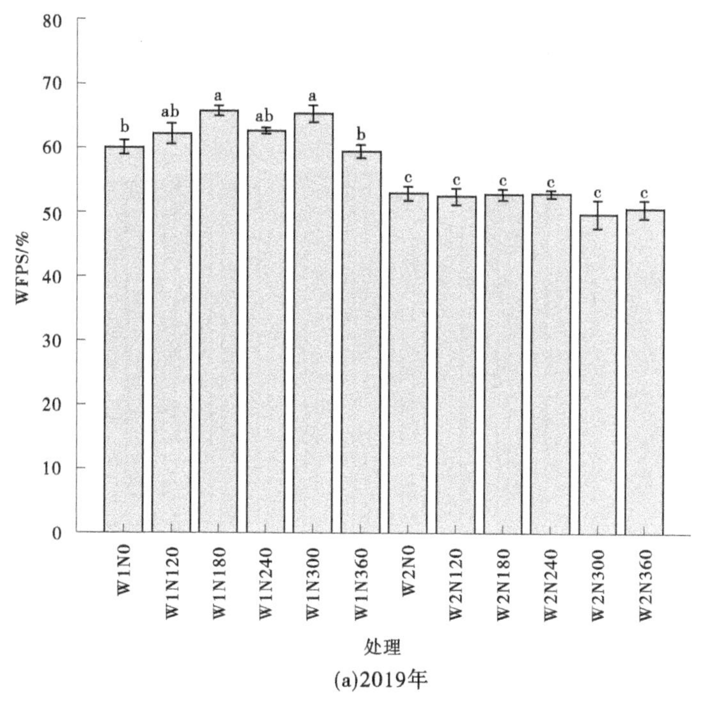

(a)2019年

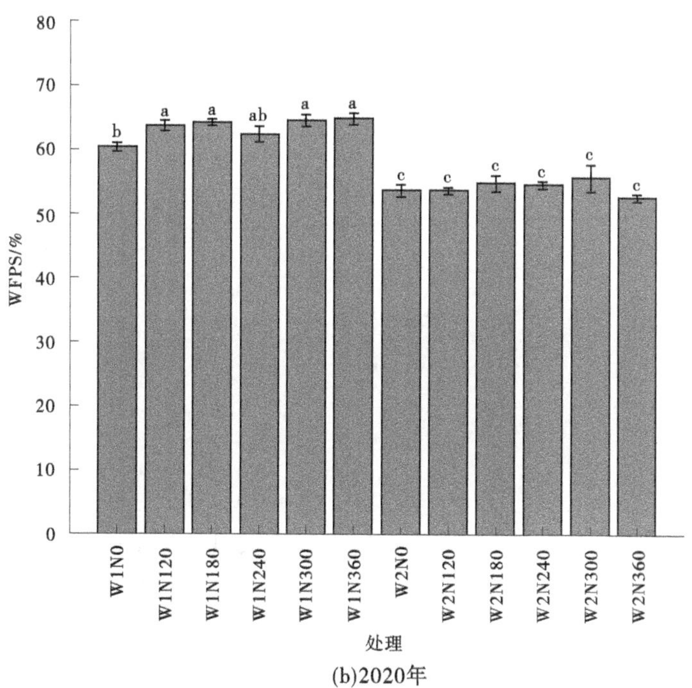

(b)2020年

图 4-8　0~5 cm 土层平均土壤充水孔隙度(WFPS)

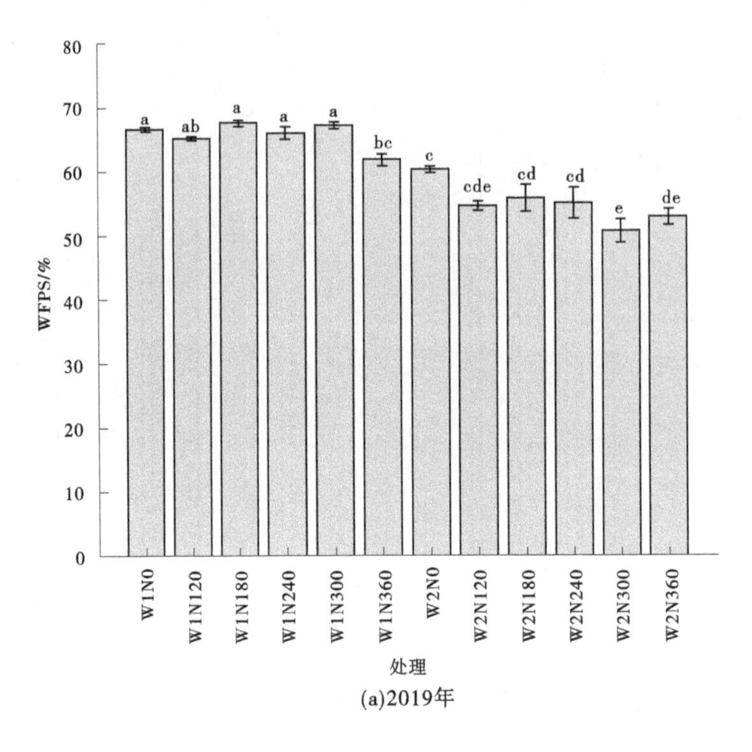

(a)2019年

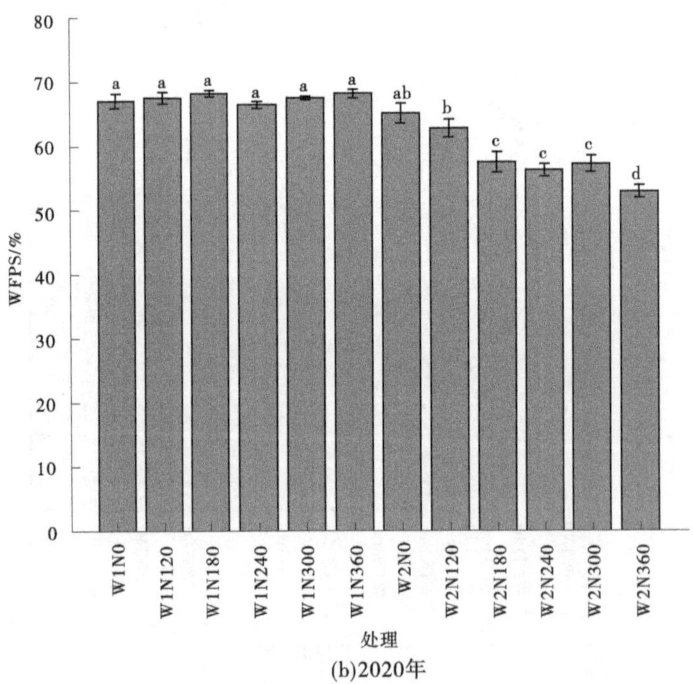

(b)2020年

图 4-9　5~10 cm 土层平均土壤充水孔隙度(WFPS)

表 4-8　生育期内 0~10 cm 土层平均土壤充水孔隙度(WFPS)与土壤温度

灌溉水平	施氮水平	2019 年 WFPS/%	2020 年 WFPS/%	2019 年土壤温度/℃	2020 年土壤温度/℃
W1	N0	63. 50ab	63. 65a	15. 24ab	16. 11ab
	N120	64. 36ab	65. 55a	14. 21b	14. 99cd
	N180	67. 05a	66. 15a	13. 89b	14. 41de
	N240	65. 04ab	64. 36a	13. 68b	13. 74ef
	N300	66. 64a	65. 96a	13. 64b	13. 70ef
	N360	61. 49b	66. 45a	13. 54b	13. 04f
	均值	64. 68	65. 35	14. 03	14. 33
W2	N0	56. 92c	59. 33b	16. 48a	16. 95a
	N120	54. 11cde	58. 15bc	14. 72ab	15. 91bc
	N180	54. 57cd	56. 11cd	16. 58a	15. 04cd
	N240	54. 69cd	55. 38d	14. 64ab	13. 21f
	N300	50. 58e	56. 44cd	14. 28b	12. 76f
	N360	52. 40ed	52. 72e	14. 66ab	12. 90f
	均值	53. 88	56. 35	15. 22	14. 46
P 值	W	0	0	0. 003	ns
	N	ns	ns	0. 035	0
	W×N	0. 019	0. 001	ns	0. 023

注:均值为 6 个施氮处理的平均值。W 代表灌溉水平,N 代表施氮水平,W×N 代表水氮交互作用;同一列数据不同字母代表处理间差异达到 5%显著水平($P<0.05$)。ns 表示 $P>0.05$,差异不显著。

4. 2. 2. 2　滴灌麦田耕层土壤氮含量

土壤铵态氮与硝态氮是无机态氮的主要组分,土壤无机氮浓度在整个试验过程中呈现季节性变化趋势,施肥灌溉后土壤无机氮浓度较高(见图 4-10 和图 4-11)。2019 年和 2020 年麦田表层 10 cm NH_4^+-N 含量分别为(2. 14±0. 06)(W2N240)~(4. 16±0. 54)(W1N300)mg/kg 和(1. 15±0. 07)(W2N0)~(5. 05±0. 57)(W1N360)mg/kg(见图 4-10)。2019 年和 2020 年表层 10 cm 土壤中 NO_3^--N 的变化范围分别为(2. 5±0. 10)(W1N0)~(35. 69±5. 05)(W2N360)mg/kg 和(4. 42±0. 08)(W1N0)~(23. 60±5. 07)(W2N300)mg/kg(见图 4-11)。在 W1 灌溉水平的处理中,施氮量最高的处理(N360)的 NH_4^+-N 和 NO_3^--N 水平最高。

2019 年和 2020 年土壤表层 10 cm 的全氮含量分别为(1. 13±0. 01)(W2N0)~(1. 42±0. 02)(W1N240)mg/g 和(1. 03±0. 02)(W1N0)~(1. 49±0. 03)(W2N300)mg/g(见表 4-9)。在 W1 灌溉水平的处理中,2019 年与 2020 年土壤全氮含量最高的处理均为 W1N240,全氮含量最低的处理均为 W1N0;W2 灌溉水平的处理中,2019 年与 2020 年表层土壤全氮含量最高的处理均为 W2N300,最低的处理均为 W2N0。主体间效应检验结果表明,2019 年灌水量 W、施氮量 N 及其交互作用对土壤全氮有显著影响($P<0.05$);2020

年的灌水量 W、施氮量 N 对土壤全氮均有显著影响($P<0.001$),但水氮交互作用对土壤全氮无显著影响。研究结果表明,灌水量 W 与施氮量 N 处理都显著影响土壤全氮含量。两年间水氮交互作用存在差异,可能是因为两年的灌水日期不同,2019 年灌水持续到 5 月 26 日,而 2020 年在 5 月 6 日就结束了最后一次灌溉,5 月 6 日至小麦收获有一个月的时间没有受到灌水处理的影响,所以水氮交互作用不显著。

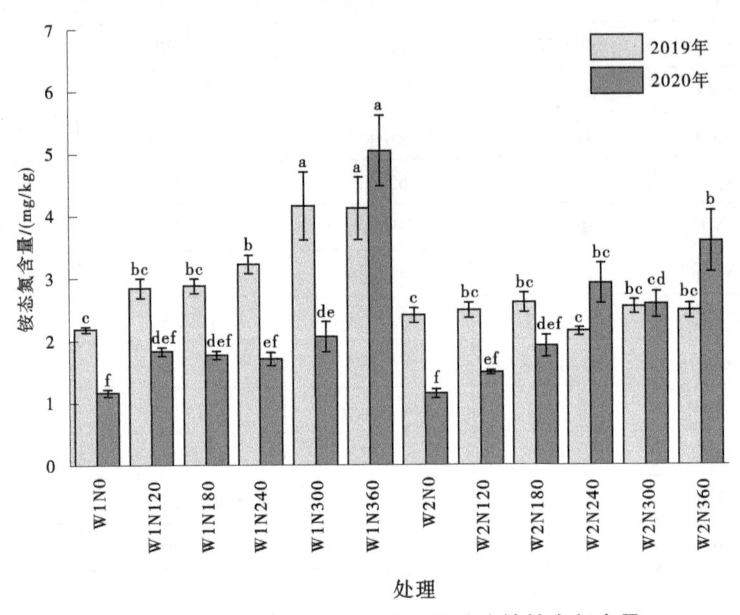

图 4-10　生育期内 0~10 cm 土层平均土壤铵态氮含量

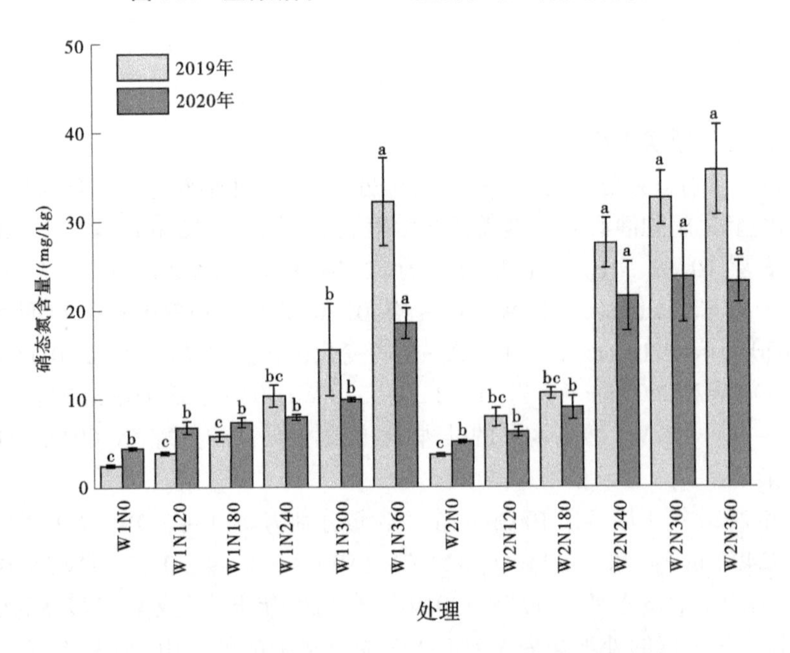

图 4-11　生育期内 0~10 cm 土层平均土壤硝态氮含量

表 4-9　返青期至收获期 0~10 cm 土层的平均土壤全氮含量

灌溉水平	施氮水平	2019 年全氮含量/(mg/g)	2020 年全氮含量/(mg/g)
W1	N0	1.13d	1.03g
	N120	1.24c	1.25e
	N180	1.25c	1.26e
	N240	1.42a	1.42abc
	N300	1.42a	1.41bc
	N360	1.33b	1.35cd
	均值	1.30	1.29
W2	N0	1.13d	1.11f
	N120	1.27c	1.31de
	N180	1.37ab	1.37cd
	N240	1.37ab	1.44ab
	N300	1.41a	1.49a
	N360	1.40a	1.41bc
	均值	1.32	1.35
P 值	W	0.047	0
	N	0	0
	W×N	0.006	ns

注：均值为 6 个施氮处理的平均值。W 代表灌溉水平，N 代表施氮水平，W×N 代表水氮交互作用；同一列数据不同字母代表处理间差异达到 5%显著水平($P<0.05$)。ns 表示 $P>0.05$，差异不显著。

4.2.2.3　滴灌麦田 CO_2 排放通量

两个冬小麦生育期的 CO_2 排放通量呈现出明显的季节动态，并且高排放通量通常出现在施肥和灌溉后，在土壤干旱时排放量逐渐减少（见图 4-12）。2019 年和 2020 年的 CO_2 季节平均排放通量分别为（716.49±3.63）~（1 982.12±17.22）mg/（m^2·h）和（917.56±45.38）~（1 868.26±80.72）mg/（m^2·h）（见图 4-12），且不同处理的 CO_2 平均排放通量差异显著（$P<0.001$）。在两种不同的灌水量处理（W1 与 W2）下，N0 处理的 CO_2 季节平均排放通量均显著低于各施氮处理。2019 年与 2020 年 CO_2 在生育期内的动态变化趋势不同，2020 年 CO_2 排放通量会随着生育期的进行逐步升高，而 2019 年却无此现象，综合两年气象因素分析，发现此现象的发生是由于 2020 年小麦返青拔节期（3 月 1 日至 4 月 15 日）平均气温仅为 12.0 ℃（2019 年相同时期的平均温度为 20.3 ℃），2020 年 CO_2 排放通量受气温影响较大，随着气温的逐步回升，CO_2 的排放通量也随之升高，且在整个研究中，2019 年所有处理的平均 CO_2 排放通量比 2020 年高 8.67%，可能也是由于两年的气候条件不同导致的。由方差分析可得，2019 年的施氮量 N 对 CO_2 的排放通量有显

著影响($P<0.001$),灌水量 W 对 CO_2 的排放通量无显著影响,水氮交互作用对 CO_2 的排放通量无显著影响;2020 年的灌水量 W、施氮量 N 及其交互作用对 CO_2 的排放通量均有显著影响,显著水平分别为 0.05、0.001 与 0.001。

表 4-10 通过对 0~10 cm 土层的土壤温度、WFPS、铵态氮、硝态氮、全氮与 CO_2 排放通量间进行逐步多元线性回归分析得出,在两年的研究中土壤温度和全氮分别解释了 23%和 40%及 78%和 38%的 CO_2 排放变异;在整个研究中,土壤 0~10 cm 铵态氮、硝态氮及全氮对 CO_2 排放通量有显著影响,硝态氮对 CO_2 排放量无显著影响。

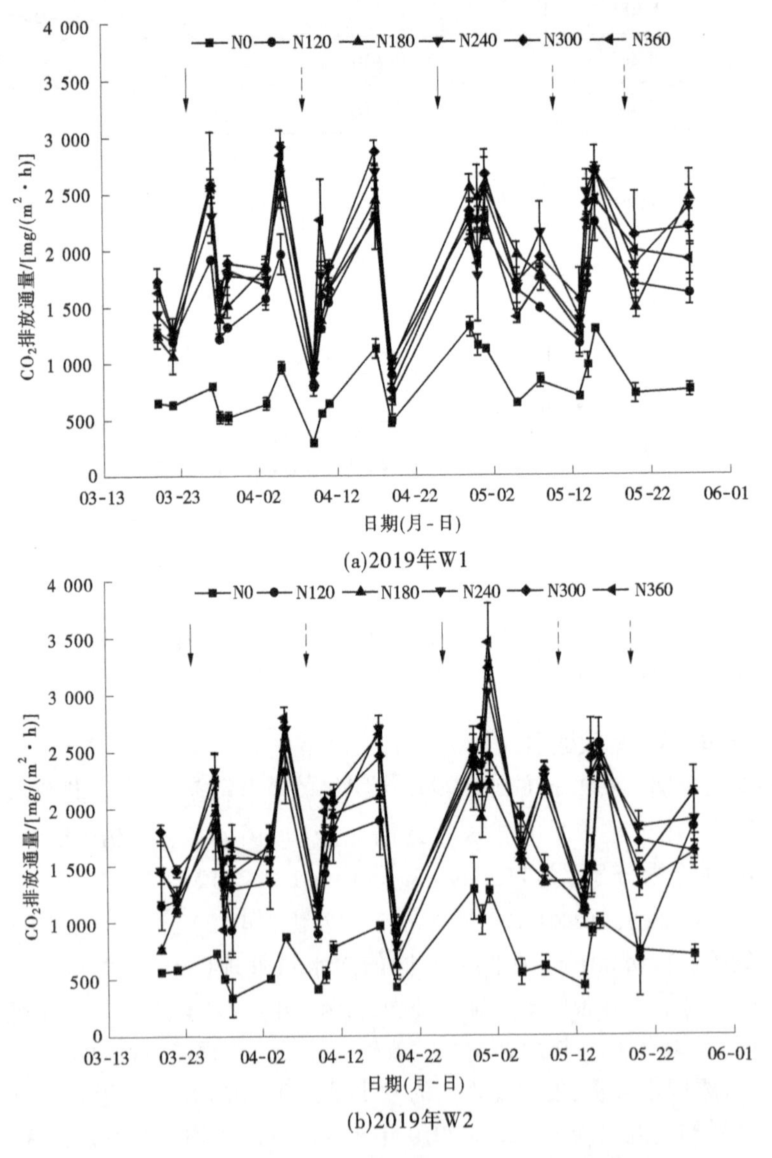

图 4-12 2019 年与 2020 年不同处理的 CO_2 季节性排放通量

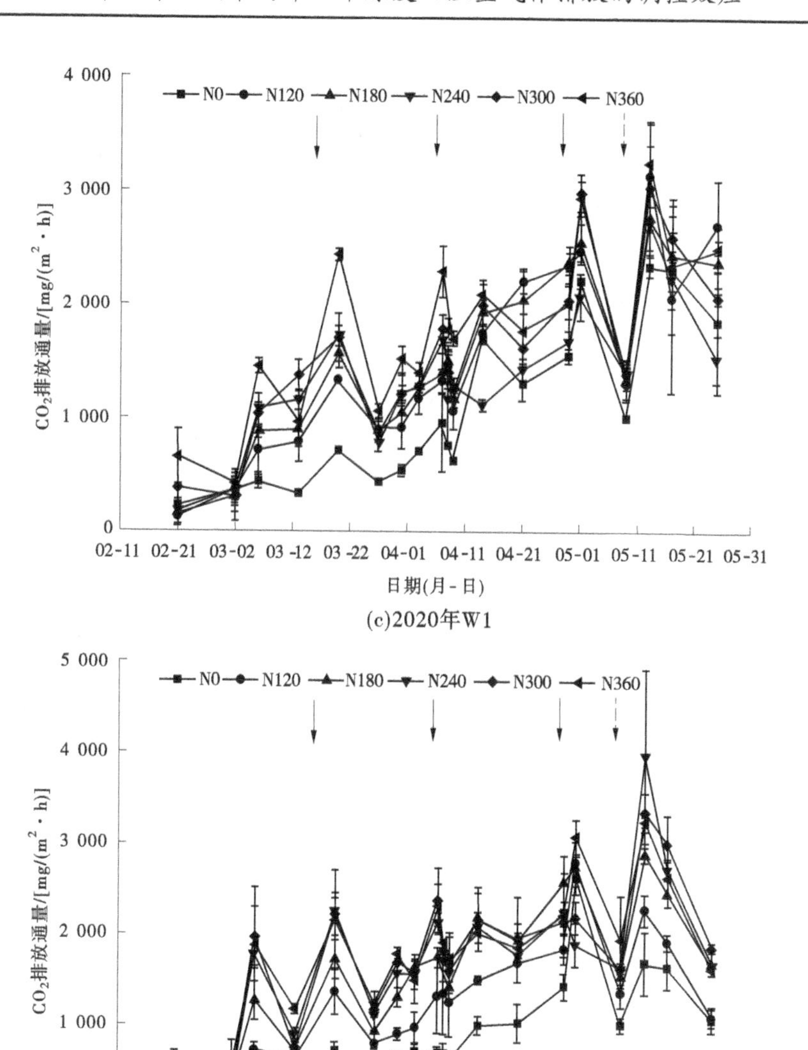

(c)2020年W1

(d)2020年W2

续图 4-12

在不同灌水量与施氮量对 CO_2 全球增温潜势的影响研究中(见表4-11),两个冬小麦生长季的 CO_2 全球增温潜势(GWP CO_2)分别为11.81 t-CO_2-eq/hm^2(W2N0)~32.05 t-CO_2-eq/hm^2(W1N300)和20.71 t-CO_2-eq/hm^2(W2N0)~41.12 t-CO_2-eq/hm^2(W2N360)。2020年W1和W2处理的平均GWP CO_2 分别比2019年高出了20.69%和30.54%。两年的研究结果表明,灌水量W对GWP CO_2 无显著影响,而施氮量N对GWP CO_2 影响显著($P<0.001$)。

表 4-10 CO_2 排放通量的多元线性回归模型

年份	回归方程(P<0.05)	标准化系数(P<0.05)					调整后 R^2
		T	W	A	N	TN	
ALL	$F_{CO_2}=78.79A+6.74N+1\,701.11TN-959.53$	ns	ns	0.21	0.19	0.56	0.64
2019	$F_{CO_2}=-74.53T+3\,105.81TN-1\,344.56$	-0.23	ns	ns	ns	0.78	0.74
2020	$F_{CO_2}=-83.81T+61.33A+826.91TN+1\,483.38$	-0.40	ns	0.24	ns	0.38	0.78

注:T 表示温度,℃;W 表示土壤充水孔隙度(%),A 表示铵态氮,mg/kg;N 表示硝态氮,mg/kg;TN 表示土壤总氮,mg/g;ALL 表示 2019 年和 2020 年所有处理的 CO_2 排放通量数据;2019 表示 2019 年所有处理的 CO_2 排放通量数据;2020 表示 2020 年所有处理的 CO_2 排放通量数据;ns 表示无显著性差异。

表 4-11 不同灌水量与施氮量对 CO_2 全球增温潜势的影响

灌溉水平	施氮水平	2019 GWP CO_2/(t · CO_2-eq/hm^2)	2020 GWP CO_2/(t · CO_2-eq/hm^2)
W1	N0	12.99c	24.17f
	N120	26.54b	32.99cd
	N180	30.16a	33.90cd
	N240	31.19a	30.33de
	N300	32.05a	35.46bc
	N360	29.21ab	39.01ab
	均值	27.02	32.61
W2	N0	11.81c	20.71f
	N120	26.03b	28.53e
	N180	26.92b	36.02bc
	N240	30.61a	38.38ab
	N300	30.26a	39.45ab
	N360	30.20a	41.12a
	均值	25.97	33.90
P 值	W	ns	ns
	N	0.000	0.000
	W×N	ns	0.000

注:均值为 6 个施氮处理的平均值。W 代表灌溉水平,N 代表施氮水平,W×N 代表水氮交互作用;同一列数据不同字母代表处理间差异达到 5%显著水平(P<0.05)。ns 表示 P>0.05,差异不显著。

4.2.2.4 滴灌麦田 N_2O 排放

由图 4-13 可以看出,两个生育期的 N_2O 排放通量呈现出明显的季节动态,并且高排放通量通常出现在施肥和灌溉后,随后在土壤逐渐干旱时 N_2O 排放量开始降低。2019 年和 2020 年的季节 N_2O 平均排放通量分别在(21.63±3.81)~(132.78±5.50)μg N_2O/(m^2 · h)和(23.09±0.92)~(361.87±28.60)μg N_2O/(m^2 · h),且不同处理的 N_2O 平均排放通量差异显著(P<0.001)。施肥配合灌溉的日平均 N_2O 以 W1N360 最高[2019 年和 2020 年分别为(701.95±71.98)μg/(m^2 · h)和(1 372.50±249.71)μg /(m^2 · h)]。

2019 年与 2020 年，12 个处理中 N_2O 平均排放通量最大的处理均为 W1N360，但该处理 2019 年与 2020 年的排放通量差异显著，2019 年比 2020 年降低了 29.82%。由皮尔逊相关性分析可知，2019 年和 2020 年 N_2O 平均排放通量均与施氮量呈显著线性正相关（$P<0.01$），相关系数分别为 0.80 和 0.62。对 W、N 和 W×N 的方差分析表明，W、N 和 W×N 对土壤平均 N_2O 通量的影响达极显著水平（$P<0.001$）。

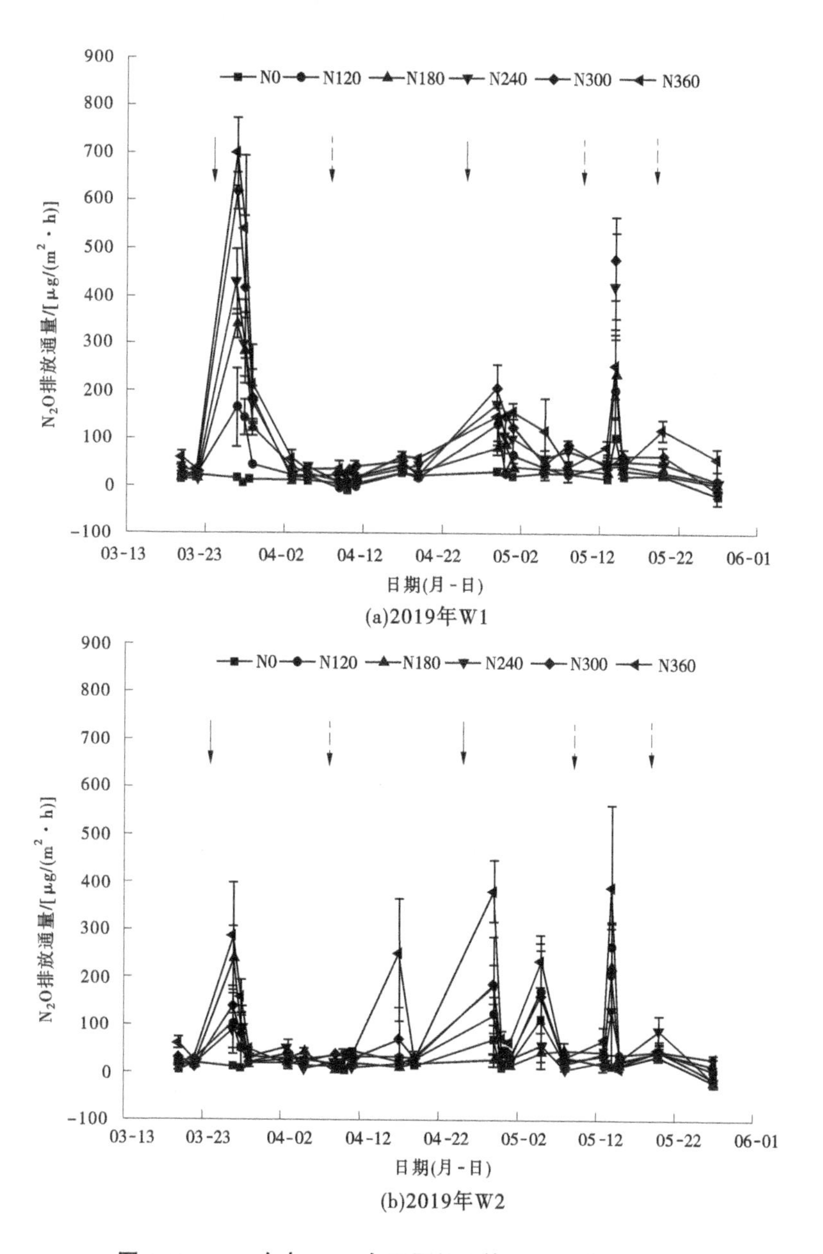

图 4-13　2019 年与 2020 年不同处理的 N_2O 季节性排放通量

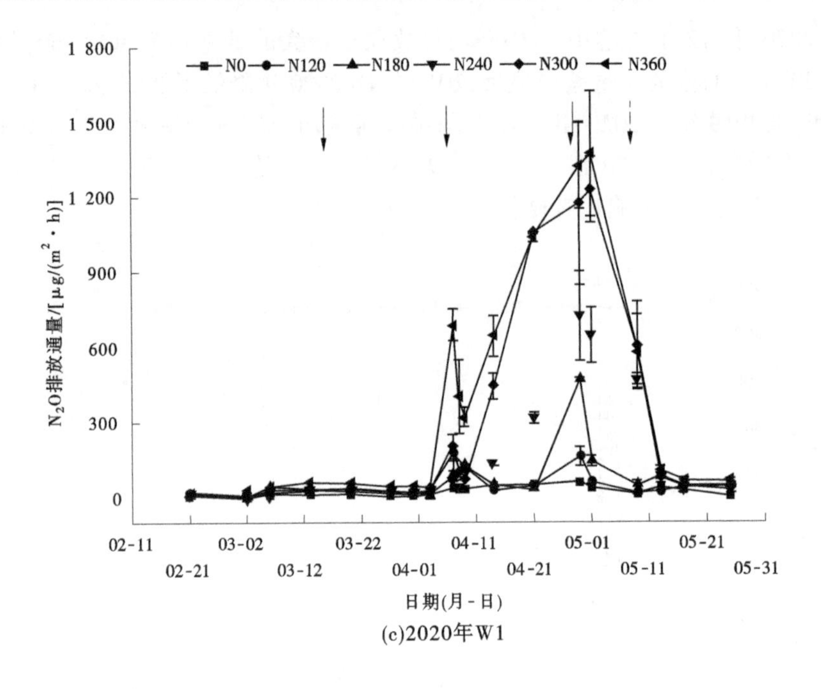

(c)2020年W1

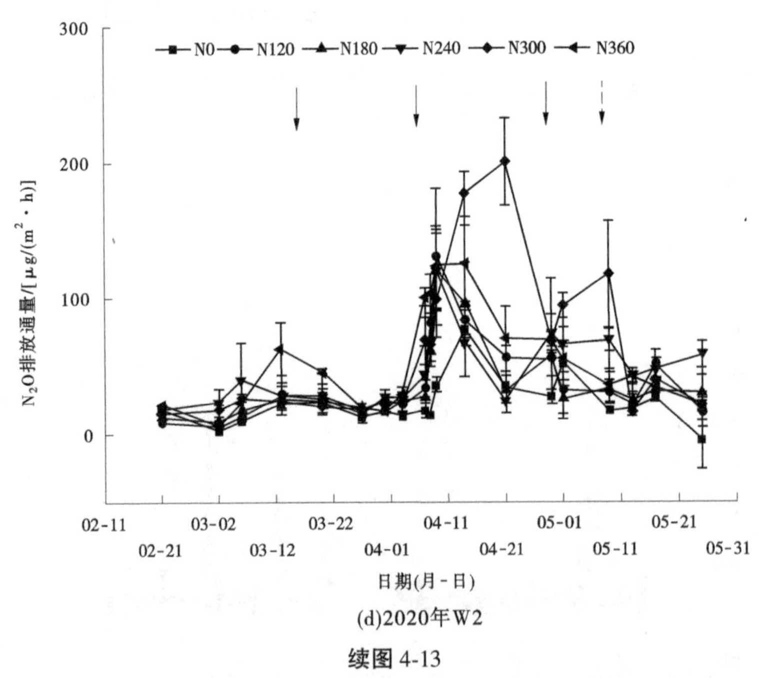

(d)2020年W2

续图 4-13

由表 4-12 可知,2019 年和 2020 年的 N_2O 累计排放量范围分别在 0.33(W1N0)~1.90(W1N360)kg/hm^2 和 0.53(W1N0)~8.23(W1N360)kg/hm^2。N_2O 累计排放量在 W1N0 处理最低,W2N0 次之;N_2O 累计排放量最高的处理为 W1N360 处理,但该处理在两年间的 N_2O 累计排放量变异较大,2020 年比 2019 年增多了 3.33 倍。皮尔逊相关分析表明,2019 年与 2020 年施氮量与 N_2O 累计排放量之间呈显著正相关($P<0.01$),相关系数

分别为0.84和0.61。由方差分析可得,不同水氮处理显著影响N_2O累计排放量($P<0.001$),且灌水量W、施氮量N及其交互作用对N_2O累计排放量有极显著影响($P<0.001$)。由表4-12可知,不同灌水量与施氮量处理对N_2O全球增温潜势(GWP)有极显著性影响($P<0.001$)。2019年N_2O全球增温潜势最高的处理为W1N360(567.19 kg CO_2-eq/hm^2),W1N0处理最低,为98.34 kg CO_2-eq/hm^2,在2020年全球增温潜势最高和最低的处理与2019年一致,但两年间W1N360处理的N_2O全球增温潜势变异很大,2020年是2019年的4.32倍。施氮量与N_2O全球增温潜势之间呈显著正相关关系($P<0.01$),相关系数分别为0.84和0.61。由方差分析可得,不同水氮处理对N_2O累计排放量影响显著($P<0.001$),且灌水量W、施氮量N及其交互作用对N_2O全球增温潜势也有显著影响($P<0.001$)。

表4-12 不同处理对N_2O累计排放量和全球增温潜势(GWP)的影响

灌水水平	施氮水平	2019年累计排放量/(kg/hm^2)	2020年累计排放量/(kg/hm^2)	2019年GWP/(kg/hm^2)	2020年GWP/(kg/hm^2)
W1	N0	0.33f	0.53e	98.34f	158.93e
	N120	0.75cde	0.94de	223.50cde	281.11de
	N180	0.95c	1.51d	284.09c	450.97d
	N240	1.37b	3.55c	408.26b	1 058.89c
	N300	1.66ab	6.86b	493.69ab	2 043.29b
	N360	1.90a	8.23a	567.19a	2 452.54a
	均值	1.16	3.60	345.85	1 074.29
W2	N0	0.47ef	0.55e	142.05ef	162.91e
	N120	0.81cd	0.80de	241.38cd	238.40de
	N180	0.63def	0.77de	186.75def	228.47de
	N240	0.75cde	0.96de	222.51cde	286.08de
	N300	0.96c	1.42d	286.08c	422.17d
	N360	1.68a	1.10de	499.65a	326.81de
	均值	0.88	0.93	263.07	277.47
*P*值	W	0	0	0	0
	N	0	0	0	0
	W×N	0.001	0	0.001	0

注:均值为6个施氮处理的平均值。W代表灌溉水平,N代表施氮水平,W×N代表水氮交互作用;同一列数据不同字母代表处理间差异达到5%显著水平($P<0.05$)。ns表示$P>0.05$,差异不显著。

由表4-13的N_2O全球增温潜势的多元线性回归分析可知,0~10 cm土层的WFPS、铵态氮与全氮含量显著增加了N_2O全球增温潜势。通过逐步多元线性回归观察到,在2019年和2020年的研究中土壤铵态氮分别解释65%和50%的N_2O全球增温潜势变异;硝态氮对整个研究的N_2O全球增温潜势无显著影响,但可以解释2019年45%的N_2O全球增温潜势变异。出现这样的现象可能是由于本研究中底肥与追肥施加都是尿素,其主要含量为铵态氮，并且铵态氮在投入土壤后不易被水淋洗到深层土壤，旱地土壤产生 N_2O 的过程主要为硝化进程，所以铵态氮含量越高，硝化进程的底物就越充足，N_2O 的排放就越多。

表 4-13　N_2O 全球增温潜势的多元线性回归模型

年份	回归方程（$P<0.05$）	标准化系数（$P<0.05$）					调整后 R^2
		T	W	A	N	TN	
ALL	$GWP_{N_2O}=44.89W+128.21A+1\ 544.89TN-4\ 566.00$	ns	0.44	0.22	ns	0.33	0.34
2019	$GWP_{N_2O}=135.10A+5.34N-162.70$	ns	ns	0.65	0.45	ns	0.68
2020	$GWP_{N_2O}=99.87W+326.79A+1\ 481.46TN-8\ 096.82$	ns	0.66	0.50	ns	0.27	0.70

注：;T 表示温度，℃；W 表示土壤充水孔隙度（%），A 表示铵态氮，mg/kg；N 表示硝态氮，mg/kg；TN 表示土壤总氮，mg/g；ALL 表示 2019 年和 2020 年所有处理的 N_2O 全球增温潜势数据；2019 表示 2019 年所有处理的 N_2O 全球增温潜势数据；2020 表示 2020 年所有处理的 N_2O 全球增温潜势数据；ns 表示无显著性。

4.2.2.5　讨论

土壤 CO_2 通量表现出明显的季节变化，这取决于土壤水分状况。本研究观测到了施肥和灌溉后 CO_2 排放通量会不断上升。在高水处理（W1）条件下，异质微生物活动激发并导致了土壤有机质的瞬时分解和较高的土壤呼吸速率（Mehmood et al., 2019）。Kumar et al.（2016）也得出了类似的结果：低土壤水势处理的土壤 CO_2 通量较高，而土壤易受较长时间的干燥时期（W2）影响，微生物活性和有机质分解减弱，因此在灌溉施肥后，CO_2 通量在下一次灌溉和施肥之前总会降低。

在非常潮湿和干燥的土壤环境中，土壤呼吸是有限的（Smith et al.，2018）。灌溉后所有处理的土壤 CO_2 通量都有所增加，表明土壤由干燥变湿润有利于 CO_2 排放的增加，从而造成了更高的土壤呼吸速率（Orchard et al., 1983）。CO_2 排放通量的升高与作物根系和微生物呼吸增多有关，因为较高的植物生物量、土壤中较大的根系分泌物输入量和较高的根系周转率，都会增加根系与微生物呼吸从而使 CO_2 排放通量增加（ZAK et al., 2000；Kou et al., 2007）。根系呼吸和土壤微生物的生理过程是 CO_2 在土壤中流动的主要原因。在不同的土壤微环境中，由于根系活动、作物残留物和凋落物含量、小气候和黏土胶体催化特性的影响，CO_2 排放有很大的不同（Matteucci et al., 2000）。降雨或灌溉事件导致干旱土壤重新湿润后，土壤呼吸、碳矿化速率和微生物活动的增加，会造成土壤 CO_2 通量的增加（Calderon et al., 2002）。

本研究中各处理的 CO_2 全球增温潜势大于 0，说明麦田土壤是 CO_2 的排放源（王艳群等，2019）。但在关于施用氮肥对农田土壤 CO_2 的排放的研究中，却有着不同的结论。王艳群等（2019）研究发现，施纯氮 225 kg/hm^2 与施纯氮 285 kg/hm^2 的处理相比，冬小麦生育期内 CO_2 的平均排放通量和 CO_2 全球增温潜势分别显著降低了 8.3%～32.6% 与 7.8%～31.6%。Ding et al.（2007）在我国华北平原潮土的研究发现，施用氮肥使玉米生长季 CO_2 排放通量降低了 10.5%。Wilson et al.（2008）指出在大豆-玉米轮作系统中，与施氮 270 kg/hm^2 处理相比，不施氮肥使玉米季农田土壤 CO_2 排放速率增加了 31%。Li et al.（2010）在黄淮海平原夏玉米的研究中发现，施氮肥可增加土壤 CO_2 的排放，可能是由于氮肥投入会促进微生物的活动,并使 CO_2 的排放增加(Silva et al., 2008)。在本研究中,除 2020 年 W1 处理外,施氮量大于 180 kg/hm^2 的处理 CO_2 排放量均显著高于 N0 及 N120 处理,所以合理的施氮可以在一定程度上降低土壤 CO_2 的排放量。

与 W2 处理相比,W1 处理的 N_2O 平均排放量较高,主要原因是与 W2 处理相比,W1 处理拥有的较高 WFPS 加快了反硝化过程(Ju et al., 2011),从而加速了 N_2O 的产生与排放。土壤水分状况可以控制硝化菌和反硝化菌的活性,从而控制 N_2O 和 NO 的排放。多项研究表明,土壤矿质氮含量与 N_2O 排放量呈正相关,因为矿质氮含量可能是硝化和反硝化速率的标志(Ludwig et al., 2001;Groenigen et al., 2010;Liu et al., 2011)。尿素在土壤中被水解成可参与硝化作用的铵态氮,使土壤中的 NH_4^+ 和 NO_3^- 含量大幅度增加,形成了硝化与反硝化作用的底物,因此在本研究中与 W2 处理相比,W1 处理显著增加了 N_2O 的排放。

N0、N120、N180 处理的 N_2O 平均排放通量与排放总量在两年间变化不大,N240、N300、N360 处理的 N_2O 排放量在两年间差异较大,原因可能是施氮量较小的处理,土壤中没有过多的氮素残留,而施氮量较大的处理,经过长年的积累,处理间的差异也将越来越大,而氮素残留与土壤 N_2O 排放有显著正相关关系。Bell et al. (2015)在英国的研究发现,最高施氮量处理的 N_2O 年累计排放量最大,但施氮量与 N_2O 年累计排放量之间不是线性关系。周慧等(2020)指出土壤铵态氮含量与 N_2O 排放通量之间存在极显著正相关。这些研究与本书研究的结论基本一致。虽然施氮量是影响 N_2O 排放的主要因素,但是 N_2O 排放通量也会受到土壤温度、土壤通气性及土壤水分状况等多方面因素的影响(Ball, 2013)。而且对于 N_2O 排放通量大小的影响,并不是这些因素简单叠加后的综合效应,而是多种因素综合后总体效应的一种全面体现(Zhang et al., 2014)。因此,关于施氮量对冬小麦田 N_2O 排放量影响的机制问题,还应考虑由施氮量引起的土壤一系列变化,如土壤物理参数、土壤 C/N 比以及土壤温度等因素的影响。

4.2.2.6　小结

本节分析了不同灌溉水量与施氮量处理下,滴灌麦田 CO_2 与 N_2O 排放通量在返青期后的动态变化规律、主要生育期内 CO_2 与 N_2O 累计排放通量与全球增温潜势的变化和 0~10 cm 土壤 WFPS、温度、硝态氮、铵态氮及全氮的变化对 CO_2 和 N_2O 排放的影响。具体结果如下:

(1)由方差分析可得不同水氮处理对 CO_2 排放有显著性影响,主体间效应分析结果表明水分处理对 CO_2 平均排放通量无显著性影响。多元回归分析表明,土壤全氮是 CO_2 排放的主要调节因子。0~10 cm 土层的土壤全氮显著增加了 CO_2 排放通量,逐步多元线性回归分析表明,土壤全氮解释了 39%~78%的 CO_2 排放变异,温度可以解释 22%~39%的 CO_2 排放变异。土壤温度、WFPS、铵态氮及全氮对 CO_2 排放量有显著影响。在不同施氮量下,W2 水平下 N0 处理的 CO_2 累计排放量最低,能够显著降低 GWP CO_2,并且施氮量与 GWP CO_2 之间存在显著正相关,相关系数为 0.70($P<0.001$)。研究结果表明,适宜的施氮量能够有效地减少滴灌麦田 CO_2 的排放。

(2)N_2O 平均排放通量与累计排放量最大的处理均为 W1N360，但该处理的 N_2O 排放通量与累计排放量在年际间差异显著，2019 年比 2020 年降低了 29.82%。由皮尔逊相关性分析可得，N_2O 平均排放通量均与施氮量呈显著正相关（$P<0.01$），相关系数分别为 0.80 和 0.62。灌水量 W、施氮量 N 及其交互作用对土壤平均 N_2O 通量及 N_2O 累计排放量有极显著的影响（$P<0.001$）。通过逐步多元线性回归观察到，土壤全氮、铵态氮与 WFPS 显著影响 N_2O 全球增温潜势，而硝态氮对 N_2O 全球增温潜势无显著影响。

4.2.3 小麦产量与土壤团聚体稳定性及碳氮排放的相关关系

4.2.3.1 冬小麦产量及组成、水分与氮肥利用效率

1. 产量及组成

表 4-14 为不同灌水量与施氮量下冬小麦穗数、穗粒数、千粒重及籽粒产量的方差分析结果。两年的试验结果表明，施氮量对冬小麦籽粒产量及产量组成的影响均达到显著水平（$P<0.05$），而灌水量对这些指标的影响却存在年际差异。2018～2019 年灌水量对冬小麦穗数、千粒重与籽粒产量有显著影响，而 2020 年仅对穗粒数与千粒重有显著水平的影响（$P<0.05$）。不同灌溉水平的产量表现为：W1>W2，其中 2018～2019 年和 2019～2020 年 W1 处理较 W2 处理产量分别提高 10.70%和 1.03%。相同的灌溉水平下，随着施氮量的增加，冬小麦产量会呈现出先增大后减小的趋势。2018～2019 年不同灌溉水平产量最高的氮肥处理分别为 W1N300 和 W2N240，2019～2020 年不同灌溉水平下产量最高的氮肥处理分别为 W1N300 和 W2N300。然而，两年不同水分处理下，N180～N360 处理间的产量没有显著差异。

表 4-14 不同灌溉水平和施氮量下冬小麦籽粒产量及产量组成

试验年份	灌溉水平	施氮水平	穗数/(10^4/hm^2)	穗粒数/粒	千粒重/g	籽粒产量/(kg/hm^2)
2018～2019 年	W1	N0	586.67de	16.67e	47.21ef	2 001.12e
		N120	573.33e	37.00abc	52.01a	7 086.10cd
		N180	800.00abc	37.00abc	51.73ab	8 404.48abc
		N240	938.33a	41.33ab	49.73abcde	9 699.39a
		N300	841.67ab	35.67bc	48.58cdef	9 901.01a
		N360	831.67ab	38.33abc	50.60abc	8 882.16ab
		均值	761.94	34.33	49.98	7 662.38
	W2	N0	426.67f	26.33d	48.43cdef	2 389.55e
		N120	670.00cde	35.00c	50.46abcd	6 522.27d
		N180	738.33bcd	38.67abc	49.27bcdef	7 869.09bcd
		N240	788.33abc	42.33a	47.33ef	8 438.91abc
		N300	743.33bc	36.00bc	46.94f	8 370.96abc
		N360	705.00bcde	35.00c	47.90def	7 940.77bcd
		均值	678.61	35.56	48.39	6 921.92

续表 4-14

试验年份	灌溉水平	施氮水平	穗数/(10^4/hm^2)	穗粒数/粒	千粒重/g	籽粒产量/(kg/hm^2)
2018~2019 年	*P* 值	W	0.006	ns	0.002	0.013
		N	0	0	0.001	0
		W×N	ns	0.016	ns	ns
2019~2020 年	W1	N0	326.67e	13.67f	48.50e	2 019.90f
		N120	481.67cde	40.67a	54.03abc	5 380.33d
		N180	668.33abc	39.00ab	55.31a	6 984.33c
		N240	640.00abc	37.00abc	54.26ab	8 330.80b
		N300	708.33ab	35.67abc	50.91bcde	9 739.07a
		N360	810.00a	37.67abc	50.94bcde	9 615.87a
		均值	605.83	33.94	52.32	7 011.72
	W2	N0	371.67de	19.33e	49.27de	1 929.40f
		N120	348.33e	26.00d	52.73abcd	4 297.47e
		N180	615.00abc	33.00c	53.58abc	7 281.10c
		N240	540.00bcd	36.33abc	48.85de	8 978.77ab
		N300	688.33ab	34.00bc	47.99e	9 810.40a
		N360	678.33ab	36.00abc	50.00cde	9 345.93a
		均值	540.28	30.78	50.40	6 940.51
	P 值	W	ns	0.003	0.013	ns
		N	0	0	0.001	0
		W×N	ns	0	ns	ns

注:均值为 6 个施氮处理的平均值。W 代表灌溉水平,N 代表施氮水平,W×N 代表水氮交互作用;同一列数据不同字母代表处理间差异达到 5%显著水平($P<0.05$)。ns 表示 $P>0.05$,差异不显著。

穗数、穗粒数和千粒重是构成冬小麦产量的主要因素。分析冬小麦的产量构成因素可知,两年试验的最大穗数都出现在高水处理(W1),分别为 2018~2019 年的 W1N240 处理(每公顷 938.33 万株)和 2019~2020 年的 W1N360 处理(每公顷 810 万株)。由主体间效应检验结果可知,2018~2019 年灌水量与施氮量均对冬小麦成穗数有显著性影响($P<0.05$),而灌水量与施氮量的交互作用对成穗数则无显著影响;2019~2020 年仅有施氮量对冬小麦籽粒产量有显著性影响($P<0.001$),而灌水量和灌水量与施氮量的交互作用对冬小麦成穗数无显著影响。两年的试验结果表明,不同的灌水水平下,N0 处理的冬小麦穗粒数最小,但穗粒数不会随着施氮量的增加而一直增大。由主体间效应检验结果可知,2018~2019 年灌水量对冬小麦穗粒数没有显著性影响,而施氮量和灌水量与施氮量的交互作用对冬小麦穗粒数均有显著影响($P<0.05$);2019~2020 年施氮量和灌水量及其交互

作用对冬小麦穗粒数有显著影响($P<0.01$)。两年的试验结果表明,灌水量和施氮量对冬小麦千粒重均有显著性影响($P<0.05$),而灌水量与施氮量的交互作用对冬小麦千粒重无显著影响,且两年的数据均显示高水处理(W1)的平均千粒重高于低水处理的平均千粒重(W2)。

2018~2019年高水处理(W1)的冬小麦成穗数比2019~2020年高25.77%,但W1的籽粒产量仅比2019~2020年高9.28%。造成这一现象的原因是:2019~2020年出现的"倒春寒",致使麦苗生长发育和分蘖过程受到影响,但后期随着温度的回升,灌浆过程正常进行,籽粒较2018~2019年饱满,弥补了一定程度的产量损失。这一点从W2处理也可以看出,2018~2019年成穗数比2019~2020年高25.60%,而2019~2020年千粒重仅比2018~2019年高4.15%,这使得两年间W2处理的籽粒产量差异低于0.5%。

将不同灌水处理的籽粒产量与氮肥施用量及产量组成(穗数、穗粒数、千粒重)进行相关分析,结果如图4-14所示。不同灌水水平下的施氮量与籽粒产量密切相关,其决定系数R^2均大于0.91。不同灌水水平下,施氮量与籽粒产量之间的拟合方程均为开口向下的抛物线,说明籽粒产量并不会随着施氮量的增加而无限增加,施氮量超过一定阈值后,籽粒产量就会开始逐渐下降。当只考虑施氮量对产量的影响时,将两年试验的施氮量与籽粒产量使用SPSS进行曲线估计,得到产量与施氮量之间的拟合方程为:$y=-0.0643x^2+43.326x+1939.3$($R^2=0.89$,$n=72$)。由此可得产量最大时的氮肥施用阈值为336.91 kg/hm²,施氮量大于此阈值时,产量会逐渐降低。此施氮阈值比目前普遍提倡的华北平原冬小麦适宜施氮量偏大,可能是2019~2020年的最高产量的氮肥阈值较大引起的。从图4-14(a)、(b)可以看出,2018~2019年与2019~2020年的最高产量的氮肥阈值,2019~2020年的最高产量的氮肥阈值(W1:489.54 kg/hm²,W2:460.43 kg/hm²)远远高于华北平原冬小麦提倡的适宜施氮量。出现此现象的原因可能是2019~2020年冬小麦在返青拔节期的平均气温较低(3月1日至4月15日的平均气温仅为12 ℃),造成前期追施氮肥的利用率较低,所以两年试验结果得出的氮肥施用阈值(336.91 kg/hm²)比目前普遍提倡的华北小麦适宜施氮量偏大。

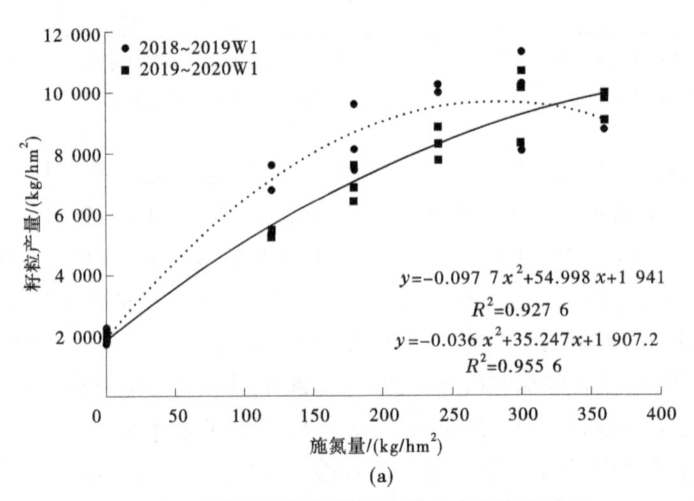

图4-14 产量与氮肥用量及产量组成的相关关系

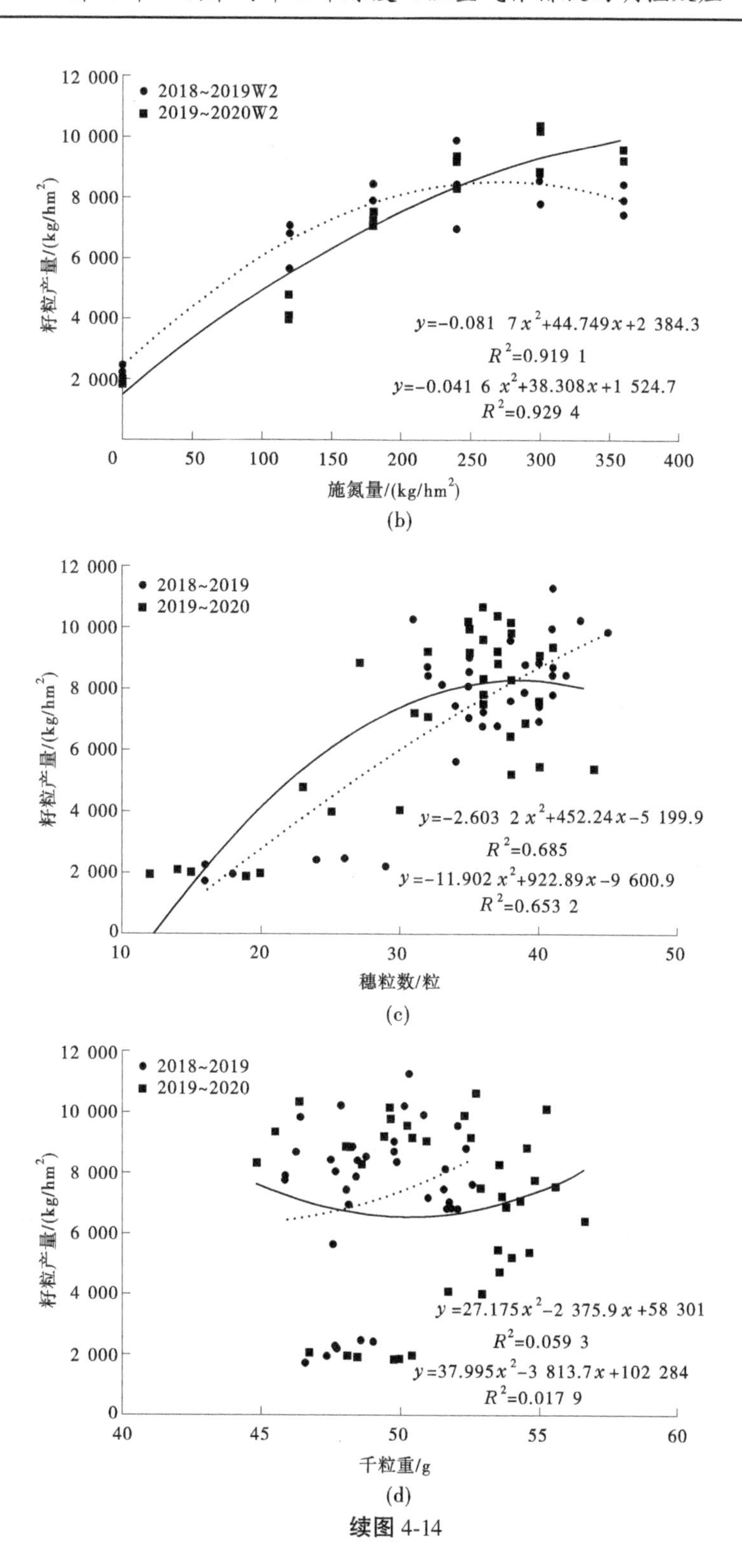
12 000
10 000
8 000
6 000
4 000
2 000
0
2018~2019W2
2019~2020W2
籽粒产量/(kg/hm²)
y=-0.081 7x²+44.749x+2 384.3
R²=0.919 1
y=-0.041 6x²+38.308x+1 524.7
R²=0.929 4
0 50 100 150 200 250 300 350 400
施氮量/(kg/hm²)
2018~2019
2019~2020
y=-2.603 2x²+452.24x-5 199.9
R²=0.685
y=-11.902x²+922.89x-9 600.9
R²=0.653 2
10 20 30 40 50
穗粒数/粒
y=27.175x²-2 375.9x+58 301
R²=0.059 3
y=37.995x²-3 813.7x+102 284
R²=0.017 9
40 45 50 55 60
千粒重/g
(b)

(c)

(d)

续图 4-14

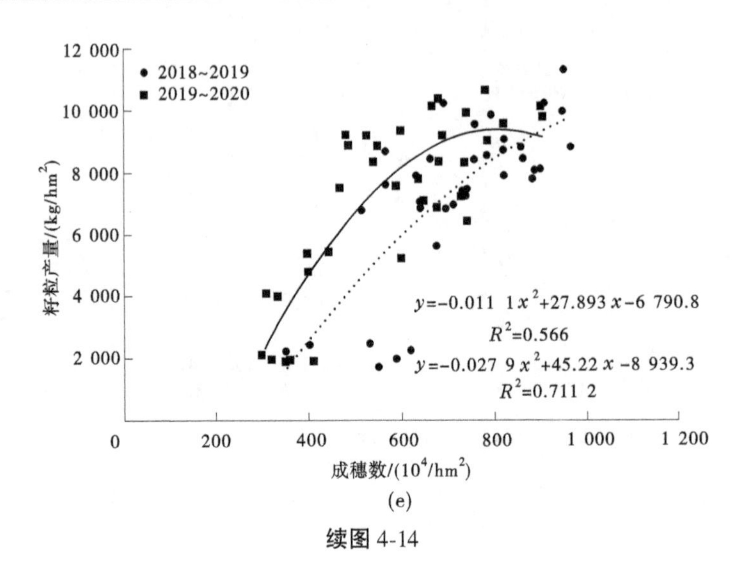

续图 4-14

对于产量构成,两年间籽粒产量与收获期的穗粒数、穗数、千粒重三者的相关关系并不一致。两年试验的籽粒产量与穗粒数和成穗数之间正相关关系显著,两年试验的 R^2 分别为 0.69 和 0.65 及 0.57 和 0.71,籽粒产量与千粒重无显著相关关系。由表 4-15 冬小麦籽粒产量的多元线性回归分析可知,在整个研究过程中,施氮量显著影响了冬小麦籽粒产量,通过对本研究施氮量(0~360 kg/hm²)与产量进行逐步多元线性回归观察到,2019 年和 2020 年的施氮量分别解释了 72%和 95%的籽粒产量变异;耗水量对 2018~2019 年冬小麦的籽粒产量有显著影响,对 2019~2020 年冬小麦的籽粒产量无显著影响,可能是两年间的气候条件差异较大引起的。

表 4-15　冬小麦籽粒产量的多元线性回归模型

年份	回归方程(P<0.05)	标准化系数(P<0.05)		调整后 R^2
		耗水量(ET)	施氮量(N)	
ALL	Y=20.19N+3 096.07	ns	0.89	0.78
2019	Y=11.08ET+15.45N−204.12	0.22	0.72	0.69
2020	Y=22.81N+2 414.42	ns	0.95	0.90

注: Y 表示产量,kg/hm²;ns 表示无显著性(P>0.05)。

2. 水分和氮肥利用效率

综合两年各处理的耗水量和籽粒产量,计算了不同处理的水分利用效率(WUE),结果如表 4-16 所示。两个生育期内水氮处理对滴灌冬小麦的 WUE 均有极显著影响(P<0.001)。由主体间效应检验结果可知,2018~2019 年灌水量与施氮量对冬小麦 WUE 有显著性影响(P<0.001),而灌水量与施氮量的交互作用对冬小麦 WUE 无显著影响;2019~2020 年施氮量和灌水量及其交互作用对冬小麦 WUE 有显著影响(P<0.001)。两年度 WUE 的范围分别为 0.51~2.31 kg/m³ 和 0.46~2.32 kg/m³,W2 处理的平均 WUE 大于 W1 处理的平均 WUE,2018~2019 年和 2019~2020 年 W2 处理分别比 W1 处理高

11.05%和 20.71%。

表 4-16　不同灌溉水平和施氮量下冬小麦水分利用效率

灌溉水平	施氮水平	2019 WUE/(kg/m³)	2020 WUE/(kg/m³)
W1	N0	0.51e	0.46f
	N120	1.55d	1.11e
	N180	1.93abc	1.44d
	N240	2.24ab	1.64c
	N300	2.19ab	1.84bc
	N360	1.88bcd	1.89b
	均值	1.72	1.40
W2	N0	0.82e	0.52f
	N120	1.75cd	1.15e
	N180	2.31a	1.79bc
	N240	2.25ab	2.15a
	N300	2.23ab	2.32a
	N360	2.11abc	2.20a
	均值	1.91	1.69
P 值	W	0.009	0
	N	0	0
	W×N	ns	0.005

注：均值为 6 个施氮处理的平均值；W 代表灌溉水平，N 代表施氮水平，W×N 代表水氮交互作用；同一列数据不同字母代表处理间差异达到 5%显著水平（$P<0.05$）。ns 表示 $P>0.05$，差异不显著。

在相同的灌溉水平下，不同施氮量处理的 WUE 会随着施氮量的增加呈先增加后降低的趋势（除 2019～2020 年 W1 处理外）。由相关分析可得，两年试验的灌水定额与 WUE 之间无显著相关性，而施氮量与 WUE 呈现显著正相关关系，相关系数为 0.82（$P<0.01$）。将两年试验的 WUE 与施氮量之间进行线性拟合得到方程：$WUE=-0.000\,016N+0.01N+0.541\,9$（$R^2=0.80$，$n=72$），由此可以求得拟合方程的最大 WUE 为 2.10 kg/m³，相对应的施氮量阈值为 312.5 kg/hm²，施氮量大于此阈值时，WUE 会逐渐降低。

由表 4-17 的方差分析结果可知，两个生育期不同处理间滴灌冬小麦的氮肥农学效率和氮肥偏生产力的差异达到极显著水平（$P<0.001$）。将两年试验冬小麦的氮肥农学效率和氮肥偏生产力进行主体间效应检验可知，2018～2019 年灌水量对氮肥农学效率及氮肥偏生产力影响显著（$P<0.05$），施氮量对氮肥农学效率及氮肥偏生产力的影响达到极显著水平（$P<0.001$）。2019～2020 年灌水量对氮肥农学效率及氮肥偏生产力无显著影响，施

氮量和灌水量与施氮量的交互作用均对氮肥农学效率及氮肥偏生产力有极显著影响($P<0.01$)。从表4-17中可以看出,2018~2019年冬小麦高灌水量处理(W1)的氮肥农学效率及氮肥偏生产力分别比低灌水处理(W2)提高了23.91%和11.27%。2019~2020年冬小麦高灌水量处理(W1)的氮肥农学效率及氮肥偏生产力分别比低灌水处理(W2)提高了2.39%和2.99%。2018~2019年不同灌水量下冬小麦的氮肥农学效率及氮肥偏生产力均会随着施氮量的增加而降低。2019~2020年冬小麦高水处理(W1)的氮肥农学效率及氮肥偏生产力均会随着施氮量的增加有降低的趋势。2019~2020年冬小麦低水处理(W2)的氮肥农学效率及氮肥偏生产力均会随着施氮量的增加呈现出先升高后降低的趋势,氮肥农学效率及氮肥偏生产力出现升高的处理均为W2N180处理。2018~2019年氮肥农学效率和氮肥偏生产力均在W1N120处理达到最大,最大值分别为42.37 kg/kg和59.05 kg/kg。2019~2020年氮肥农学效率和氮肥偏生产力分别在W2N180和W1N120处理达到最大,最大值分别为29.73 kg/kg和44.84 kg/kg。由此可以看出适宜的水分投入,可以促进小麦对氮素的吸收,提高氮肥利用效率;而氮肥的过量投入,会超出小麦的利用能力,造成更多氮素损失,降低氮肥利用效率。

表4-17　不同灌溉水平和施氮量下冬小麦氮肥利用效率

试验年份	灌溉水平	施氮水平	氮肥农学效率/(kg/kg)	氮肥偏生产力/(kg/kg)
2018~2019年	W1	N120	42.37a	59.05a
		N180	35.57ab	46.69b
		N240	32.08bc	40.41bc
		N300	26.33cd	33.00cd
		N360	19.11de	24.67e
		均值	31.09	40.77
	W2	N120	34.44b	54.35a
		N180	30.44bc	43.72b
		N240	25.21cd	35.16cd
		N300	19.94de	27.90de
		N360	15.42e	22.06f
		均值	25.09	36.64
	*P*值	W	0.001	0.016
		N	0	0
		W×N	ns	ns

续表 4-17

试验年份	灌溉水平	施氮水平	氮肥农学效率/(kg/kg)	氮肥偏生产力/(kg/kg)
2019~2020 年	W1	N120	28.00a	44.84a
		N180	27.58a	38.80bc
		N240	26.30a	34.71de
		N300	25.73a	32.46d
		N360	21.10b	26.71e
		均值	25.74	35.50
	W2	N120	19.73b	35.81cd
		N180	29.73a	40.45b
		N240	29.37a	37.41bc
		N300	26.27a	32.70d
		N360	20.60b	25.96e
		均值	25.14	34.47
	P 值	W	ns	ns
		N	0	0
		W×N	0.006	0.005

注:均值为 6 个施氮处理的平均值。W 代表灌溉水平,N 代表施氮水平,W×N 代表水氮交互作用;同一列数据不同字母代表处理间差异达到 5%显著水平($P<0.05$)。ns 表示 $P>0.05$,差异不显著。

2018~2019 年冬小麦氮肥农学效率及氮肥偏生产力在不同的灌水量条件下,均呈现随着施氮量的增大而降低的趋势。而 2019~2020 年却表现出不同的现象:W1 处理下的氮肥农学效率及氮肥偏生产力会随着施氮量的增加而降低,在 W2 处理下,当施氮量大于 120 kg/hm^2 后,氮肥农学效率及氮肥偏生产力会随着施氮量的增加而降低,原因可能是在低水处理下,施氮量不能满足作物的基本需求时,冬小麦的生长发育严重受到抑制,W2N120 处理产量仅为 W2N180 处理的 59.02%,所以其氮肥农学效率与氮肥偏生产力显著低于 W2N180,而当施氮量满足作物基本需求时,就会有更多的氮素被转移到除籽粒外的其他部分,就会造成随着施氮量的增加,冬小麦氮肥农学效率与氮肥偏生产力逐渐降低的现象。

4.2.3.2　土壤团聚体和产量之间的关系

对籽粒产量与平均重量直径(MWD)和分形维数(D)进行相关分析,结果如图 4-15 所示。在不同的水分处理下,随着冬小麦籽粒产量的增加,分形维数(D)呈对数型增长,W1 和 W2 处理的决定系数分别为 0.840 2 和 0.925 6,表明产量分别可以解释分形维数变异的 84.0%和 92.6%。根据产量与分形维数之间的拟合函数($y=0.078\ 7\ln x+1.856\ 3$ 和 $y=0.111\ 3\ln x+1.551\ 8$)可知,随着籽粒产量的增加,分形维数会逐渐增加,表明土壤中细颗粒物质的含量在逐渐增大。在不同的水分处理下，随着冬小麦籽粒产量的增加，平均重量直径呈对数型降低，其决定系数分别为 0.986 5 和 0.921 4，表明产量分别可以解释平均重量直径变异的 98.7% 和 92.1%。根据产量与平均重量直径之间的拟合函数（$y=-0.686\ln x+8.5545$ 和 $y=-0.475\ln x+6.7263$），可以看出两种灌水条件下的分形维数和平均重量直径对冬小麦籽粒产量的响应是相似的。提高灌水量与施氮量来提高小麦产量会造成土壤水稳性团聚体平均重量直径的降低与分形维数的增大。

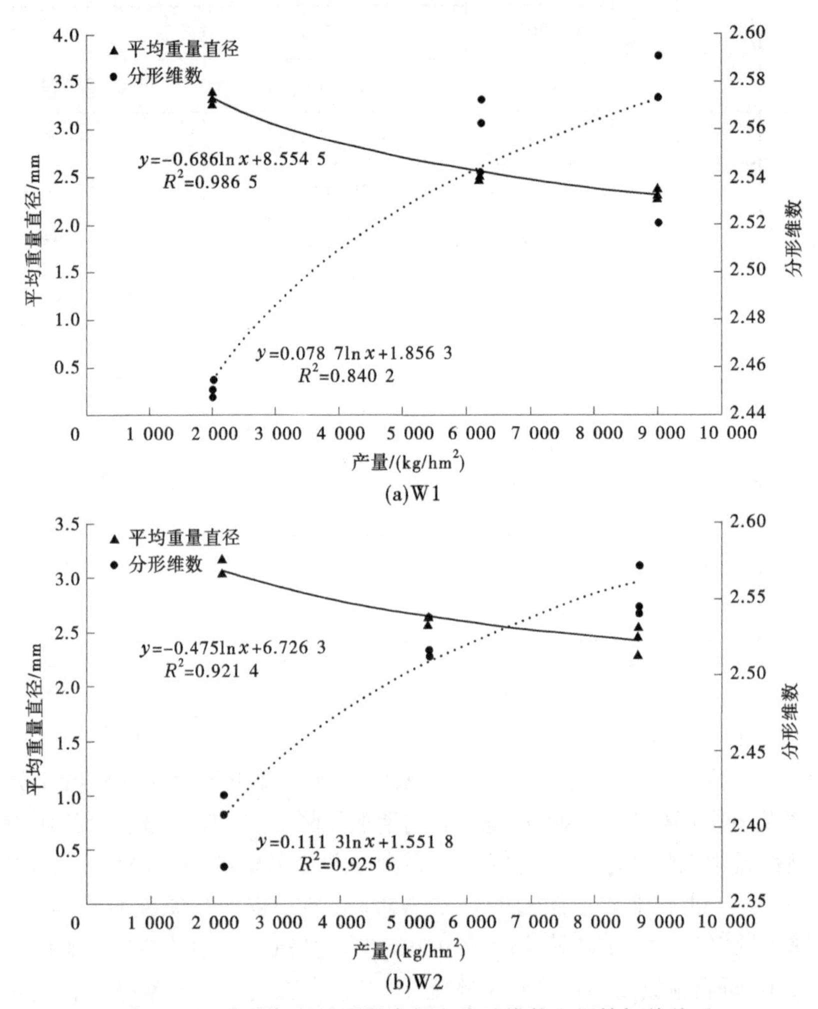

图 4-15 产量与平均重量直径和分形维数之间的相关关系

4.2.3.3 碳氮排放与籽粒产量间的相关分析

对籽粒产量与 CO_2 排放总量（TF_{CO_2}）和 N_2O 全球增温潜势（GWP_{N_2O}）进行相关分析，结果如图 4-16 所示，在 W1 处理和 W2 处理下，随着冬小麦籽粒产量的增加，TF_{CO_2} 呈现对数型增长，其决定系数分别为 0.603 7 和 0.644 9，表明产量分别可以解释 TF_{CO_2} 变异的 60.4%和 64.5%。根据产量与 TF_{CO_2} 之间的拟合函数（$y=8.988\ln x-49.163$ 和 $y=12.621\ln x-80.265$）可知，随着籽粒产量的增加，CO_2 排放总量的增长速率在逐渐降低，这是因为随着施氮量的增加,冬小麦的生物量不会持续增加,它会受到各方面因素的抑制,作物地上部呼吸作用所产生的 CO_2 是所测量的 CO_2 排放量中最重要的组成部分,所以当产量达到一定值时,TF_{CO_2} 的增长速率会逐渐降低。在不同的水分处理下,随着冬小麦籽粒产量的增加,GWP_{N_2O} 呈现指数型增长,其决定系数分别为 0.596 8 和 0.411 4,表明产量分别可以解释 GWP_{N_2O} 变异的 64.4%和 41.1%。根据产量与 GWP_{N_2O} 之间的拟合函数($y=65.505e^{0.0003x}$ 和 $y=121.72e^{0.0001x}$)可知,随着籽粒产量的增加,GWP_{N_2O} 的增长速率在显著提高,这是因为随着施氮量的增加,未被作物利用的氮素就会增加,这会显著提高硝化与反硝化进程的底物浓度,并为其他微生物的矿化作用提供氮源。由此可以看出不同的灌水条件下,以提高施氮量为增产手段时,一味地追求最高产量必会造成 N_2O 和 CO_2 排放量的剧增。

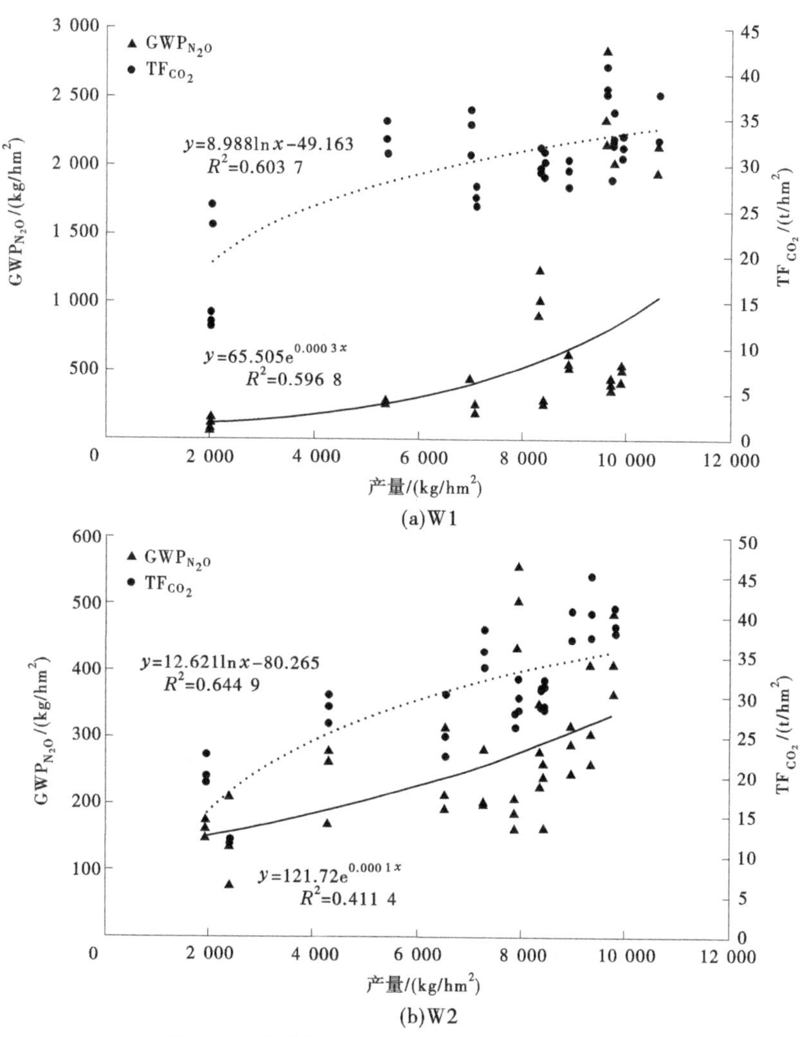

图4-16　产量与 CO_2 和 N_2O 排放之间的相关关系

4.2.3.4　讨论

本研究中 2018~2019 年与 2019~2020 年的最大成穗数分别出现在 W1N240(每公顷 938.33 万株)和 W1N360(每公顷 810 万株),但这两个处理都不是产量最高的处理。原因可能是属于密植作物的冬小麦容易造成叶片间的相互遮阴(Pierik et al., 2014),以至于小麦群体内光辐射分布不合理,影响叶片光合作用以及群体光能利用率。通过合理的灌水与施氮管理,可以控制密植作物的分蘖数量,使作物得到合理的空间分布,改善植株的冠层分布,从而提高群体的光能利用效率,增加有机物的合成量进而提高作物籽粒产量。

土壤团聚体是土壤结构的基本单元(Six et al., 2004),是维持土壤质量的物质基础。稳定性良好的团聚体对改良土壤肥力至关重要(李春越等,2021)。适宜的施氮量可以增加土壤有机碳含量,提升土壤大团聚体含量与稳定性(庞党伟,2016)。在本研究中,施氮量从 0 增加至 240 kg/hm^2 时,冬小麦籽粒产量呈升高趋势,土壤水稳性团聚体稳定性呈减弱趋势。在此施氮量范围内并未得到提升大团聚体含量与稳定性的结论,原因可能是高水平氮素会增大土壤激发效应(徐学池等,2019),降低土壤有机质含量,进而降低土壤水稳性团聚体的稳定性,团聚体更容易破碎。在滴灌对土壤结构的影响方面,相关研究表明在特定的土壤-水分-植物系统和气候条件下,土壤表层的运输特性在生长季节会发生变化,这种时间上的变化可能是由于耕作措施造成的表层土壤的改变以及生根的影响。土壤表层结构的变化也会影响土壤微生物的群落分布及活性,微生物的群落分布及活性又是土壤养分转化的重要因素,从而影响作物从土壤中获取养分,进而影响作物产量的形成。

华北平原的年降雨量大约在 500 mm,在冬小麦的生育期内(生在 10 月至次年 6 月)降雨补给大概占年降雨量的 30%左右,这只能够提供冬小麦总耗水量的 25%~40%(Li et al.,2005)。在本研究中 2018~2020 年两个小麦生育季的总降雨量分别为 97.2 mm 和 109.2 mm,分别占生育期总耗水量的 20.6%~29.4%和 20.7%~29.7%。两个生育期中,低灌水量处理(W2)的水分利用效率比高灌水量处理(W1)的水分利用效率分别提高 11.05%和 20.71%,这说明 W1 处理与 W2 处理相比,不但消耗了更多的水分,且单位耗水所产生的冬小麦籽粒产量也较低。原因可能是 W1 处理的冬小麦分蘖数大于 W2 处理的冬小麦分蘖数,地上部生物量也大于 W2 处理的地上部生物量,地上部较高的生物量就造成了较大的植株蒸腾量,增加了无效耗水,导致了 W1 处理的 WUE 低于 W2 处理的 WUE。

4.2.3.5　小结

本节分析了不同灌水量与施氮量下冬小麦产量、产量组成、水氮利用效率、碳氮排放、团聚体稳定性与产量之间的关系,结果如下:

(1)两年试验中,施氮量对冬小麦籽粒产量及产量组成的影响均达到显著水平,而灌水量对产量及产量组成的影响却存在年际差异。不同的灌溉水平下的产量表现为:W1 处理>W2 处理,相同的灌溉水平下,随着施氮量的增加,冬小麦产量会呈现出先增大后减小的趋势。除 2019~2020 年 W2 处理的成穗数外,两年间不同灌水量下的施氮量与收获期的穗粒重、穗数、千粒重的拟合方程均为开口向下的抛物线,均呈现出随着施氮量的增加先增大后减小的趋势。

(2)两年试验中,低灌水量处理(W2)的平均WUE始终大于高灌水量处理(W1)。2018~2019年和2019~2020年W2处理分别比W1处理提高11.05%和20.71%。在相同的灌溉水平下,不同施氮量处理的WUE会随着施氮量的增加先增加后降低(除2019~2020年W1处理外)。2018~2019年冬小麦高灌水量处理(W1)的氮肥农学效率及氮肥偏生产力分别比低灌水处理(W2)提高了23.91%和11.27%。2019~2020年冬小麦高灌水量处理(W1)的氮肥农学效率及氮肥偏生产力分别比低灌水处理(W2)提高了2.39%和2.99%。除2019~2020年低水处理(W2)外,冬小麦的氮肥农学效率及氮肥偏生产力均会随着施氮量的增加而降低。而2019~2020年低水处理(W2)冬小麦的氮肥农学效率及氮肥偏生产力在施氮量大于120 kg/hm^2后会随着施氮量的增加而降低。

(3)随着冬小麦籽粒产量的增加,分形维数(D)呈对数型增长,表明土壤中细颗粒物质的含量在逐渐增大。随着冬小麦籽粒产量的增加,平均重量直径呈对数型降低,其决定系数R^2分别为0.986 5和0.921 4,表明随着冬小麦产量的增加,土壤团聚体的平均粒径会由大向小转变。

(4)在不同的水分处理下,随着冬小麦籽粒产量的增加,TF_{CO_2}呈对数型增长,随着籽粒产量的增加,CO_2排放总量的增长速率在逐渐降低。在不同的水分处理下,随着冬小麦籽粒产量的增加,GWP_{N_2O}呈指数型增长,随着籽粒产量的增加,GWP_{N_2O}的增长速率在显著提高。在不同的灌水条件下,仅以提高施氮量为增产手段时,一味地追求最高产量必会造成N_2O排放量的剧增。

参考文献

高鹏,李增嘉,杨慧玲,等.2008. 渗灌与漫灌条件下果园土壤物理性质异质性及其分形特征[J]. 水土保持学报,22:155-158.

李春越,常顺,钟凡心,等.2021. 种植模式和施肥对黄土旱塬农田土壤团聚体及其碳分布的影响[J]. 应用生态学,32:191-200.

梁世鹏,2019. 耕作与外源碳对草甸黑土水稳性团聚体的影响[D]. 哈尔滨:东北农业大学:14-38.

刘作新,杜尧东,2002. 日光温室渗灌效果研究[J]. 应用生态学报,13:409-412.

鲁如坤,2000. 土壤农业化学分析方法[M]. 北京:中国农业科技出版社:44-168.

庞党伟,2016,耕作和氮肥互作对耕层土壤理化性质及冬小麦产量的影响[D]. 泰安:山东农业大学:5-8.

王艳群,彭正萍,马阳,等.2019. 减氮配施氮转化调控剂对麦田CO_2和CH_4排放的影响[J]. 农业环境科学学报,38:1657-1664.

徐国鑫,王子芳,高明,等.2018. 秸秆与生物炭还田对土壤团聚体及固碳特征的影响[J]. 环境科学,39:355-362.

徐学池,苏以荣,王桂红,等.2019. 秸秆还田配施氮肥对喀斯特农田微生物群落及有机碳矿化的影响[J]. 环境科学,40:2912-2919.

张翰林,郑宪清,何七勇,等.2016. 不同秸秆还田年限对稻麦轮作土壤团聚体和有机碳的影响[J]. 水土保持学报,30:216-220.

周从从, 陈竹君, 赵世翔,等. 2013. 不同栽培模式及施氮量对土壤团聚体的影响[J]. 干旱地区农业研究,31: 100-105.

周慧, 史海滨, 郭珈玮,等. 2020. 有机无机肥配施对不同程度盐渍土 N_2O 排放的影响[J]. 环境科学, 41: 3811-3821.

Ball B, 2013. Soil structure and greenhouse gas emissions: a synthesis of 20 years of experimentation[J]. European Journal of Soil Science,64: 357-373.

Bell M, Hinton N, Cloy J,et al. 2015. Nitrous oxide emissions from fertilized UK arable soils: Fluxes, emission factors and mitigation[J]. Agriculture, Ecosystems & Environment,212: 134-147.

Calderon F, Jackson L, 2002. Roto tillage, disking, and subsequent irrigation: Effects on soil nitrogen dynamics, microbial biomass, and carbon dioxide efflux[J]. Journal of environmental quality,31: 752-758.

Chang R, Zhou W, Fang Y,et al., 2019. Anthropogenic nitrogen deposition increases soil carbon by enhancing new carbon of the soil aggregate formation[J]. Journal of Geophysical Research: Biogeosciences,124: 572-584.

Chen Z, Zhou X, Geng S,et al., 2019. Interactive effect of nitrogen addition and throughfall reduction decreases soil aggregate stability through reducing biological binding agents[J]. Forest Ecology and Management, 445: 13-19.

Ding W, Cai Y, Cai Z,et al., 2007. Soil respiration under maize crops: effects of water, temperature, and nitrogen fertilization[J]. Soil Science Society of America Journal, 71: 944-951.

Groenigen J, Velthof G, Oenema O,et al.,2010. Towards an agronomic assessment of N_2O emissions: a case study for arable crops[J]. European Journal of Soil Science,61: 903-913.

Htun Y, Tong Y, Gao P,et al., 2017. Coupled effects of straw and nitrogen management on N_2O and CH_4 emissions of rainfed agriculture in Northwest China[J]. Atmospheric Environment,157: 156-166.

Ju X, Lu X, Gao Z,et al., 2011. Processes and factors controlling N_2O production in an intensively managed low carbon calcareous soil under sub-humid monsoon conditions [J]. Environmental Pollution, 159: 1007-1016.

Kou T, Zhu J, Xie Z,et al., 2007. Effect of elevated atmospheric CO_2 concentration on soil and root respiration in winter wheat by using a respiration partitioning chamber[J]. Plant and Soil,299: 237-249.

Kumar A, Nayak A, Mohanty S,et al., 2016. Greenhouse gas emission from direct seeded paddy fields under different soil water potentials in Eastern India[J]. Agriculture, Ecosystems & Environment,228: 111-123.

Li H, Qiu J, Wang L,et al., 2010. Modelling impacts of alternative farming management practices on greenhouse gas emissions from a winter wheat-maize rotation system in China[J]. Agriculture, Ecosystems & Environment,135: 24-33.

Li J, Inanaga S, Li Z,et al., 2005. Optimizing irrigation scheduling for winter wheat in the North China Plain [J]. Agricultural Water Management,76: 8-23.

Li J, 2018. Increasing crop productivity in an eco-friendly manner by improving sprinkler and micro-irrigation design and management: A review of 20 years' research at the IWHR, China[J]. Irrigation and Drainage, 67: 97-112.

Liu C, Wang K, Meng S,et al.,2011. Effects of irrigation, fertilization and crop straw management on nitrous oxideand nitric oxide emissions from a wheat-maize rotation field in northern China[J]. Agriculture Ecosystems & Environment,140: 226-233.

Lu X, Hou E, Guo J,et al., 2021. Nitrogen addition stimulates soil aggregation and enhances carbon storage in terrestrial ecosystems of China: A meta-analysis[J]. Global Change Biology,27: 2780-2792.

Ludwig J, Meixner F, Vogel B, et al., 2001. Soil-air exchange of nitric oxide: An overview of processes, environmental factors, and modeling studies[J]. Biogeochemistry, 52: 225-257.

Luo R, Kuzyakov Y, Liu D, et al. 2020. Nutrient addition reduces carbon sequestration in a Tibetan grassland soil: Disentangling microbial and physical controls[J]. Soil Biology and Biochemistry, 144: 107764.

Matteucci G, Dore S, Stivanello S, et al., 2000. Soil respiration in beech and spruce forests in Europe: trends, controlling factors, annual budgets and implications for the ecosystem carbon balance[M]. Carbon and Nitrogen Cycling in European Forest Ecosystems: 217-236.

Mehmood F, Wang G, Gao Y, et al., 2019. Nitrous oxide emission from winter wheat field as responded to irrigation scheduling and irrigation methods in the North China Plain[J]. Agricultural Water Management, 222: 367-374.

Orchard V, Cook F, 1983. Relationship between soil respiration and soil moisture[J]. Soil Biology & Biochemistry, 15: 447-453.

Pierik R, Wit M, 2014. Shade avoidance: phytochrome signalling and other aboveground neighbour detection cues[J]. Journal of Experimental Botany, 65: 2815-2824.

Silva C, Guido M, Ceballos J, et al., 2008. Production of carbon dioxide and nitrous oxide in alkaline saline soil of Texcoco at different water contents amended with urea: A laboratory study[J]. Soil Biology and Biochemistry, 40: 1813-1822.

Six J, Bossuyt H, Degryze S, et al., 2004. A history of research on the linkbetween aggregates, soil biota, and soil organic matter dynamics[J]. Soil and Tillage Research, 79: 7-31.

Smith K, Ball T, Conen F, et al., 2018. Exchange of greenhouse gases between soil and atmosphere: interactions of soil physical factors and biological processes[J]. European Journal of Soil Science, 69: 10-20.

Wang C, Yang X, Xu K, 2018. Effect of chronic nitrogen fertilization on soil CO_2 flux in a temperate forest in North China: a 5-year nitrogen addition experiment[J]. Journal of Soils and Sediments, 18: 506-516.

Wilson H, Al-Kaisi M, 2008. Crop rotation and nitrogen fertilization effect on soil CO_2 emissions in central Iowa[J]. Applied Soil Ecology, 39: 264-270.

Zak D, Freedman Z, Upchurch R, et al., 2017. Anthropogenic N deposition increases soil organic matter accumulation without altering its biochemical composition[J]. Global Change Biology 23: 933-944.

Zak D, Pregitzer K, King J, et al., 2000. Elevated atmospheric CO_2, fine roots and the response of soil microorganisms: a review and hypothesis[J]. New Phytologist, 147: 201-222.

Zhang X, Wu L, Sun N, et al., 2014. Soil CO_2 and N_2O emissions in maize growing season under different fertilizer regimes in an upland red soil region of south China[J]. Journal of Integrative Agriculture, 13: 604-614.

第 5 章 华北平原冬小麦滴灌水肥一体化栽培规程与利用模式

5.1 灌溉施肥系统安装规程

5.1.1 滴灌系统首部

5.1.1.1 加压系统

根据水源情况,选择适宜的加压水泵类型,水泵的质量应符合《农用水泵安全技术要求》(NY 643—2014)的规定。

按照系统设计扬程和流量选择相应的水泵型号,超过系统正常工作所需最大扬程和最大流量的 5%~10%。

选择满足扬程和流量的配套动力机。

5.1.1.2 施肥系统

施肥系统由肥液储存罐、施肥器等组成。宜选择塑料等耐腐蚀性强的肥液储存罐或混凝土储肥池等,肥液储存设施的容积大小以轮灌组控制面积一次施肥所需量来确定。施肥器可选择压差式施肥罐、文丘里施肥器、注肥泵、多通路施肥机等,施肥器的选择应符合《灌溉用施肥装置基本参数及技术条件》(SL 550—2012)的要求。

5.1.1.3 过滤系统

过滤器应选用旋流分沙分流器和筛网过滤器组合配套使用,旋流分沙分流器是靠离心力把比重大于水的沙粒从水中分离出来;筛网过滤器应用尼龙或耐腐蚀的金属丝制成,清除直径 75 μm 的泥沙,需用规格为 200 目的筛网。对于井灌区水质较好可选用离心式过滤器+网式过滤器或叠片式过滤器进行两级过滤;对于渠灌区建议选择砂石过滤器+网式过滤器或叠片式过滤器进行二级过滤,渠灌区灌溉水含量过大时,应在双级过滤前端设置沉砂池,对于过滤装置的选用和组合应符合《微灌工程技术标准》(GB/T 50485—2020)的规定。过滤器应安装在滴灌首部枢纽处。

5.1.1.4 施肥(药)罐

选用压差式施肥(药)罐。应安装于过滤器前面,以防未溶解的化肥颗粒堵塞毛管滴头。化肥(农药)的注入主要是利用管上的流量调节阀所造成的压差,使肥(药)液注入干管的方式。施肥装置应按要求配置各种阀门和进排气阀,以便于操作控制和保障管道安全运行。应根据设计流量大小、肥料和化学药物的性质选择,应配套必要的人身安全防护措施。

5.1.1.5 安全保护系统

各种手动、机械操作或电动操作的闸阀(如水力自动控制阀、流量调节器等)。由进排气阀、逆止阀、控制阀门和变频器以及各种手动、机械操作或电动操作的闸阀(如水力自动控制阀、流量调节器等)等部件组成,进排气阀和逆止阀的选用依据首部管径大小而定,控制阀、进排气阀和冲洗排污阀应止水性好、耐腐蚀、操作灵活。控制设备主要包括闸阀、碟阀、球阀等,根据首部管径大小和用户需求选择适宜的控制阀门。水泵流量超过灌溉区实际水量的 10%,对于工作压力流量变幅较大的滴灌系统,应选配变频调速设备,变频控制柜的功率应大于水泵的额定功率。

在启动灌溉水泵前务必打开田间灌溉阀门,确保灌溉系统不会因压力过大而损坏。管网运行过程中应定期检查、及时维修输水管网系统,防止漏水。滴灌施肥 3~5 次后,应打开毛管末端对灌溉系统进行冲洗。

5.1.1.6　监控与计量系统

计量系统由水表、压力表、肥料监测系统等组成。根据系统流量和管径选择相应水表型号,通过计量实现定量灌溉,水表应阻力损失小、灵敏度高、量程适宜。在过滤器前后分别安装压力表,应选择比系统最大水压高 15%的压力表,压力表的精度不应低于 1.5 级,量程应为系统设计压力的 1.3~1.5 倍。

5.1.1.7　输水管网

输水管网包括干管、支管和毛管三级管道以及必要的调节设备(如压力表、闸阀、流量调节器等),干管和支管采用聚乙烯、硬聚氯乙烯或其他材质的上水管和管件,应符合《给水用聚乙烯(PE)管道系统》(GB/T 13663)或《低压输水灌溉用硬聚氯乙烯(PVC-U)管材》(GB/T 13664—2006)的要求。

5.1.2　系统安装与运行维护

5.1.2.1　系统首部安装

依次安装水泵(变频控制柜)、逆止阀、控制阀门、压力表、进排气阀、过滤器、水表、施肥器、过滤器、压力表等设备。

5.1.2.2　输水管网安装

滴灌系统干管要埋在地下(埋设在地表 40~50 cm 以下),通过出水桩与支管连接,根据田间支管布设在干管上预留出水口,并在干管末端安装排污阀及泄水阀;支管布设在地表与干管地上部出水口连接,支管布设方向与种植行垂直。地埋管道(干管)可采用 PVC 管材,支管可采用 PE 软带。

5.1.2.3　毛管安装

毛管选择滴灌带或滴灌管,滴灌带应符合《塑料节水灌溉器材　第 1 部分:单翼迷宫式滴灌带》(GB/T 19812.1—2017)要求,滴灌管应符合《塑料节水灌溉器材　第 3 部分:内镶式滴灌管及滴灌带》(GB/T 19812.3—2017)标准要求。对于偏沙性的轻质土壤,农田滴头流量适宜选大一些;对于偏黏性的重质土壤,农田滴头流量适宜选小一些,建议参考表 5-1 选取。

表 5-1　滴灌系统毛管布设参数

土壤质地	滴头流量/(L/h)	滴头间距/cm	滴灌带铺设长度/m	滴灌带间距/cm
偏沙轻质土壤	2.0~3.2	30	50~70	60
壤质土壤	2.2~3.0	30	60~80	60
偏黏重质土壤	1.0~2.0	30	60~100	60

滴灌带与支管连接时,应选用与旁通或按扣三通插口端外径相匹配的打孔器在支管上打孔,然后把旁通或按扣三通插入支管上。连接应紧密,防止连接处漏水。滴灌带应与配套旁通或按扣三通牢固连接。当滴灌带长度不够时,应用配套直通连接。滴灌带末端设置堵头,也可采用亏折式封堵,亏折处应用胶套固定。滴灌带通常平铺于地表,并采用配套装置固定,也可浅埋保护。

采用 20 cm 等行距播种,1 条滴灌带控制灌溉 3 行小麦。滴灌带铺设与播种同时进行,实现播种与铺带一体化进行,在播种的同时采用开沟器开浅沟将滴灌带埋于土壤 1~2 cm 深处,盖土固定好滴灌带,增强防风能力。在浅埋滴灌带很难被抽出的土壤条件下,滴灌带铺设时要盖土固定好滴灌带,增强防风能力。

5.1.2.4　**运行维护**

每次滴灌前检查管道接头、滴灌管(带),防止漏水,如有漏水及时修补;及时清洗过滤器,定期对离心过滤器集沙罐进行排沙;定期检查、及时维修系统设备;收获前及时将田间滴灌带及施肥罐等设备收回。

滴灌系统一定要确保国标以上的管材和配件,运行过程中要随时巡查是否存在跑、冒、漏问题,及时发现及时处理。运行过程中,轮灌组必须是先打开下一轮灌组后再关闭上一轮灌组,冬季必须通过排水井排泄灌溉管网中的水分。

5.2　灌溉施肥系统运行管理

本节内容为某试验场滴灌冬小麦水肥一体化工程的灌溉制度计算过程,供实际农田滴灌系统运行管理参考。

5.2.1　工程概况及管网布置

原种场地块东西长 560 m,南北宽 125 m,有一眼机井,出水量 40 m^3/h。管网包括干管、支管、毛管,干管、支管采用软管,方便拆卸,毛管采用一次性滴灌带。整个管网均铺设于地面,不影响机械作业。毛管沿作物种植方向(南北向)布置,毛管间距 0.6 m,支管垂直于毛管布置,双向控制。

选用外径 16 mm,壁厚 0.15 mm,工作压力 10 m,滴头流量 2.0 L/h,滴头间距 0.2 m 的边缝式滴灌带。

5.2.2　灌溉制度计算

5.2.2.1　系统设计参数

根据《微灌工程技术规范》(GB/T 50485—2009),小麦设计日耗水强度 $E_a = 6$ mm/d;设计土壤湿润层深度 $h = 60$ cm;设计灌水均匀度 $C_u = 95\%$;灌溉水利用系数 $\eta = 0.95$。

5.2.2.2　灌水定额确定

灌水定额计算公式如下:

$$m = 10\gamma h(\beta_1 - \beta_2)/\eta \tag{5-1}$$

式中:m 为灌水定额,mm;γ 为土壤容重,取 1.21 g/cm^3;β_1、β_2 分别为适宜土壤含水率上、下限,分别取田间持水量的 90%和 60%,田间持水率取 20%,计算得 $m = 45.8$ mm。

5.2.2.3　灌水周期

$$T = m\eta/E_a = 7.3\text{d} \tag{5-2}$$

5.2.2.4　一次灌水延续时间

$$t = mS_eS_1/q \tag{5-3}$$

式中:t 为一次灌水延续时间,h;m 为灌水定额,mm;S_e 为滴灌器间距,m,本设计为 0.2 m;S_1 为毛管间距,m,本设计为 0.6 m;q 为灌水器流量,L/h,本设计为 2.0 L/h。经计算$t = 2.8$ h。

5.2.2.5　轮灌组校核

$$N \leqslant CT/t \tag{5-4}$$

式中:N 为允许的轮灌组数最大数目,取整数;C 为一天运行的小时数,取 20 h;T 为灌水时间间隔(周期);t 为一次灌水延续时间。经计算,$N \leqslant 52.8$,实际轮灌组数 28 个,小于设计轮灌区数。

5.2.2.6　系统流量计算

1. 毛管进口流量

$$Q_{毛} = Nq \tag{5-5}$$

式中:$Q_{毛}$为毛管进口流量,L/h;N 为滴头数目,个;q 为滴头的设计流量,L/h。计算得典型毛管流量为 620 L/h。

2. 水源流量校核

$$A = QTt\eta/m \tag{5-6}$$

式中:A 为单井控制面积,亩;Q 为单井出水量,$Q = 40$ m^3/亩;m 为净灌水定额,m^3/亩;T 为灌水周期,d;t 为灌水日工作时数,$t = 20$ h。经计算,该水源井可控制面积为 180.5 亩。典型区单井控制面积为 105 亩,小于允许控制面积,水源满足灌溉要求。

5.2.2.7　滴灌系统设计与水力计算

1. 毛管水头损失

滴头工作水头偏差率:滴灌均匀度取 $C_u = 95\%$,滴头流量偏差率取 $q_v = 0.2$,选用毛管 $D = 16$ mm,流态指数 $x = 0.5$,在设计工作水头 $h_d = 10$ m 时,流量 $q_d = 2.0$ L/h,按下式确定滴头工作水头偏差率:

$$H_v = (q_v/x)[1 + 0.15 \times (1 - x) \times q_v/x] \tag{5-7}$$

式中：H_v 为滴头工作水头偏差率；q_v 为滴头流量偏差率；x 为流态指数，将以上数据代入式中得：$H_v = 0.412$。

灌水小区允许水头偏差及其在毛管和支管上的分配：

$$[\Delta h] = [h_v] h_d = 0.412 \times 10 = 4.12(\mathrm{m})$$

小区允许水头偏差在毛管和支管间分配，分配比例取0.6和0.4。

毛管允许水头偏差 $[\Delta h_2]$ ：$[\Delta h_2] = \beta_2 [\Delta h] = 2.472\ \mathrm{m}$

支管允许水头偏差 $[\Delta h_1]$ ：$[\Delta h_3] = \beta_3 [\Delta h] = 1.648\ \mathrm{m}$

毛管的水头损失：

$$h_f = fq^m / d^b LF \quad (5\text{-}8)$$

式中：h_f 为等距多孔管沿程水头损失，m；q 为管道流量，L/h；d 为管道内径，mm；m 为流量指数，取1.75；b 为管径指数，取4.75；f 为摩阻系数，取0.505；L 为毛管长度，m；F 为多口系数。经计算得：$h_f = 1.89\ \mathrm{m}$。

2. 干支管直径及水头损失计算

支管管径为90 mm，管长为20 m，支管水头损失由以下公式计算：

$$h_f = fq^m / d^b LF \quad (5\text{-}9)$$

计算得支管水头损失为0.31 m。

干管采用 Φ110 软管，壁厚3 mm，管长480 m。

$$h_{干} = fq^m / d^b LF = 7.21\ \mathrm{m} \quad (5\text{-}10)$$

总水头损失：$h = 1.1(h_{毛} + h_{支} + h_{干}) = 10.4\ \mathrm{m}$。

本工程移动滴灌采用一次性滴灌带，工作水头按4 m，则管网进口水头为14.4 m。

5.2.2.8 水泵及首部选型

水泵扬程为

$$H = H_{干} + H_{支} + H_{井} + H_{首} + H_p \quad (5\text{-}11)$$

式中：$H_{干}$为干管总水头损失，m；$H_{支}$为支管总水头损失，m；$H_{井}$为机井动水位埋深，m；$H_{首}$为首部水头损失，m；H_p 为喷头工作压力，m。计算出设计扬程37.4 m。根据机井出水量和设计扬程，选择水泵型号为200QJ40-39/3，流量40 m^3/h，扬程39 m，电机功率7.5 kW。

过滤设备：采用离心过滤器+叠片过滤器。

施肥：采用压差施肥灌。

5.3 配套的栽培管理规程

5.3.1 播前准备

5.3.1.1 种子处理

符合《农药合理使用准则》(GB/T 8321.1~10)(所有部分)与《农作物薄膜包衣种子技术条件》(GB/T 15671—2009)要求。防治适期及方法见表5-2。

表 5-2　小麦主要病害的药剂拌种(包衣)防治及推荐使用药剂

防治对象	防治时期	农药名称	推荐使用剂量
锈病	播种前	三唑酮	每 100 kg 小麦种子用 25%三唑酮可湿性粉剂 150 g 拌种或包衣
白粉病	播种前	三唑酮	每 100 kg 小麦种子用 25%三唑酮可湿性粉剂 150 g 拌种或包衣
腥黑穗病	播种前	戊唑·福美双	每 100 kg 小麦种子用 23%戊唑·福美双悬浮种衣剂 200 mL 拌种或包衣
		敌萎丹(苯醚甲环唑)	每 100 kg 小麦种子用 3%敌萎丹(苯醚甲环唑)悬浮种衣剂 200 mL 拌种或包衣
矮星黑穗病	播种前	戊唑·福美双	每 100 kg 小麦种子用 23%戊唑·福美双悬浮种衣剂 200 mL 拌种或包衣
		敌萎丹(苯醚甲环唑)	每 100 kg 小麦种子用 3%敌萎丹(苯醚甲环唑)悬浮种衣剂 200 mL 拌种或包衣
全蚀病	播种前	全蚀净	每 100 kg 小麦种子用 12. 5%全蚀净悬浮剂 200 mL 拌种或包衣
雪腐雪霉病	播种前	健壮	每 100 kg 小麦种子用 9%健壮悬浮剂 50 mL 拌种或包衣

5. 3. 1. 2　选地整地

选择土壤肥力中等以上地块,要求具备完好的滴灌设施,灌水方便,地势平坦,土层深厚,耕层结构良好。

前茬作物(夏玉米/大豆等)收获后及时秋耕,耕深 20 cm 以上。耕地后用联合整地机或驱动耙整地即可,深 10 cm 以上。不漏犁,耙耱精细。结合整地施基肥,可在耕地前及耙地前施基肥。

5. 3. 2　播种

5. 3. 2. 1　适期播种

10 月 15~25 日。

5. 3. 2. 2　适宜播种量

适期播种的播种量为 150~180 kg/hm^2,其中,前茬秸秆不还田播种量控制在 150~165 kg/hm^2;前茬秸秆还田播种量控制在 165~180 kg/hm^2。

5. 3. 2. 3　播种方式

主要播种方式为 20 cm 等行距条播。采用条播铺带一体化播种机播种,实现播种与铺滴灌带同时进行;也可采用条播播种机先播种后铺带的方式。

5.3.2.4　**播种深度**

播种深度为 3~4 cm。

5.3.2.5　**带肥下种**

部分磷肥(磷酸二铵)可做种肥。肥料、种子要分箱装,分开播入土壤,避免烧种。

5.3.3　水肥一体化施肥

5.3.3.1　水肥一体化配置

冬小麦生育期水肥一体化滴灌施肥配置比例见表 5-3。

表 5-3　冬小麦生育期水肥一体化滴灌施肥配置比例

生育时期	养分			有机肥/%	备注
	N/%	P_2O_5/%	K_2O/%		
播种前	30	75	45	100	施基肥
返青期	12	0	0	—	滴灌施肥
拔节期	28	3	6	—	滴灌施肥
孕穗期	15	3	6	—	滴灌施肥
抽穗开花期	15	4.5	9.5	—	滴灌施肥
灌浆前期(花后 8 d)	0	4.5	9.5	—	滴灌施肥
灌浆中期(花后 16 d)	0	5	12	—	滴灌施肥
灌浆后期(花后 24 d)	0	5	12	—	滴灌施肥
合计	100	100	100	100	滴灌施肥

5.3.3.2　田间滴灌施肥运行

冬小麦需要采用滴灌随水追肥时,在施肥前先用清水灌溉 0.5~1.0 h(持续时间占灌水总时间的 1/5~1/3),待滴灌管得到充分清洗、土壤湿润后通过施肥装置将完全溶解的肥液注入灌溉系统,通过调节施肥装置的水肥混合比例或调节施肥器阀门大小,使肥液以一定比例与灌溉水混合后施入田间,灌水及施肥均匀系数达到 0.8 以上;施肥期间及时检查,确保滴水正常;施肥结束后,继续滴清水 20~30 min,将管道中残留的肥液冲净。

在灌溉过程中要随时关注首部压力,特别是施肥过程中要注意关注过滤期两端的压力表,如果压差过大(建议不超过 0.02 MPa),说明过滤器有可能堵塞,需要进行冲洗。

5.3.4　越冬前麦田管理

5.3.4.1　滴好出苗水

豫北地区一般采用足墒播种,当偶遇干旱年份,可采用滴水出苗(干播湿出)的种植模式适时播种,播后 1~2 d 内,安装好滴灌支管,做好地边、地头、断行的补种,及时滴水,滴水量以 375~525 m^3/hm^2 为宜。

5.3.4.2　查苗补种

出苗 3 d 后,要及时查苗,若发现缺苗断垄较重应及时补种,补种时须用浸水一昼夜的种子。

5.3.4.3 适时冬前滴灌

在昼消夜冻时，即当日平均气温在 3 ℃左右时为宜，滴水量以 450～600 m^3/hm^2 为宜。

5.3.5 返青后滴灌施肥管理

返青后滴灌施肥管理见表 5-3。滴灌浆水时避免在下雨及大风天浇水，以防倒伏。

5.3.6 化学调控

符合 GB/T 8321.1～10。对于旺长麦田和株高偏高容易倒伏的品种，在小麦起身期至拔节期喷施化控药剂，可用 50%的矮壮素水剂 3 000～3 750 mL/hm^2，兑水 450 kg 喷施防止倒伏。

5.3.7 病虫草害防治

5.3.7.1 杂草防治

符合《磺酰脲类除草剂合理使用准则》(NY 686—2003)、《除草剂安全使用技术规范　通则》(NY/T 1997—2011)与 GB/T 8321.1～10。杂草防除时间应在 2 月下旬，小麦返青期至拔节前施药，每亩用水量要达到 30 kg 以上，喷施过程应做到喷雾均匀，不漏喷，不重喷。

阔叶(双子叶)杂草防治技术，在播娘蒿、灰藜、扁蓄等阔叶杂草发生危害重的麦田，可用 10%苯磺隆可湿性粉剂 150～180 g/hm^2，杂草 2～3 叶，小麦拔节前喷雾施用。

单子叶杂草防治技术，在单子叶杂草(野燕麦、硬草等)危害的田块，可选用 5%唑啉·炔草酯乳油 1 200～1 500 mL/hm^2，或 6.9%精噁唑禾草灵乳油 120～900 mL/hm^2，单子叶杂草 2～3 叶期喷雾施用。

阔叶杂草和单子叶杂草混合发生防治技术，在麦田禾本科杂草与阔叶杂草混合发生危害的地块，可选用 5%唑啉·炔草酯乳油 1 200～1 500 mL/hm^2 加 10%苯磺隆可湿性粉剂 150～180 g/hm^2，在杂草 2～4 叶期，小麦拔节期前进行喷雾防除。

5.3.7.2 病虫害防治

白粉病、锈病的防治，符合 GB/T 8321.1～10。在小麦白粉病、锈病发病初期即进行防治，可用 20%三唑酮乳油 600～750 mL/hm^2 或 25%丙环唑乳油 450～525 mL/hm^2 兑水 450 kg/hm^2 喷雾防治。

赤霉病防治，符合 GB/T 8321.1～10。赤霉病防治要“见花打药、适期防治”，即在小麦齐穗至扬花初期及时喷药防治；抽穗扬花期遇连阴雨天气，或生育期不一致的，在第 1 次喷药 5～7 d 后再喷 1 次，以加强药剂防治效果。选用氰烯菌酯、戊唑醇、咪鲜胺等药剂及其复配制剂以防控赤霉病。用 25%氰烯菌酯悬浮剂 1 500 mL/hm^2 兑水 450 kg/hm^2 喷雾防治或用 40%戊唑醇·咪鲜胺水乳剂 375 g/hm^2 兑水 450 kg/hm^2 喷雾防治。

蚜虫防治，符合 GB 8321.1～10。小麦孕穗期有蚜株率达 50%，百株平均蚜量 200～250 头时应进行防治。可用 25%吡蚜酮悬浮剂 240～360 kg/hm^2 或 5%吡虫啉可湿性粉剂

450 g/hm^2 或 20%啶虫脒可湿性粉剂 150 g/hm^2 兑水 450 kg/hm^2 喷雾防治。

5.3.8　收获

在小麦收获前去掉滴灌系统的支管及相关配套设施。河南省在小麦完熟期(6 月 10 日前后)进行收获。收获过程中籽粒总损失不得超过 5%,籽粒破碎率在 2.5%以下,籽粒脱净度应达 97%以上,留茬高度以 15 cm 左右为宜。收获后及时晾晒。

5.4　滴灌水氮高效利用模式

5.4.1　适宜灌水技术参数

综合考虑华北地区土壤类型、灌水均匀度、冬小麦种植模式、后茬夏玉米的种植模式,考虑产量和水分利用效率以及滴灌带用量,适宜的滴灌带间距为 60 cm,适宜的滴头间距为 30 cm,适宜的滴头流量为 2.0~3.0 L/h(轻壤土选大流量,重壤土选小流量),适宜铺设长度为 50 m;适宜灌水定额为 37.5 mm。

5.4.2　基于水氮高效利用的冬小麦优质高效灌溉施肥指标

滴灌带间距 60 cm,滴头间距 30 cm,滴头流量为 2.0~3.0 L/h 条件下,冬小麦适宜施氮量 240 kg/hm^2,基追比为 25∶75;灌水定额为 35.0 mm。

5.4.3　基于不同降水年型的冬小麦优质高效灌溉施肥指标

综合考虑产量和水氮高效利用,滴灌冬小麦适宜的氮肥投入量为 180~240 kg/hm^2,基追比为 25∶75;灌水控制下限为 40% AWC(AWC 为冬小麦根区土壤贮水量的可利用水量),灌水定额 30.0 mm。

5.4.4　基于节水减氮控排的冬小麦高效灌溉施肥指标

综合考虑冬小麦产量、水氮利用效率以及麦田温室气体排放,华北地区滴灌冬小麦适宜的氮肥投入量为 180~240 kg/hm^2,基追比为 25∶75;灌水控制指标为 $ET_c - P = 45$ mm(ET_c 和 P 分别为两次灌水周期内麦田累积蒸散量和同时期有效累积降水量),灌水定额 45.0 mm。

5.4.5　应用示范效果

2017 年以来,在河南、河北、新疆等省(自治区)多地进行示范、推广,获得良好效果。2017~2020 年,在河南省新乡、焦作、许昌、商丘等地开展示范应用,农田灌溉用水亩均减少 12.8%,氮肥投入降低 21.5%,增产 16.7%,氮肥偏生产力提高 40.3%。2017~2020 年,在河北藁城、邢台、邯郸、衡水等地进行示范推广,冬小麦季节水 50~80 方/(亩·年),省肥 15%,增产 5~10%。目前该技术正在华北平原冬小麦主产区推广应用。

与常规地面灌溉技术相比,应用该技术可平均增产小麦 20%以上,降低亩灌溉用水量 30%以上，降低化肥用量 15%以上，水分利用效率提高 10%以上，氮肥偏生产力提高 30%以上；同时科学的水肥施用模式，提高了土壤团聚体稳定性，土壤肥力不断提高，并降低了根区土壤氮淋溶风险，减少了土壤氮残留量，降低了农田温室气体排放通量。